遥感卫星导论

蒋卫国　王文杰　李　京　国巧真　主编

科学出版社

北　京

内 容 简 介

本书根据"遥感科学与技术"对本科专业的教学需求，较系统地介绍了遥感卫星技术的基本理论、技术方法及其应用。全书分为五部分，共8章。第一部分（第1章）为绪论，介绍遥感卫星的基本概念和基本原理；第二部分（第2～3章）为遥感卫星技术基础，主要介绍遥感卫星轨道和系统；第三部分（第4～6章）主要介绍三类遥感卫星的特点、种类、性能、发展和应用；第四部分（第7章）主要介绍卫星遥感原理；第五部分（第8章）为遥感卫星应用，主要介绍了七个案例。

本书可作为普通高校遥感科学与技术、地理信息科学、测绘工程、人文地理与城乡规划等专业本科生教材，也可作为研究生参考书，还可作为相关专业教师及相关科研和产业部门科技人员的参考资料。

图书在版编目(CIP)数据

遥感卫星导论/蒋卫国等主编．—北京：科学出版社，2015.3
ISBN 978-7-03-043730-3

Ⅰ.①遥… Ⅱ.①蒋… Ⅲ.①遥感卫星 Ⅳ.①V474.2

中国版本图书馆CIP数据核字（2015）第049838号

责任编辑：杨　红／责任校对：赵桂芬
责任印制：赵　博／封面设计：迷底书装

科 学 出 版 社 出版
北京东黄城根北街16号
邮政编码：100717
http://www.sciencep.com

北京富资园科技发展有限公司印刷
科学出版社发行　各地新华书店经销

*

2015年3月第 一 版　开本：787×1092　1/16
2025年3月第十次印刷　印张：14 3/4
字数：360 000

定价：49.00元
（如有印装质量问题，我社负责调换）

《遥感卫星导论》编写委员会

主　编：蒋卫国　王文杰　李　京　国巧真

编　委：李小娟　何福红　武永峰　陈　强　黄　山

　　　　李　雪　曹　冉　陈　征　贾　凯　张云飞

前　言

遥感卫星是用作外层空间遥感平台的人造卫星，能在规定的时间内覆盖整个地球或指定的任何区域，能连续地对地球表面某指定地域进行遥感观测。1957年10月4日，随着第一颗人造地球卫星"斯普特尼克一号"在苏联拜科努尔发射中心的成功发射，人类便掀起了人造地球卫星发展的序幕。遥感卫星技术是采集地球数据及其变化信息的重要手段，在政府部门、科研单位和企业得到广泛的应用。

近年来国内外出版了一些有关遥感技术及卫星应用方面的优秀著作，但是将两者结合起来并用于本科生教学的教材十分缺乏。由于卫星技术发展迅速，知识更新快，亟须把卫星最新的发展涵盖进来。因此编写出具有时代特色的教材十分必要，并且是一项复杂、艰巨的任务。为了适应遥感卫星技术的新发展，本书力求采用新思路、新体系、新内容。在编写过程中，参考并吸收了有关教材的部分内容，但在体系上作了一些调整，以尽可能地适应遥感技术的迅速发展。编写本书的主要目的是通过学习使学生掌握遥感卫星的基础知识，了解遥感卫星发展的最新动态，扩大学生的知识面。

全书由蒋卫国、王文杰、李京拟定编写大纲。由蒋卫国、国巧真进行统稿，国巧真进行修订。各章具体编写分工为：第1章由蒋卫国、陈强编写；第2章由蒋卫国、何福红、贾凯编写；第3章由蒋卫国、国巧真、张云飞编写；第4章由蒋卫国、武永峰、国巧真编写；第5章由李京、李小娟、蒋卫国编写；第6章由国巧真、蒋卫国、李雪、曹冉编写；第7章由王文杰、国巧真、蒋卫国、黄山编写；第8章由蒋卫国、国巧真、陈征编写。

本书在编写过程中参考了国内外大量优秀教材、研究论文和相关网站资料，在此我们表示衷心感谢。虽然作者试图在参考文献中全部列出并在文中标明出处，但难免有疏漏之处。本书虽几易其稿，但不足之处仍在所难免，我们诚挚希望各位同行专家和读者提出宝贵意见。

本书由国家自然科学基金（41171318和41471223）、国家科技支撑课题（2012BAH32B03和2012BAH33B05）、天津市自然科学基金（13JCQNJC08600）支持完成。感谢王代堃、潘应阳、张帆等同学在研究和书稿编写工作中的帮助和贡献。

本书的出版得到了北京师范大学环境演变与自然灾害教育部重点实验室、首都师范大学三维信息获取与应用教育部重点实验室和资源环境与地理信息系统北京市重点实验室的大力支持和帮助，在此一并表示感谢。

《遥感卫星导论》教材编写组
2014年12月

目 录

前言
第1章 绪论 ········· 1
1.1 卫星简介 ········· 1
1.1.1 卫星定义 ········· 1
1.1.2 卫星组成 ········· 2
1.1.3 卫星工作原理 ········· 2
1.1.4 卫星的特点与作用 ········· 2
1.2 遥感简介 ········· 3
1.2.1 遥感定义 ········· 3
1.2.2 遥感对象 ········· 3
1.2.3 遥感技术系统 ········· 3
1.2.4 遥感的学科体系 ········· 4
1.2.5 遥感监测特点 ········· 4
1.3 遥感卫星概况 ········· 5
1.3.1 卫星发展阶段 ········· 5
1.3.2 在轨卫星概况 ········· 6
1.3.3 遥感卫星技术发展概况 ········· 10
1.4 遥感卫星应用技术概况 ········· 11
1.4.1 遥感卫星观测系统的组成 ········· 11
1.4.2 遥感卫星的分类及应用 ········· 11
1.4.3 中国遥感卫星技术发展 ········· 18
1.5 遥感卫星的发展趋势 ········· 20
复习思考题 ········· 23

第2章 遥感卫星轨道 ········· 24
2.1 卫星运行定律 ········· 24
2.1.1 牛顿万有引力定律 ········· 24
2.1.2 开普勒三定律 ········· 24
2.2 卫星时空坐标系统 ········· 25
2.2.1 时间系统 ········· 25
2.2.2 空间系统 ········· 26
2.3 卫星轨道参数 ········· 28
2.4 星下点及覆盖 ········· 29
2.4.1 卫星观测范围 ········· 29
2.4.2 卫星重访周期 ········· 30
2.4.3 卫星星下点轨迹 ········· 30
2.5 卫星轨道 ········· 31
2.5.1 范·艾伦带 ········· 31
2.5.2 轨道分类 ········· 32
2.5.3 典型卫星轨道 ········· 33
2.6 卫星星座 ········· 35
2.6.1 卫星星座设计要求与参数 ········· 35
2.6.2 卫星星座设计方法 ········· 37
2.6.3 卫星星座设计应用 ········· 39
复习思考题 ········· 42

第3章 遥感卫星系统 ········· 43
3.1 有效载荷系统 ········· 43
3.2 支撑系统 ········· 45
3.3 卫星发射与接收系统 ········· 48
3.3.1 卫星发射场 ········· 48
3.3.2 发射火箭 ········· 51
3.3.3 卫星接收站 ········· 55
3.3.4 接收天线 ········· 58
3.4 卫星运行与管理系统 ········· 59
3.4.1 任务编排 ········· 59
3.4.2 姿态监控 ········· 60
3.4.3 轨道调整 ········· 61
3.4.4 卫星的回收 ········· 62
复习思考题 ········· 62

第4章 陆地资源卫星 ········· 63
4.1 陆地资源卫星的特点 ········· 63
4.2 陆地资源卫星的种类 ········· 64
4.2.1 低分辨率陆地资源卫星 ········· 64
4.2.2 中等分辨率陆地资源卫星 ········· 65
4.2.3 高分辨率陆地资源卫星 ········· 66
4.2.4 甚高分辨率陆地资源卫星 ········· 69
4.3 主要陆地卫星性能 ········· 70

4.3.1 美国陆地资源卫星（Landsat）系列 ………………………… 70
4.3.2 法国SPOT卫星系列 ……… 72
4.3.3 中巴资源卫星 ……………… 74
4.3.4 环境卫星 …………………… 76
4.3.5 高分一号卫星 ……………… 77
4.3.6 北京一号卫星 ……………… 78
4.3.7 天绘一号卫星 ……………… 79
4.4 陆地资源卫星的发展 …………… 79
4.5 陆地资源卫星的应用 …………… 81
4.5.1 土地利用与土地覆盖变化 … 81
4.5.2 国土资源调查 ……………… 81
4.5.3 城市规划 …………………… 81
4.5.4 城市扩张 …………………… 82
4.5.5 农业监测与估产 …………… 82
4.5.6 湿地监测 …………………… 83
4.5.7 森林资源监测 ……………… 83
4.5.8 草地监测 …………………… 83
4.5.9 水资源监测 ………………… 84
4.5.10 重大自然灾害监测 ……… 84
复习思考题 ……………………………… 85

第5章 海洋卫星 …………………… 86
5.1 海洋卫星的种类 ………………… 86
5.1.1 海洋水色卫星 ……………… 86
5.1.2 海洋地形卫星 ……………… 88
5.1.3 海洋动力环境卫星 ………… 88
5.2 海洋卫星的特点 ………………… 89
5.3 主要海洋遥感卫星性能 ………… 90
5.3.1 Seasat卫星 ………………… 90
5.3.2 SeaStar卫星 ……………… 90
5.3.3 Jason-1卫星 ……………… 91
5.3.4 ADEOS卫星 ……………… 91
5.3.5 Radarsat雷达卫星系列 …… 92
5.3.6 海洋一号A卫星 …………… 92
5.3.7 海洋一号B卫星 …………… 93
5.3.8 海洋二号卫星 ……………… 93
5.4 海洋卫星的发展 ………………… 93
5.5 海洋卫星应用 …………………… 97
5.5.1 海洋渔业 …………………… 97

5.5.2 海岸带监测 ………………… 98
5.5.3 海洋水温观测 ……………… 98
5.5.4 海洋水色遥感 ……………… 99
5.5.5 海洋水质监测 ……………… 99
5.5.6 海洋灾害监测 ……………… 99
5.5.7 海冰监测 …………………… 101
5.5.8 海洋军事 …………………… 101
复习思考题 ……………………………… 101

第6章 气象卫星 …………………… 102
6.1 气象卫星的特点 ………………… 102
6.2 气象卫星的种类 ………………… 102
6.2.1 极轨卫星和静止卫星 ……… 102
6.2.2 实验卫星和业务卫星 ……… 103
6.3 主要气象卫星性能 ……………… 103
6.3.1 极轨卫星——NOAA系列卫星 …………………………… 105
6.3.2 极轨卫星——EOS卫星 …… 106
6.3.3 中国的极轨卫星——风云三号 … 108
6.3.4 中国的静止卫星——风云二号 … 109
6.4 气象卫星的发展 ………………… 110
6.5 气象卫星应用 …………………… 112
6.5.1 天气预报 …………………… 113
6.5.2 大气环境监测 ……………… 113
6.5.3 灾害监测 …………………… 115
复习思考题 ……………………………… 118

第7章 卫星遥感原理 ……………… 119
7.1 卫星遥感的物理基础 …………… 119
7.1.1 电磁波谱 …………………… 119
7.1.2 电磁辐射的本质 …………… 120
7.1.3 电磁辐射定律 ……………… 121
7.1.4 电磁辐射的类型 …………… 122
7.1.5 卫星遥感的五个过程 ……… 123
7.1.6 卫星遥感的四种分辨率 …… 133
7.2 卫星遥感的传感器分类与组成 ………………………………… 136
7.2.1 卫星遥感传感器的分类 …… 136
7.2.2 卫星遥感传感器的组成 …… 137
7.3 卫星遥感的成像原理 …………… 138
7.3.1 摄影成像原理 ……………… 138

7.3.2 扫描成像原理 ……………… 139
7.4 卫星遥感图像处理 ………………… 147
　　7.4.1 遥感图像校正 ………………… 147
　　7.4.2 遥感图像处理 ………………… 156
7.5 遥感信息提取 ……………………… 169
　　7.5.1 目视解译信息提取 …………… 169
　　7.5.2 专题分类信息提取 …………… 173
　　7.5.3 知识发现获取 ………………… 177
　　7.5.4 遥感卫星信息定量反演 ……… 180
　　7.5.5 遥感图像信息提取实例 ……… 193
复习思考题 ……………………………… 197

第8章 遥感卫星应用 …………………… 199
8.1 大气降水遥感估算 ………………… 199
8.2 地表温度遥感反演 ………………… 200
8.3 植被变化遥感监测 ………………… 202
8.4 水质遥感反演 ……………………… 205
8.5 海冰遥感监测 ……………………… 207
8.6 土地利用遥感分类 ………………… 207
8.7 洪水灾害遥感监测 ………………… 210
复习思考题 ……………………………… 211

主要参考文献 …………………………… 212

附录 ……………………………………… 217

第1章 绪 论

1.1 卫星简介

1.1.1 卫星定义

卫星是指在宇宙中所有围绕行星轨道上运行的天体，环绕哪一颗行星运转，就把它叫做那一颗行星的卫星，比如月亮环绕着地球旋转，它就是地球的卫星。"人造卫星"就是我们人类"人工制造的卫星"。科学家用火箭或其他运载工具把它发射到预定的轨道，使它环绕着地球或其他行星运转，以便进行探测或科学研究。地球对周围的物体有引力作用，因而抛出的物体要落回地面，但是抛出的初速度越大，物体就会飞得越远。牛顿在思考万有引力定律时就曾设想过，从高山上用不同的水平速度抛出物体，速度一次比一次大，落地点也就一次比一次离山脚远。如果没有空气阻力，当速度足够大时物体就永远不会落到地面上来，它将围绕地球旋转成为一颗绕地球运动的人造地球卫星，简称人造卫星。人造卫星是发射数量最多、用途最广、发展最快的航天器。人造卫星的优点在于能同时处理大量的资料并能传送到世界任何角落，使用三颗卫星即能涵盖全球各地。根据使用目的，人造卫星大致可分为：①科学卫星，送入太空轨道进行大气物理、天文物理、地球物理等实验或测试的卫星如中华卫星一号、哈伯等；②通信卫星：作为电信中继站的卫星，如亚卫一号；③军事卫星，作为军事照相、侦察的卫星；④气象卫星：摄取云层图和有关气象资料的卫星；⑤资源卫星：摄取地表或深层组成的图像，作为地球资源探勘的卫星；⑥星际卫星：可航行至其他行星进行探测照相的卫星一般称为行星探测器，如先锋号、火星号、探路者号等。

人造地球卫星指用运载火箭发射到高空并使其沿着一定轨道环绕地球运行的宇宙飞行器。卫星的外貌千姿百态，有球形、多面形、圆柱形、棱柱形，还有像哑铃、皇冠、蝴蝶和大鹏等形状的。人造地球卫星用途广、种类繁多，有太空"信使"—通信卫星、太空"遥感器"—地球资源卫星、太空"气象站"—气象卫星、太空"向导"—导航卫星、太空"间谍"—侦察卫星、太空"广播员"—广播卫星、太空"测绘员"—测地卫星、太空"千里眼"—天文卫星等，组成一个庞大的"卫星世家"。人造地球卫星具有对地球进行全方位观测的能力，其最大特点是居高临下，俯视面大。一颗运行在赤道上空轨道的卫星可以覆盖地球表面 1.63 亿 km^2 的面积，比一架 8000m 高空侦察机所覆盖的面积多 5600 多倍。因此，对完成通信、侦察、导航等任务来说，它具有其他手段无法比拟的优势。

人造卫星是个兴旺的家族，按用途可分为三大类：科学卫星、技术试验卫星和应用卫星。科学卫星是用于科学探测和研究的卫星，主要包括空间物理探测卫星和天文卫星，用来研究某星球的大气、辐射带、磁层、宇宙线、太阳辐射等，并可以观测其他星体。目前世界上大多数的人造卫星为人造地球卫星，另外有人造火星卫星等。1957 年 10 月 4 日，苏联成功发射了世界上第一个人造地球卫星，随后美国、法国、日本都相继发射了人造地球卫星。1970 年 4 月 24 日，中国自行设计、制造的第一颗人造地球卫星"东方红一号",由"长征一号"运载火箭一次发射成功。"东方红一号"卫星运行轨道距地球最近点439km,最远点2384km,轨道平面和地球赤道平面的夹角为68.5°,绕地球一周114min;卫星重173kg。

1.1.2 卫星组成

人造卫星一般由专用系统和保障系统组成。专用系统是指与卫星所执行的任务直接有关的系统,也称为有效载荷。应用卫星的专用系统按卫星的各种用途包括:通信转发器、遥感器、导航设备等。科学卫星的专用系统则是用于各种空间物理探测、天文探测等的仪器。技术试验卫星的专用系统则是各种新原理、新技术、新方案、新仪器设备和新材料的试验设备。保障系统是指保障卫星和专用系统在空间正常工作的系统,也称为服务系统,主要有结构系统、电源系统、热控制系统、姿态控制和轨道控制系统、无线电测控系统等,对于返回卫星,则还有返回着陆系统。

1.1.3 卫星工作原理

人造卫星的工作主要由轨道参数来确定。卫星轨道参数主要包括近地点、远地点、周期和倾角。近地点和远地点限定卫星的轨道高度。卫星轨道高度又表明卫星的使命。20世纪60年代发射的核爆炸探测卫星的轨道高度为6万mi[①](地球至月球距离的四分之一),可获得对地面观察的最大视界。通信卫星被置于22300mi,即地球同步高度。气象卫星的轨道高度为600~800mi,以求得对地面的大范围覆盖。而为了近距离观察,间谍卫星则采用100~300mi的轨道高度。近地点与远地点的差也表明卫星的任务,如典型的间谍卫星的近地点低至80mi,以便尽可能低地对地面进行观察。

除了明显的特例,所有通信卫星都运行在22300mi的轨道上,因为在那个高度上,它以每小时1.8万mi的速度绕地球一圈,所需的时间恰好等于地球自转的周期——约24h。如果卫星与赤道成一线运动,它将与地球同步,或称相对静止——"固定"于地球上某一点的上空。明显的特例是原苏联"闪电"卫星的轨道,只有当卫星运行在赤道上方,它才可能与地球同步,然而原苏联大部分地区处高纬度,落在赤道上空的同步卫星的视界之外,为其通信需要,原苏联设计了远地点为2.5万mi、近地点为300mi的大椭圆轨道。卫星不与赤道成一线运动面时与赤道构成夹角,以使卫星在北半球飞越原苏联,在南半球飞越南极洲。"闪电"的轨道周期是12h。

1.1.4 卫星的特点与作用

卫星的特点是不会发光、围绕行星运转、随行星围绕恒星运转。天然卫星是宇宙中自然形成的,月亮就是地球的天然卫星,它可以平衡地球自转、稳定地轴、控制潮汐,还可以用来观察时间等。人造卫星的用途很广泛,有的装有照相设备,用来对地面进行照相、侦察、调查资源,监测地球气候和污染等;有的装有天文观测设备,用来进行天文观测;有的装有通信转播设备,用来转播广播、电视、数据通信、电话等通信信号;有的装有科学研究设备,可以用来进行科研及空间无重力条件下的特殊生产。

---

① mi,英里,1mi=1.609344km,后同

1.2 遥感简介

1.2.1 遥感定义

遥感（remote sensing，RS），即遥远的感知，是一种远离目标，在不与目标对象直接接触的情况下，通过某种平台上装载的传感器获取目标对象的特征信息，然后对所获取的信息进行提取、判定、加工处理及应用分析的综合性技术（彭望琭等，2002）。

1.2.2 遥感对象

1. 对地遥感

遥感对地观测技术，是从空中（或宇宙空间）对地球进行观测的技术，包括大气空间及地球体。现以地球体作为观测目标（大气作为传输路径空间），讲述信息的特征及种类。地球体上具有反射、辐射波谱能量的目标均为遥感对地观测技术的观测对象。遥感能够获取地球表层（包括陆圈、水圈、生物圈、大气圈）的反射或发射电磁辐射能的数据，通过数据处理和分析，定性、定量地研究地球表层的物理过程、化学过程、生物过程、地学过程，为资源调查、环境监测服务。

2. 月球遥感

月球是距离地球最近的天然卫星，近年来各国的探月计划相继实施，又一次掀起了探月高潮。中国于 2007 年发射了第一颗探月卫星——嫦娥一号（CE-1），测绘月面地形是其首要任务之一（张继贤等，2010）。月球探测是众多高技术的高度综合，将带动和促进航天技术和中国基础科学等其他高新技术的发展。月球遥感能够获取月球表面的三维立体影像，分析月球表面有用元素的含量和物质类型的分布特点，探测月壤厚度和地球至月亮的空间环境。

3. 行星遥感

空间探测卫星所携带的传感器，提供了大量有关行星大气、表面特征的图像和数据，可以研究行星大气组成、大气层结构、行星表面温度、地表形态、土壤成分与结构、岩石矿物组成、地质构造及行星内部结构等特征。

1.2.3 遥感技术系统

1. 遥感平台

遥感平台是装载传感器进行遥感探测的运载工具，如飞机、卫星、飞船等。按其飞行高度的不同可分为地面平台、航空平台、航天平台和航宇平台（梅安新等，2001）。

地面平台：传感器设置在地面平台上，如车载、船载、手提、固定或活动高架平台等。

航空平台：传感器设置于航空器上，主要包括飞机、气球、汽艇等。

航天平台：传感器设置于环地球的航天器上，如人造地球卫星、航天飞机、空间站、火箭等。

航宇平台：传感器设置于星际飞船上，主要对地月系外的目标进行探测。

不同平台各有其特点和用途，依据需要可单独使用，也可配合启用，组成多层次立体观测系统（沙晋明等，2012）。

2. 传感器

传感器是遥感技术的核心组成部分，是收集和记录地物电磁辐射能量信息的装置，如光学摄影机、多光谱扫描仪等，是获取遥感信息的关键设备。它搭载在遥感平台上，在飞行时运转对目标进行扫描成像，获得遥感信息。传感器的性能决定了遥感监测识别能力。传感器的性能包括传感器对电磁波波段的响应能力（如探测灵敏度和波谱分辨率）、传感器的空间分辨率及图像的几何特征、传感器获取地物电磁波信息量的大小和可靠程度等。目前广泛使用的传感器为：美国的陆地卫星系列（Landsat）、法国的斯波特卫星系列（SPOT）、印度的遥感卫星系列（IRS）、加拿大的雷达卫星（Radarsat）和中巴地球资源卫星（CBERS）等（沙晋明等，2012）。

3. 遥感信息五大过程

遥感卫星包括电磁波辐射过程、传感器与观测目标作用过程、电磁波辐射到电子信号作用过程、遥感图像生成过程和遥感图像信息处理与解译过程。

1.2.4 遥感的学科体系

遥感是技术服务型学科。它依赖其他学科和技术为其提供学科理论技术支持；同时，它又为其他研究应用提供技术支撑服务。遥感科学与技术涉及的一级学科有地理学、测绘科学与技术、地质资源与地质工程、资源科学等；二级学科有地图学与地理信息系统、大地测量学与测量工程、摄影测量与遥感，以及地质资源与地质工程中的地球探测与信息技术等。因此，遥感是一门由卫星技术、传感器技术、计算机科学、资源环境科学等多学科交叉渗透、互为支持的新兴交叉学科。

1.2.5 遥感监测特点

1. 探测距离远，获取远距离的目标信息

遥感是远距离的探测技术，它可以获得地球、月球、行星的信息。1957年，苏联发射第一颗地球卫星，标志人类空间探测时代的开始。在50多年的发展历程中，空间探测技术突飞猛进，日新月异。空间飞行由绕地球、月球到向星际空间发展。

2. 探测范围广，获取信息的范围大

从飞机或人造地球卫星上获取的航空像片或卫星图像，比地面上观察监测的范围大得多，且不受地形地貌的影响。在地球上有很多地方，自然地理条件极为恶劣，难以实施地面调查，如荒漠、沼泽、崇山峻岭等。遥感技术可以不受地面条件的限制，方便及时地获取多种宝贵的资源环境信息，为人们研究地面各种自然、社会现象及其分布规律提供客观真实的信息。

3. 探测速度快，获取连续动态监测的数据，反映动态变化信息

遥感卫星影像具有视点高、视域广、数据采集快、重复周期短、连续观察的特点，能适时获取所经区域的各种自然现象，便于更新资料，通过分析新旧两种资料的变化，实施动态监测，这是实地测量和航空摄影测量所无法比拟的。例如，陆地卫星Landsat，每16～18天可覆盖地球一遍；MODIS（moderate resolution imaging spectroradiometer，中分辨率成像光谱仪）气象卫星每天能收到两个时相的图像；NOAA（National Oceanic and Atmospheric Administration,（美国）国家海洋大气管理局）气象卫星每30分钟获得同一地区的图像。遥感周期性地重复对同一地区进行扫描观测的能力，有助于利用遥感数据监测地球上事物的动态变化，研究自然界的变化规律。尤其是在监视气象、洪涝灾害、资源环境乃至军事目标方面，遥感显得必不可少。

4. 探测手段多，可获取海量信息

遥感技术所应用的波段从紫外线、可见光、红外线、远红外线、微波到激光等，涵盖了主要的电磁波。不同传感器光谱分辨率不同，形成了丰富的电磁信息。电磁信息的记录可以成像，也可以不成像；可以是直接数据形式，也可以是像片形式，还可以是影像方式。总之，遥感获取信息的波段多，信息量巨大。针对不同的工作目的，可选用不同波段信息来提取相应的地物信息。此外，还可以利用特殊波段对物体的穿透性，获取地物内部结构信息，如微波可以进行全天候的监测。遥感信息获取的信息量极大，包含了丰富的资源环境信息。例如，Landsat 卫星 TM（thematic mapper, 专题制图仪）图像，一幅覆盖 $185km \times 185km$ 地面面积、像元空间分辨率为30m 的 TM 图像，其数据量约为 $6000 \times 6000 = 36Mbit$。若将6个波段全部输入计算机，其数据量为 $36Mb \times 6 = 216Mbit$，大大超过了传统方法所获取的信息量。所以，遥感技术为研究各种宏观现象及其相互关系，如区域地质构造和全球环境等问题，提供了便捷的条件。

5. 应用领域广，经济效益高

遥感获得的地物电磁波特性数据综合反映了地球上许多自然、人文信息。红外遥感昼夜均可探测，微波遥感可全天候探测，人们可以从中有选择地获取所需的信息。地球资源卫星 Landsat 和 CBERS 等所获得的地物电磁波特性均可以较综合地反映地质、地貌、土壤、植被、水文等特征，因而具有广阔的应用领域。遥感的费用投入与所获取的效益，与传统的方法相比，可以大大地节省人力、物力、财力和时间，具有很高的经济效益和社会效益。有人估计，Landsat 卫星的经济投入与取得的效益比为 1∶80 甚至更大。地球上资源短缺、环境恶化以及呈几何级数膨胀的人口压力，迫使人类着眼于未来太空移民及宇宙资源和能源的开发和利用。宇宙开发离不开对行星表面岩石矿物组成、化学成分及构造特征的研究，行星遥感探测为获取行星表面有关矿产资源等方面信息，提供了快速而有效的手段。

1.3 遥感卫星概况

1957年10月4日，随着第一颗人造地球卫星"斯普特尼克一号"在苏联拜科努尔发射中心的成功发射，人类便掀起了人造地球卫星发展的序幕。此后的50多年里，全球10多个发射场共发射了5000多颗人造地球卫星（以下简称卫星），而拥有卫星的国家也达到了43个，在轨运行的卫星也多达1167颗（截至2014年1月31日），可见卫星技术发展之迅速。

1.3.1 卫星发展阶段

（1）摸索和试验阶段，20世纪50年代至60年代。苏联和美国在这一阶段开展了大量卫星有效载荷对地观测仪器技术的探索和研究工作，以及大规模的机载对地观测技术的飞行试验活动。继苏联的第一颗卫星发射后，美国在1958年1月31日发射了人类第二颗卫星"探索者一号"。在这一阶段，美国国家航空航天局（National Aeronautics and Space Administration，NASA，以下简称美国宇航局）在全美展开了有史以来规模最大的机载飞行试验活动，历时3年。他们动用了当时能够提供的所有遥感仪器，包括微波雷达、红外扫描仪和各种照相机设备，开辟了近400个试验场和典型地物场地，进行了各项太空模拟和飞行试验。随着卫星技术的不断成熟和卫星成功升天掀起的热潮，卫星技术开始逐步地应用在各领域，进入了第二阶段。

（2）应用阶段，20世纪70年代至80年代。这一阶段，主要是卫星在各领域的初步应用，卫星的用途逐渐清晰并出现不同的类别，除了最初的科学研究和技术试验用途的卫星外，通信、遥感和导航用途的卫星也逐渐出现。根据其用途的不同，卫星的设计也出现了多种样式，传感器的分辨率及观测光谱范围都得到了进一步的提高和扩展。在这一阶段，越来越多的国家发射了本国的第一颗卫星，使卫星技术的发展范围进一步扩展。中国于1970年4月24日在酒泉卫星发射中心成功发射了"东方红一号"，揭开了中国卫星发展的序幕。此外，出现了针对大气层研究的气象卫星和针对地球陆地地区资源探索的陆地资源卫星。

（3）快速发展阶段，20世纪90年代至今。这一阶段，卫星技术逐渐成熟，发射成功率逐渐提高；应用范围也逐渐扩大，不再单单是军用，民用和商用卫星也逐渐增加；用途也更多样化，出现了更多侦察、监视及测绘等用途的卫星。这个阶段是卫星发展最为迅速的阶段，尤其是通信卫星的发展极为迅速。掌握卫星技术的国家越来越多，而且卫星事业开始步入商业化，部分公司推出了各类高空间分辨率和高光谱分辨率的小卫星。卫星应用从最初的单一走向综合应用，而且根据不同的用途还发展出了各类专题应用的卫星。基于卫星的遥感学科在这一阶段也开始发展，遥感卫星也进一步发展，出现了应用于海洋研究领域的海洋卫星。

1.3.2 在轨卫星概况

基于美国宇航局的卫星数据库的统计分析，可以进一步分析目前在轨卫星的数量、用途和轨道类型。

1. 在轨卫星数量分析

1957年至今，全球在轨卫星的数量为1167颗（表1.1），分属于六大洲，其中亚洲17个，欧洲14个，非洲5个，北美洲3人，南美洲6个，大洋洲1个。此外，还有欧洲空间局（European Space Agency，ESA，简称欧空局）作为独立的机构也有自己的卫星，还有一些属于各国合作的卫星。但就卫星发射数量来说，北美洲发射了454颗卫星，占全部卫星的49%；欧洲共发射了192颗卫星，占21%；亚洲发射了182颗卫星，占20%；其余的各洲一共发射了26颗卫星，占3%；欧空局发射了14颗卫星；其余为国际合作发射的，共50颗，共占7%。

表 1.1　各大洲在轨卫星所属国家、地区或机构及卫星数量　　（单位：颗）

亚洲				欧洲				南美洲		大洋洲	
中国	116	马来西亚	5	俄罗斯	118	丹麦	3	巴西	9	澳大利亚	5
日本	45	土耳其	5	英国	26	挪威	4	阿根廷	7	合作	
印度	33	阿联酋	6	德国	24	希腊	1	委内瑞拉	2	欧空局	20
韩国	8	越南	4	爱沙尼亚	1	匈牙利	1	玻利维亚	1	国际合作	55
泰国	4	巴基斯坦	3	乌克兰	1	西班牙	13	秘鲁	1	其他	5
新加坡	3	伊朗	1	奥地利	1	瑞士	2	智利	1		
沙特阿拉伯	10			法国	17			非洲			
印度尼西亚	6			卢森堡	17			埃及	2		
以色列	10			意大利	11	北美洲		阿尔及利亚	1		
中国台湾	6			荷兰	13	美国	502	摩洛哥	1		
阿塞拜疆	1			白俄罗斯	1	加拿大	22	尼日利亚	3		
哈萨克斯坦	1			瑞典	2	墨西哥	6	南非	1		

2. 在轨卫星用途分析

人造卫星有许多用途，根据用途可以将卫星分为三大类：科学研究卫星、技术试验卫星和应用卫星，其中应用卫星主要分为通信卫星、遥感卫星、导航卫星和侦察卫星四类，在轨卫星用途分类如表1.2所示。用于科学研究的卫星有106颗，占卫星总数的9%；用于技术试验的卫星有146颗，占卫星总数的12%；用于通信的卫星有617颗，占卫星总数的53%；用于遥感的卫星有127颗，占卫星总数的11%；用于导航的卫星有94颗，占卫星总数的8%；用于侦察的卫星有77颗，占卫星总数的7%。

表 1.2　在轨卫星用途分类

用途		具体应用	在轨卫星
科学研究		空间物理探测、测定各项地球参数等	Coriolis，MIDStar，GeneSat-1
技术试验		技术试验、材料检验、性能检测等	Hawksat-1，STPSat-1，Genesis-1
应用卫星	通信	实现各地球站之间以及地球站与航天器的联络	Iridium，DSCS Ⅲ，Rodnik，Chinastar-1
	遥感	地物识别、获取影像、对地观测，环境减灾，测绘成图等	Landsat-5，Radarsat-1，NOAA，Oceansat
	导航	地球点位的方向判读以及全球定位和引导等	GPS，GLONASS，Beidou，Galileo
	侦察	窃取军事情报、搜集地面目标的电磁波信息，监视预警等	Keyhole，ESSAIM，Trumpet，SAR-Lupe

科学研究卫星是用于科学探测和研究的卫星，主要包括空间物理探测卫星和天文卫星，用来研究高层大气、地球辐射带、地球磁层、太阳辐射等（张更新，2009）；技术试验卫星是进行新技术试验或为应用卫星进行试验的卫星，主要是针对航天技术中的很多新原理、新材料、新仪器在天上进行试验或者是针对一种新卫星的性能进行试验；应用卫星是直接为人类服务的卫星。

通信卫星是世界上应用最早、最广的卫星之一，通信卫星反射或转发无线电信号，实现卫星通信各地球站之间或地球站与航天器之间的通信，它是各类卫星通信系统或卫星广播系统的空间部分。

遥感卫星是在搭载有遥感传感器,并且可以在太空对地球或者其他星球进行拍摄,从而获取遥感影像的一类卫星。遥感卫星的关键在于其遥感传感器,主要有可见光遥感、雷达遥感、热红外遥感等各类传感器,不同的传感器所获取的遥感影像也不一样。根据遥感影像可以对地物进行识别分析,从宏观角度对地物进行全新认识并且可以模拟反演相关模型。同时,根据观测领域的不同还可以将遥感卫星分为陆地资源、气象和海洋三类卫星。

导航卫星是对地球或外星球所处位置进行方向判读和定位,通过导航卫星,可以得到所处位置在导航系统中的坐标,从而进行定位和引导。目前常用的导航系统是全球定位系统(global positioning systems,GPS),它主要包括三个部分:空间部分、地面控制系统、用户接收部分。GPS可以全球、全天候、实时、准确地判读用户所处位置的坐标,并可以计算方位角和距离等参数,也可用于各类运输的调度导航及辅助各类测量工作。北斗卫星导航系统是中国自行研制的全球卫星定位与通信系统(BDS),是继美国GPS和俄罗斯GLONASS之后第三个成熟的卫星导航系统。系统由空间端、地面端和用户端组成,可在全球范围内全天候、全天时为各类用户提供高精度、高可靠定位、导航、授时服务,并具短报文通信能力;已经初步具备区域导航、定位和授时能力,定位精度优于20m,授时精度优于100ns。2012年12月27日,北斗卫星导航系统空间信号接口控制文件正式版正式公布,北斗导航业务正式对亚太地区提供无源定位、导航、授时服务。

侦察卫星,就是窃取军事情报的卫星,它利用光电遥感器或无线电接收机,搜集地面目标的电磁波信息,用胶卷或磁带记录下来后存储在卫星返回舱里,待卫星返回时,由地面人员回收,或者通过无线电传输的方法,随时或在某个适当的时候传输给地面的接收站,经光学、电子计算机处理后,人们就可以看到有关目标的信息。侦察卫星是名副其实的间谍卫星,主要分为照相侦察卫星、电子侦察卫星、海洋监视卫星和预警卫星。

卫星的用途主要有军用、民用、商用和政府使用,不同用途的卫星针对的用户也不相同,所以,应结合其用户特点对卫星用途进行分析。各种用途在轨卫星与其用户如表1.3所示。

表1.3 各种用途在轨卫星与其用户

卫星用途		用户 民间	商业	政府	军队	数量
科学研究		16	0	81	9	106
技术试验		50	17	49	30	146
应用卫星	通信	6	391	119	101	617
	遥感	5	13	79	30	127
	导航	0	4	2	88	94
	侦察	0	1	10	66	77
总计		77	426	340	324	1167

三类卫星中,应用卫星占主要部分,科学研究卫星和技术试验卫星比例较小。而在用户方面,民用卫星还处于萌芽状态,大部分卫星的用户还是商业用户、政府机构和军队。不过商用卫星基本上都是通信卫星,而政府和军用卫星的种类就比较多样化,每种用途都有涉及。

通信卫星所占比例最大,达到53%,而且通信卫星用户也来自各个层次,军用、民用、商用及政府都有涉及，不过由于其具有一定的保密性，主要还是商用和政府使用。

遥感卫星和导航卫星所占比例分别为11%和8%，这说明遥感技术发展迅速而且应用广泛，这将有益于3S技术的进一步发展。而遥感卫星和导航卫星的特殊用途，尤其是其强大的定位功能和搭载传感器的探测功能使它不能完全对民用开放，虽然现在遥感和导航技术在民用方面应用广泛，但这类卫星的用户主要还是政府科研机构和军队。

侦察卫星的"间谍作用"主要用于军队，应用范围有限，所以这类卫星所占的比例较小，而且用户单一。科学研究卫星和技术试验卫星虽然不如应用卫星那样应用范围广，但其为卫星技术的发展奠定了基础，为各类应用卫星的发展提供了支持，所以虽然数量较少，但作用不可忽视。

3. 在轨卫星轨道分析

卫星轨道是指卫星质心运动的轨迹，主要轨道参数包括轨道倾斜角、近地点高度、远地点高度、轨道偏心率、升交点赤经等。轨道倾斜角是指由升交点位置测量到的向北方向赤道平面与轨道面的夹角，用于确定轨道面的位置。升交点是指卫星由南向北穿过赤道时卫星轨道与赤道面的交点。轨道偏心率是指椭圆轨道半焦距与轨道半长轴之比，用于确定轨道的形状。

根据不同的分类标准可以得到不同类型的轨道，按轨道偏心率可以分为圆轨道、近圆轨道、椭圆轨道和大椭圆轨道，而目前主要的卫星轨道大都是椭圆轨道和大椭圆轨道；按轨道倾斜角可以分为赤道轨道、顺行轨道、极地轨道和逆行轨道；按轨道高度可以分为低轨道、中轨道和高轨道。

根据卫星轨道类型可以将卫星分为以下四类：低轨道卫星（LEO）、中轨道卫星（MEO）、地球同步轨道卫星（GEO）、大椭圆轨道卫星（Elliptical）。其中，地球同步轨道卫星是指卫星轨道周期与地球自转周期相同的顺行轨道卫星。低轨道卫星为605颗，占52%；中轨道卫星为77颗，占7%；地球同步轨道卫星为447颗，占38%；大椭圆轨道卫星为38颗，占3%。

目前，大部分在轨卫星都是基于低轨道或者地球同步轨道运行的，两者占到90%的比例。低轨道卫星的用途多种多样，每种用途都有涉及；中轨道和地球同步轨道卫星的用途较单一，中轨道卫星一般是导航卫星，地球同步轨道卫星大部分是通信卫星；大椭圆轨道卫星数量很少。轨道类型与卫星用途关系如表1.4所示。

表1.4 轨道类型与卫星用途关系

轨道类型 卫星用途	低轨道	中轨道	地球同步轨道	大椭圆轨道	数量
科学研究	76		11	19	106
技术试验	133		9	4	146
通信	205	5	398	9	617
遥感	126		1		127
导航定位	10	72	12		94
侦察	55		16	6	77
总计	605	77	447	38	1167

1.3.3 遥感卫星技术发展概况

本节对遥感卫星技术发展概况的分析主要是基于美国宇航局的卫星数据库，通过对目前在轨运行的遥感卫星的发射时间和发射国家的统计分析，来介绍遥感卫星的发展状况。遥感卫星是在搭载有遥感传感器，并且可以在太空对地球或者其他星球进行拍摄，然后将获取的遥感影像进行分析和应用的一类卫星。目前在轨运行的遥感卫星共有127颗，遥感卫星的发展主要是依据其遥感传感器技术的发展。

1. 遥感卫星发射时间

本书统计的在轨遥感卫星发射时间是1974年11月～2014年1月，但遥感卫星真正开始出现的时间是在20世纪90年代之后，所以本书将主要针对这一时期的在轨遥感卫星的发射时间进行分析。

从图1.1可以看出，遥感卫星的发展并不顺利，起伏较大。21世纪之前发展缓慢，21世纪之后，尤其在2006年之后发展迅猛，最近几年更是达到了发射数量的高峰（表1.5）。目前在太空中服役时间最长的遥感卫星是1984年美国发射的Landsat-5，之后十多年里遥感卫星的发展并不顺利，这主要受当时技术的限制。而在20世纪90年代末，遥感卫星发射数量开始增加，1999年达到了1颗。进入21世纪后，遥感卫星开始稳定发展，期间受到全球金融危机的冲击发射数量一度下降，但在2006年之后，遥感卫星发展迅速，年均发射数量达到了14颗。

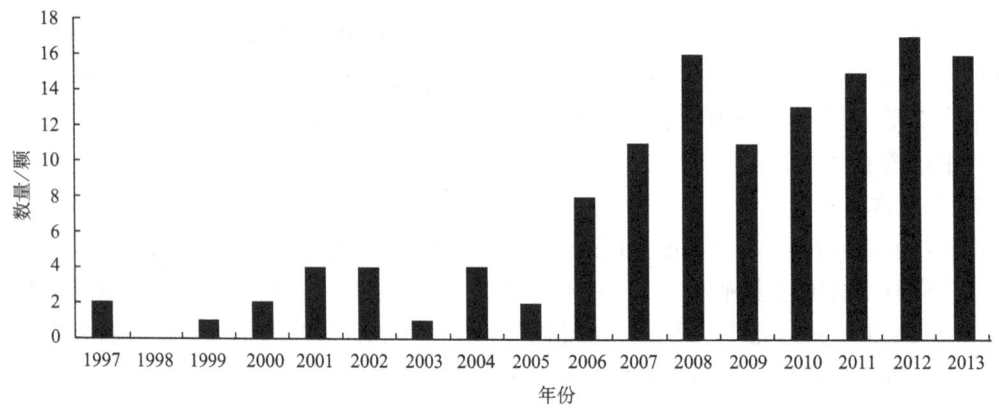

图1.1 在轨遥感卫星的发射时间

表1.5 在轨遥感卫星各年份发射的数量

年份	数量	年份	数量	年份	数量
1997	2	2003	1	2009	11
1998	0	2004	4	2010	13
1999	1	2005	2	2011	15
2000	2	2006	8	2012	17
2001	4	2007	11	2013	16
2002	4	2008	16		
总计					127

2. 遥感卫星区域分布

通过对各个国家在轨遥感卫星数量的统计，绘制出了世界多个国家及区域在轨遥感卫星发射数量图，如图 1.2 所示。

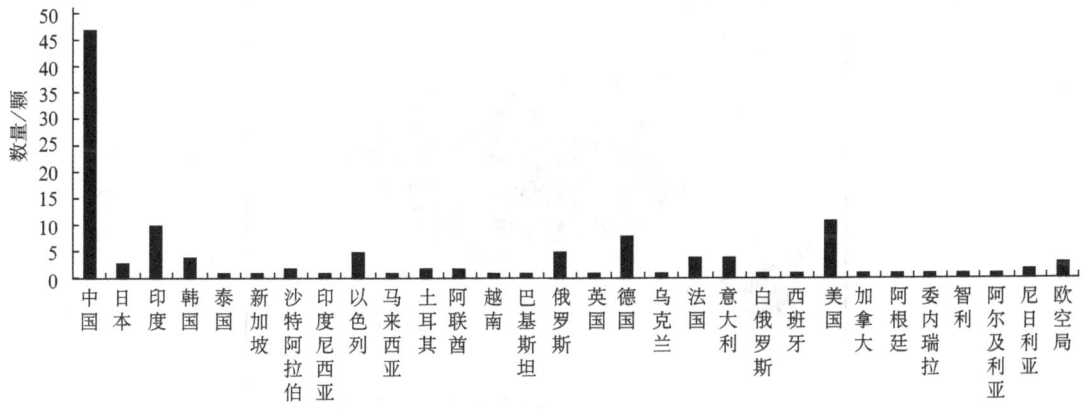

图 1.2 各国、地区或组织在轨遥感卫星发射数量

从图 1.2 可以看出，目前在轨运行的 127 颗遥感卫星是由全球 30 个国家和机构发射的。其中，有 81 颗是由亚洲的中国、印度、日本等 14 个国家发射的，有 25 颗是由欧洲的德国、法国等 8 个国家发射的，有 13 颗是由美洲的美国、加拿大、阿根廷等国家发射的，有 3 颗是由非洲的尼日利亚和阿尔及利亚等 3 个国家发射的，有 3 颗是由欧空局发射的。亚洲除中国外，印度和日本的遥感卫星事业的发展也很稳定，分别有 10 颗和 6 颗在轨遥感卫星。欧洲各国在轨遥感卫星数量上比较平均，比较突出的是德国，有 8 颗。其他国家的发射数量都较少，基本都在 5 颗以下。

1.4 遥感卫星应用技术概况

1.4.1 遥感卫星观测系统的组成

遥感卫星在地球体系的大气、陆地、海洋三大领域各自形成了特定的信息获取与处理应用技术，形成了从空间实施对地球观测的基本技术和方法。遥感卫星观测系统主要包括空间系统和地面应用系统两部分（图 1.3）。

空间系统指处于各种轨道类型和轨道高度上的遥感卫星或其星座。一般除了卫星平台外，还包括各类传感器，如可覆盖可见光、短波红外、中波红外和热红外的光学传感器，主要的类型有 CCD 相机、多光谱扫描仪和高光谱成像仪等；还有一类可以全天候工作的微波传感器，如 SAR 等。地面应用系统包括遥感图像数据接收站、数据处理中心和相应的测控站等，用于接收、记录和处理卫星发回的图像数据并对卫星进行跟踪、测量，实施功能管理等。

1.4.2 遥感卫星的分类及应用

遥感卫星发展到现在，已进入多元化应用阶段，各类卫星层出不穷，种类繁多。针对遥感卫星的分类业内并没有统一的规则，因此依据不同分类标准有不同的分类体系。目前针对

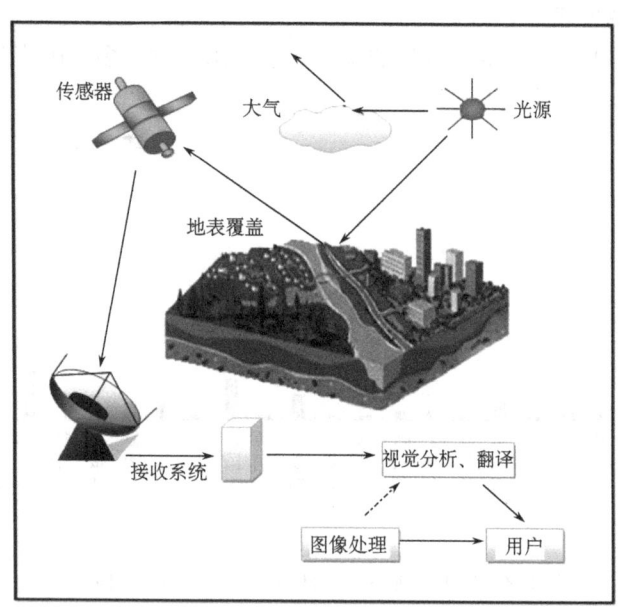

图 1.3　遥感卫星组成示意图（张更新，2009）

遥感卫星的分类标准主要有观测领域和传感器性能。遥感卫星按观测领域可分为陆地资源卫星、海洋卫星、气象卫星三类；按传感器性能可分为高光谱遥感卫星、微波遥感卫星、高空间分辨率遥感卫星三类。

1. 按观测领域

根据观测目标所处的环境，传统上将遥感卫星分为陆地、大气、海洋三大系列，即利用不同的遥感传感器针对地球体系的三大领域（陆地、大气、海洋）分别建立相对独立的遥感卫星对地观测体系。例如，气象卫星是针对地球体系中的大气领域进行观测的；海洋卫星是对地球的海洋领域进行观测的；陆地资源卫星主要是对地球的陆地领域进行观测。每一种卫星虽有侧重，但是可同时兼顾开展陆地、大气及海洋的观测。所以为了便于分析，本书将遥感卫星分为三类：陆地资源卫星、气象卫星和海洋卫星，并针对每种卫星应用情况进行分析（表 1.6）。

表 1.6　各类遥感卫星比较

遥感卫星类型	用途	典型代表
陆地资源卫星	土地利用、森林和水资源调查，区域地质调查，农林业估产，地矿资源调查，环境生态调查，灾害监测与评估，测绘制图	Landsat-5，CBERS-1，HJ-A，HJ-B，SPOT-5，IRS-1
气象卫星	天气预报监测，自然灾害监测，地球环境监测	FY-1，NOAA-15，Meteosat-6
海洋卫星	海洋资源开发与管理、海洋环境监测（包括海洋赤潮和污染监测）、海洋科学研究	Seasat-1，ERS-2，HY-1，Radarsat-1

（1）陆地资源卫星，是指勘探和研究地球陆地自然资源的人造地球卫星，主要用于地球陆地资源调查、监测与评价。根据遥感传感器的不同，所具备的用途也不一样，主要的用途有土地利用调查与制图、森林资源调查与监测、区域地质调查、水资源调查与监测、农林业资源调查与作物估产、能源与环境监测、自然灾害遥感监测与评估、生态环境调查、测绘成像、科学研究等。陆地资源卫星应用极其广泛，是遥感卫星的主要类型。比较典型的陆地资源卫星有：美国的陆地卫星（Landsat）、法国的SPOT卫星、中巴地球资源卫星（CBERS）、印度遥感卫星（IRS）、中国的环境减灾卫星。

（2）气象卫星，是指从外层空间对地球及大气层进行气象观测的人造地球卫星，主要用于云移、云顶高度、云分布、海洋表面温度、对流层上水蒸气分布以及辐射平衡等方面的测定与科学研究。气象卫星除了应用在天气预报和气候预测外，还广泛应用于海洋、航空、农渔业等领域，而且在自然灾害和地球环境监测方面发挥重要的作用，具体来讲，气象卫星的主要用途有台风监测、洪涝灾害监测、森林草原火情监测、耕地旱情监测等。气象卫星为这些自然灾害的监测提供了强有力的支持，并成为政府机构减灾应急、抗灾救灾信息获取的主要渠道和手段。

由于轨道的不同，气象卫星可分为两大类，即太阳同步极地轨道气象卫星和地球同步气象卫星。前者由于卫星是逆地球自转方向与太阳同步，故又称为太阳同步轨道气象卫星；后者与地球保持同步运行，相对地球是不动的，故称作静止轨道气象卫星，又称为地球同步轨道气象卫星。在气象预测过程中非常重要的卫星云图的拍摄也有两种形式：一种是借助于地球上物体对太阳光的反射程度而拍摄的可见光云图，只限于白天工作；另一种是借助地球表面物体温度和大气层温度辐射的程度，形成的红外云图，可以全天候工作。气象卫星具有以下特点：①轨道多（低轨和高轨两种）；②短周期重复观测；③成像面积大，有利于获得宏观同步信息，减少数据处理容量；④资料来源连续实时性强、成本低（蒋尚城，2006）。

气象卫星主要观测内容包括：①卫星云图的拍摄；②云顶温度、云顶状况、云量和云内凝结物相位的观测；③陆地表面状况的观测，如冰雪和风沙，以及海洋表面状况的观测，如海洋表面温度、海冰和洋流等；④大气中水汽总量、湿度分布、降水区和降水量的分布；⑤大气中臭氧的含量及其分布；⑥太阳的入射辐射、地气体系对太阳辐射的总反射率以及地气体系向太空的红外辐射；⑦空间环境状况的监测，如太阳发射的质子、α粒子和电子的通量密度。这些观测内容有助于监测天气系统的移动和演变，为研究气候变迁提供了大量的基础资料，为空间飞行提供了大量的环境监测结果。

比较典型的气象卫星有美国的NOAA系列，中国的风云系列（FY），欧空局的Meteosat系列以及日本的葵花气象卫星（GMS）。

（3）海洋卫星，是指针对地球海洋表面进行观测的人造地球卫星；主要用于海洋温度场，海流的位置、界线、流向、流速，海浪的周期、速度、波高，水团的温度、盐度，海冰的类型、密集度、数量等方面的动态监测。主要的用途有海洋资源开发与管理、海洋环境监测（包括海洋赤潮和污染监测）、海洋科学研究等。

海洋卫星主要包括海洋水色卫星、海洋地形卫星和海洋动力环境卫星。海洋水色卫星主要用于探测叶绿素、悬浮泥沙、可溶有机物、海面温度、污染、海冰和海流等；海洋地形卫星用于探测海面高度、大地水准面、洋流、潮汐、海洋重力场、海洋风速等；海洋动力学卫星用于探测海面风场、海面浪场、海面温度、内波、涡旋和水下地形等。

海洋卫星与陆地卫星和气象卫星相比，具有以下特点：①海洋环境要素探测要求大面积、连续、同步或准同步探测；②海洋卫星可见光传感器要求波段多而窄，灵敏度和信噪比高（高出陆地卫星一个数量级）；③为与海洋环境要素变化周期相匹配，海洋卫星的地面覆盖周期要求2~3天，空间分辨率为250~1000m；④由于水体的辐射强度微弱，而要使辐射强度均匀，具有可对比性，则要求水色卫星的降交点地方时（发射窗口）选择在正午前后；⑤某些海洋要素的测量，例如海面粗糙的测量、海面风场的测量，除海洋卫星探测技术外，尚无其他办法。

比较典型的海洋卫星有美国的Seasat系列，日本的海洋观测卫星（MOS），欧空局的ERS系列，加拿大的Radarsat卫星系列和中国的HY卫星系列。

陆地资源卫星是遥感卫星的主要类型，是应用最广泛的遥感卫星，有84颗，占遥感卫星总数的63%；其次是气象卫星，有36颗，占遥感卫星总数的27%；海洋卫星受其应用范围限制所占比例最少，为13颗，占遥感卫星总数的10%。其实，由于科学技术的发展以及现实应用的需求，目前很多卫星都已经不是单一的某一类卫星，而是具有综合观测能力的卫星，在陆地、气象和海洋三方面都具备了较强的观测能力，因此综合类型卫星的发展必将成为日后卫星发展的主要方向。

2. 按传感器性能

遥感卫星上搭载有很多种不同用途的遥感传感器。遥感传感器是收集、探测、记录地物电磁波辐射信息的工具。它的性能直接决定了遥感卫星的能力，即传感器对电磁波波段的响应能力（如探测灵敏度和光谱分辨率）、传感器的空间分辨率、传感器获取地物电磁波信息量的大小和可靠程度等（钱乐祥和李爽，2004）。

基于测量方式，遥感传感器可分为主动式和被动式，被动式是一种收集目标物反射太阳光的辐射电磁波的遥感传感器；主动式是向目标地物发射电磁波，然后收集目标物反射回来的电磁波的遥感传感器。传感器的种类很多，一般由四部分组成：收集器、探测器、处理器和输出器，与此对应，遥感的四个过程分别是：数据采集、数据处理、数据传输和数据输出与应用。

遥感传感器的工作波段是对传感器进行分类的主要标准，可分为两类：光学传感器和微波传感器。从可见光到红外区的光学领域的传感器称为光学传感器，微波领域的传感器称为微波传感器。分辨率是分析传感器性能的主要参数，遥感卫星传感器的分辨率是指记录数据的最小度量单位（钱乐祥和李爽，2004）。一般存在四类分辨率：空间分辨率、光谱分辨率、时间分辨率和辐射分辨率。

空间分辨率（spatial resolution）是指传感器区分两个目标的最小角度或线性距离的度量，反映对两个非常接近的目标物的识别区分能力，一般来说，传感器的空间分辨率越高，其识别地物的能力相对就越强，影像细节的可见程度就越高。

光谱分辨率（spectral resolution）是指传感器所选用的波段数量的多少、各波段的波长位置及波长间隔的大小。它反映的是对遥感信息多波段的特性，一般用于描述高光谱数据。光谱分辨率越高，专题研究的针对性就越强，影像的光谱信息就越丰富，对物体的识别精度就越高（赵英时等，2003）。

时间分辨率（temporal resolution）是描述遥感卫星重访时间间隔的性能指标，是指卫星传感器重复观测的最小时间，它不仅取决于卫星的回归周期，还与传感器的设计等因素相关。

辐射分辨率（radiant resolution）是指传感器对光谱信号强弱的敏感程度、区分能力，以及探测器的灵敏度。

在以上四个分辨率参数中，空间分辨率和光谱分辨率是描述光学传感器性能的主要参数，而对于微波传感器，一般描述其性能的参数是工作波段、极化方式和全色分辨率。本节基于传感器的性能和工作波段将遥感卫星分为三类进行介绍：高空间分辨率遥感卫星、高光谱遥感卫星、微波遥感卫星。

1) 高空间分辨率遥感卫星

航天遥感的一个重要发展趋势是空间分辨率的大幅度提高，高空间分辨率遥感卫星技术，尤其是空间分辨率小于1m遥感卫星的出现和普及具有划时代的意义。高空间分辨率遥感卫星最初用来获取敌对国家经济、军事情报以及地理空间数据。1999年，美国太空成像公司第一颗商业高分辨率遥感卫星IKONOS发射成功，开创了商业高空间分辨率遥感卫星的新时代。

目前主要的高空间分辨率卫星有ALOS、SPOT-5、Topsat、KOMPSAT-2、Resurs-DK1、Cartosat-1、CBERS-03、Pleiades、EROS等。除此之外，还有一些用超高分辨率的小卫星，如IKONOS、OrbView、QuickBird、WorldView等。这些卫星及传感器的参数统计如表1.7所示。

表1.7 在轨高空间分辨率遥感卫星统计（全色分辨率10m以下）

卫星	发射时间	国家或地区	全色分辨率/m	多光谱分辨率/m	幅宽/km
IRS-1D	1997-9-29	印度	6	23	70
SPOT-4	1998-4-24	法国	10	20	60
IKONOS-2	1999-9-24	美国	1	4	11
EROS-A1	2000-12-5	以色列	1.8		12.5
QuickBird-2	2001-10-18	美国	0.61	2.44	16.5
SPOT-5	2002-5-4	法国	2.5～5	10	60
RESOURCESAT-1	2003-10-17	印度	6	6, 23, 56	70
Formosat-2	2004-4-20	中国台湾	2	8	24
Cartosat-1	2005-5-4	印度	2.5		30
Monitor-E-1	2005-8-26	俄罗斯	8	20	94, 160
Topsat	2005-10-27	英国	2.5	5	10, 15
北京一号	2005-10-27	中国	4	32	24, 600
ALOS	2006-1-24	日本	2.5	10	35, 70
Cartosat-2	2006-3-30	印度	1		10
EROS-B1	2006-4-25	以色列	0.7		7
KOMPSAT-2	2006-5-1	韩国	1	4	15
Resurs-DK	2006-5-1	俄罗斯	1	3	28
WorldView-Ⅰ	2006-11-11	美国	0.5		
OrbView-5	2007-3-16	美国	0.41	1.64	15
THOES	2007-6-30	泰国	2.0	15	22.9
EROS-C	2008-3-31	以色列	0.7	2.5	16
WorldView-Ⅱ	2008-7-1	美国	0.5	1.8	16
RazakSAT	2009-7-14	马来西亚	2.5	5	
Pleiades-1	2011-12-17	法国	0.5	2	20
Resurs-P	2013-6-25	俄罗斯	1	4	38
高分一号	2013-4-26	中国	2	8, 16	60, 800

2) 高光谱遥感卫星

高空间分辨率遥感信息能够较好地满足诸多用户的需求，并促进了高光谱分辨率遥感的发展。同时资源调查、农作物长势、病虫害、土壤状况、地质勘查等领域，对光谱分辨率的要求不断提高，使光谱分辨率从微米级的多光谱向纳米级的超光谱发展（王景泉，2001）。高光谱分辨率的遥感技术是利用图像和光谱合二为一的特点（遥感图像上每一个像元对应一条较光滑的光谱曲线），研究地表物质的成分、含量、存在状态和动态变化与光谱反射率之间的对应关系，利用地物反射光谱特征识别其类型。电磁波的分类和波长范围见表1.8。高光谱遥感研究的光谱波长范围包括：可见光（V）、近红外（NIR）、短波红外（SWIR）、中热红外（MIR）和热红外（TIR）波段。

表1.8 电磁波的分类和范围

名称	波长范围
紫外线	$0.01\sim0.4\mu m$
可见光	$0.4\sim0.7\mu m$
近红外	$0.7\sim1.3\mu m$
短波红外	$1.3\sim3\mu m$
中热红外	$3\sim8\mu m$
热红外	$8\sim14\mu m$
远红外	$14\mu m\sim1mm$
微波	$1mm\sim1m$

高光谱数据的主要来源有两种：一种是由搭载在卫星或飞机上的成像光谱仪采集的高光谱遥感影像，另一种是由非成像光谱仪在野外或实验室采集的地面光谱数据。目前的星载航天成像光谱仪主要有 MightSat-Ⅱ 上搭载的 FTHSI、EO-1 上的 Hyperion、PROBA 上的 CHRIS 以及国内的环境与减灾小卫星 HJ-1A 上搭载的 HIS 传感器。机载航空成像光谱仪，国外的主要有 AIS、AVIRIS、AISA、CASI、DAIS、HYDICE、HyMap 等，国内的有 OMIS-1、OMIS-2、PHI、WHI 等。主要的参数表如表1.9所示。

表1.9 主要高光谱成像仪参数

名称	平台	国家或机构	光谱范围/μm	波段数	光谱分辨率/nm
AVIRIS	机载	美国	$0.41\sim2.45$	224	
PHI	机载	中国	$0.40\sim0.85$	244	5
PROBE-1	机载	美国	$0.4\sim2.5$	128	
OMIS-1、OMIS-2	机载	中国	V-NIR (0.46～1.1) SWIR1 (1.06～1.7) SWIR2 (2.0～2.5) MIR (3.0～5.0) TIR (8.0～12.5)	V-NIR (64) SWIR1 (16) SWIR2 (32) MIR (8) TIR (8)	V-NIR：10 SWIR：30 NIR：250
CASI	机载	加拿大	$0.45\sim2.48$	128	
HyMap	机载	澳大利亚	$0.45\sim2.48$	126	$15\sim20$

续表

名称	平台	国家或机构	光谱范围/μm	波段数	光谱分辨率/nm
CHRIS	星载	欧空局	0.41~1.05	62	V：2~7 NIR：12
Hyperion	星载	美国	0.4~2.5	220	10
HIS	星载	德国	0.42~2.45	200	5~10
FTVHSI	星载	美国	0.45~2.35 3.5~4.1 8~12	145~256 1 3	V-NIR：1.7 SWIR：12
HIS	星载	中国	0.45~0.95	128	

3）微波遥感卫星

微波遥感就是利用传感器接收地面各种地物反射或发射的微波信号，借以识别、分析地物，提取所需信息。雷达遥感（微波遥感）可分为主动和被动两种方式。被动方式与可见光和红外遥感类似，是由微波扫描辐射计接收地表目标的微波辐射。目前多数星载雷达采用主动方式，即由遥感平台发射电磁波，然后接收辐射和散射回波信号，探测地物的后向散射系数和介电常数。微波遥感发射的电磁波波长一般较长，在 1mm~1m。微波遥感卫星搭载的传感器分为被动式和主动式，被动式传感器有微波辐射计，主动式传感器有微波散射计、雷达高度计、孔径侧视雷达。在轨微波遥感卫星如表 1.10 所示。

表 1.10 在轨微波遥感卫星

卫星	国家或机构	发射时间	极化方式	入射角/(°)	分辨率/m
ERS-2	欧空局	1995-4-21	垂直极化	23	30
Radarsat-1	加拿大	1995-11-4	水平极化	10~60	8.5
ENVISAT-1	欧空局	2002-3-1	双极化	15~45	30
ALOS	日本	2006-1-24	多极化	8~60	7~100
TerraSAR-X	德国	2006-4-15	多极化	20~55	1
Radarsat-2	加拿大	2006-12-15	全极化	10~60	3
COSMO-SkyMed-4	意大利	2008-5-1	多极化	15	1

微波遥感的特点是：全天时工作，全天候工作；微波对某些地物有穿透能力（尤其是对云层的穿透力），微波遥感器可以探测地物的微波特性；微波遥感器可采用多种频率、多种极化方式、多个视角工作，从而获取目标多种信息；成像可以记录目标的距离信息和相位信息，投影方式属于距离投影。

3. 遥感卫星的应用

遥感卫星的用途非常广泛，对地观测功能是其最主要的功能，快捷准确的特点使其在地球上的大部分领域都有相关应用。遥感卫星可以提供大量连续的有关地球及其环境的数据，来加强人类对地球系统的理解。这些数据涵盖了全球各个层次，包括陆地、大气、海洋和冰雪等方面。遥感卫星的应用从内容上可划分为资源调查与应用、环境与灾害监测评价、测绘制图与区域分析规划、全球宏观研究及其他。

（1）资源调查与应用。主要包括土地资源调查、农业资源调查与作物估产、森林资源调查与监测、区域地质调查、水文水资源调查与水利建设、地质矿产调查与监测等。

（2）环境与灾害监测评价。主要包括对各类污染（大气污染、水污染、土地污染和海洋污染等）的监测与评估，气候变化与环境演变分析，天气监测与分析预报，各类自然灾害（台风、洪涝、干旱、地震、冰雪、森林草原火灾、滑坡、泥石流、农林病虫害等）的监测与评估等。

（3）测绘制图与区域分析规划。主要包括地形地貌测量与模拟、成像制图、城市布局结构分析与规划、城市用地与道路交通分析、城市人口与生态分析等。

（4）全球宏观研究。全球宏观研究是指宏观地、整体性地对人类赖以生存的岩石圈、大气圈、水圈、生物圈等进行研究，并以此来带动区域性的分析规划，促进全球环境的改善。主要的研究内容包括：地球板块运移的监测和研究、深层大断裂活动的监测与研究、环形构造的成因研究、全球性气象研究、海洋动力学研究、地表固态水的分布、世界冰川的进退，以及世界大环境的监测与治理等（张更新，2009）。

（5）其他。遥感卫星在军事方面的应用是不言而喻的，军事应用是遥感卫星最早也是最全面的应用。目前遥感卫星技术的发展和其在军事中的应用是分不开的，很多遥感卫星最初也都是为军事服务的。遥感卫星在军事方面的应用具有高保密性、高精度性、全方位的特点。

1.4.3 中国遥感卫星技术发展

自1970年中国发射了第一颗自主研发的人造地球卫星后，中国的卫星事业一直在稳步发展，而进入21世纪以来，中国的卫星事业发展非常迅速。中国遥感卫星技术的迅速发展推动了整体卫星事业的发展。以下将从数量、发射年份和种类分布三个方面对比分析主要国家与中国遥感卫星发展的差异。

中国遥感卫星技术发展开始较晚，但发展迅速，在轨遥感卫星的基本情况见附录1。为了对比分析主要国家与中国遥感卫星发展的差异，本书将中国、美国、印度、俄罗斯和德国在轨遥感卫星的发展，从数量、发射年份、种类分布和传感器性能四个方面进行比较分析。五国在轨遥感卫星数量：中国47颗，印度10颗，俄罗斯5颗，美国11颗，德国8颗。

从发射年份方面分析，从表1.11可知，五国的遥感卫星除美国外基本上都是进入21世纪才开始兴起的。美国很早就已经发射了遥感卫星，发展很稳定；德国是20世纪90年代中期开始发展遥感卫星事业，进入21世纪后受全球金融危机影响，连续几年都未发射遥感卫星；俄罗斯的遥感事业起步较早，但目前在轨的遥感卫星却很少，可见近几年的发展很缓慢；印度和中国的遥感卫星事业发展较晚，进入21世纪才开始发展，不过中国的遥感卫星事业一经起步就发展的比较迅速，尤其在近些年国家的大量科技和经济投资，使得在轨遥感卫星的发射数量超过了美国。

表 1.11 五国在轨遥感卫星发射年份比较

项目	1997	1999	2000	2001	2002	2003	2004	2005	2006	2007	2008	2009	2010	2011	2012	2013	总计
中国	0	0	0	0	1	0	2	1	5	2	6	3	6	5	8	8	47
印度	0	0	0	1	0	1	0	1	0	1	2	1	1	2	0	0	10
俄罗斯	0	0	0	0	0	0	0	0	1	0	0	0	0	0	3	1	5
美国	1	1	1	1	1	0	1	0	0	1	1	1	0	0	0	2	11
德国	0	0	0	1	0	0	0	0	0	1	5	0	1	0	0	0	8
总计	1	1	1	3	2	1	3	2	6	5	14	5	8	7	11	11	81

由于不同卫星的传感器性能不同,为了准确地比较各国传感器的性能,本书从各国卫星中选取了功能比较接近的卫星进行传感器性能比较。由表 1.12 可知,在陆地资源卫星中,美国卫星的传感器无论是从空间分辨率还是光谱范围都比其他各国卫星的传感器性能要先进,而在气象和海洋卫星中,美国卫星所搭载的仪器数量更多也更先进,这是美国作为遥感卫星第一大国的优势所在。印度遥感卫星事业发展极为迅速,各类卫星都基本达到了世界较

表 1.12 各国典型遥感卫星参数比较

名称	国家	类型	发射年份	空间分辨率/m	光谱范围/μm
北京一号	中国	陆地资源	2005	4	0.5～0.8
环境减灾一号 B 星	中国	陆地资源	2008	30～150	0.43～12.5
风云三号 A 星	中国	气象	2008	搭载有 10 通道扫描辐射计、红外分光计、中分辨率成像光谱仪、臭氧垂直探测仪、太阳辐照度监测仪、微波温度探测辐射计等 10 种仪器的极轨卫星	
海洋一号 A 星/B 星	中国	海洋	2007	搭载有 8 个可见光和 2 个红外波段的水色仪,和 1 台 4 谱段海岸带气像仪及 X 频段数据存储、处理与传输系统的海洋水色卫星	
QuickBird	美国	陆地资源	2001	0.61～2.44	0.45～0.90
Landsat-7	美国	陆地资源	1999	15～60	0.45～2.35
GOES-O	美国	气象	2009	搭载有覆盖可观测 0.45～15μm 范围的 19 通道扫描辐射计、测深仪、空间环境监视器和太阳 X 射线成像仪等的静止气象卫星	
SeaStar	美国	海洋	1997	搭载有 8 个可见光和 2 个红外波段的宽视场海洋水色仪(SeaWiFS)和遥感数据收集仪器的海洋水色卫星	
Cartosat-2	印度	陆地资源	2007	1	0.5～0.85
Insat-3D	印度	气象	2008	拥有 6 通道成像仪。它将提供温度与湿度垂直分布情况、大气运动向量、海平面温度、降雪覆盖情况以及其他天气信息的定量数据	
Oceansat-2	印度	海洋	2009	8 波段的海洋彩色监视器,电子散射仪和测深器	
RapidEye-E	德国	陆地资源	2008	5	0.44～0.85
Resurs-DK1	俄罗斯	陆地资源	2006	0.9～2.0	0.58～0.8

高水平，而且与美国卫星的差距也已经很小。而中国的陆地资源卫星的性能较好，具有高空间分辨率的卫星和高光谱分辨率的卫星，但其精度仍与世界先进国家有一定的差距。中国的气象和海洋卫星发展较好，已达到了一流水平，与世界先进国家的差距正逐步缩小。

由以上比较分析可知，中国的遥感卫星事业目前还处在初步发展阶段，大部分卫星都是在近 10 年内发射的，虽然在数量上具有一定的优势，但在种类上还过于单一，传感器性能上和美国、印度等国还存在着很大的差距，所以未来中国遥感卫星需要在传感器性能上多做研究，提高精度，扩大观测范围。此外，在遥感卫星种类上，还需要全面发展，加强海洋和气象卫星技术的创新。

1.5 遥感卫星的发展趋势

过去 20 年，遥感卫星由最初的萌芽试验阶段经过基本应用阶段发展至今天的综合应用阶段，但通过之前各国卫星的发展计划，可以预知，在未来 10 年遥感卫星将迎来发展的高峰期，无论是数量上还是质量上，都将有长足的发展。

未来 10 年，遥感卫星的发展将从三个方面进行改进：有效载荷性能、遥感卫星应用功能和遥感卫星整体。在有效载荷性能方面，可以预知成像卫星的传感器将向着高分辨率、多角度方向发展，各类陆地大气海洋参数获取和试验的仪器将向着多功能、高精度、长寿命方向发展；在遥感卫星应用功能方面，可以预知遥感卫星的功能将从单一化应用发展为综合应用，从独立的遥感观测技术发展为协同其他技术的一体化技术，从功能的零散性发展为功能的系统性；在遥感卫星整体方面，遥感卫星将朝着小型化、商业化的方向发展。

1. 遥感卫星及其载荷的传感器将朝着高分辨率、多模式、多角度的方向发展

随着遥感卫星对地观测技术的进步以及人们对地球资源和环境认识的不断深化，用户对高分辨率遥感数据的质量和数量的要求在不断提高。未来世界各国在高分辨率遥感卫星领域的竞争必将日趋激烈，随着更多数量、更高分辨率的卫星发射，可以利用的高分辨率卫星影像资源也将更加丰富。而且随着高分辨率卫星影像资源的不断丰富与市场的日益成熟，也将极大地促进其应用技术的不断发展。有关专家预测在未来几年内，在 1∶5000 至更大比例尺地图的测绘方面，竞争力日益提高的高分辨率遥感卫星将取代传统的航空摄影测量，同时新的应用领域将不断出现；而且随着技术的不断提高，高分辨率卫星的影像成本也会随之降低，高清卫星图像将应用在越来越多的领域，实现普及。

高分辨率卫星传感器具有地物纹理信息丰富、成像光谱波段多和重访时间短这三个特征，因此高分辨率卫星一般可分为高空间分辨率、高光谱分辨率和高时间分辨率。

目前，高空间分辨率卫星的空间分辨率已至 0.5m（WorldView-II），已基本可以取代航天遥感摄影测量的功能，但因为价格昂贵，重访周期较长等一些不足，使其难以得到广泛的应用。所以未来高分辨率卫星的发展在不断提高空间分辨率的同时，将更注重成本降低，提高时间分辨率和加强功能多样化等方面。

和高空间分辨率的情况基本相同，高光谱分辨率卫星在高光谱数据中光谱分辨率也已经达到了很理想的情况，但其空间分辨率普遍较低，不容易和其他数据融合，而且同样具有价格高、周期长的不足，因此，高光谱分辨率卫星的发展将朝着低成本、短周期的方向发展。

一般气象卫星大都是高时间分辨率卫星，这是因为气象卫星需要对天气情况进行实时监测，重访周期要求较短。目前高时间分辨率卫星遥感影像的时间分辨率已经从几天缩小到几小时。我国2004年10月发射的风云二号C星，携带的遥感仪器在36000km高空观测地球，具有很高的时间分辨率，可以观测到大气中生命期为几个小时的中小尺度天气系统及其演变过程，对中小尺度天气系统所造成的灾害性天气的动态监视具有独特的优势。

不仅在分辨率方面，在传感器的模式、角度等方面，也都将有新的发展。传感器的功能将从过去单一的成像或采集功能发展至数据采集、处理、监测和传输等多项功能综合。传感器的模式，尤其是微波遥感传感器的模式将从过去单一的观测模式，发展至现在可相互切换的多模式观测方式。如微波遥感，过去的极化方式一般只有垂直极化或者水平极化，但现在的极化方式基本上都是多极化的方式，而且可以互相切换，不影响原来的极化方式，这进一步扩大了传感器的应用范围。传感器的观测角度，将从正射方向单一角度观测发展至多角度全方位的观测，并综合运用合成孔径雷达、微波遥感、光学遥感和红外遥感等技术手段，实现对陆地、海洋和大气的观测。通过不同空间分辨率（从覆盖全球到几米的数量级）和时间频率（从几秒到10年以上）的观测配合，以及空间水平和垂直观测的综合，保证了遥感卫星科学探测任务的实现。

2. 遥感卫星的应用功能将向着综合应用和协作应用的方向发展

遥感卫星的应用功能不再是单一的针对某个观测领域，而是向着各个领域的综合应用的方向发展。例如，对于陆地资源卫星，不再是只针对陆地上的各项资源的探测，而是向着整个地球各圈层的资源进行综合探测；再如气象卫星也不再只是针对下垫面的大气研究，而是针对地球上各项气象相关领域进行气候变化等方向的探索。

目前，由于单颗卫星无法发现相互关联的整体诸多因素，因此，对于快速变化的情况，单颗卫星只能观测到现象，而缺乏分析原因的资料。通常为了预测变化趋势，就要有连续观测数据，对某些观测对象需要进行快速、重复观测。这就需要把各种轨道、各种遥感器结合起来，同时观测具有相关性的诸多要素，从而使获得的数据可以非常方便地进行融合、集成、外推，使"信息"的形成周期大大缩短。遥感卫星与数据中继、通信、导航定位等卫星功能融合，不仅可快速重访，大大提高观测频度，而且还可实现快速定性、定量和定位。例如，遥感与GIS（geographic information system，地理信息系统）及GPS的密切结合及一体化的发展将使高精度遥感数据的需求成倍增加，今后拥有高分辨率遥感卫星的国家和地区将日益增多。这些对地观测卫星夜以继日、源源不断地向人们提供丰富的高质量遥感数据和动态情报。从这一点上来说，遥感卫星的应用功能将不再仅仅局限于对地观测这一方向，而是协作其他各类卫星对更大范围的领域进行综合研究。

人们对于地球系统的知识，尽管在某些领域很深，但很不全面。当前观测和了解地球系统的活动需要从现在单独的遥感卫星计划，发展成为综合的、同步的、实时的、高质量的、长期的、全球的遥感卫星观测系统，同时要采取一致的标准，作为将来决策和行动的基础。所以加快遥感卫星的综合应用和协作应用功能的发展是当前遥感卫星功能发展的主要方向。

3. 遥感卫星将向着小型化、星座化、系统化的方向发展

目前，世界遥感卫星正朝着小型化、商业化方向发展。小型化可减少资金投入、缩短设计研制周期；星座化和系统化可以使遥感卫星集成使用，使其功能更加强大从而满足用户更多的需求。

随着微电子和微机械技术的发展，全球掀起了一股"小卫星热"，很多国家开始研发小卫星。小卫星一般是指卫星质量在 1000 kg 以下的卫星，小卫星的数字图像具有多谱段、大范围、高精度、准实时、高频率重复成像、低成本等多种优势，吸引了广大的商业用户，在未来的发展中具有较强的竞争力。各国都以发射高分辨率小卫星作为推动本国遥感卫星的机遇和起点，未来遥感卫星的发展趋势将是大、小卫星并存，多星组网，协作发展。

任何一颗卫星无论技术多么先进也不可能满足用户的所有需求，所以就需要多星组合成星座网络的形式来共同发挥作用。遥感卫星技术的迅猛发展，将在未来几十年把人类带入一个多层、立体、多角度、全方位和全天候的新时代，将由各种高、中、低轨道相结合，大、中、小卫星相协同，高、中、低分辨率相弥补的方式组成全新的全球遥感卫星星座系统，能够准确有效、快速及时地提供多种空间分辨率、光谱分辨率和时间分辨率的遥感数据（安培浚等，2007）。未来的遥感卫星系统将采用遥感卫星星座网络，来克服以前大型的、昂贵的卫星平台的缺点以及在平台上放置众多传感器和所产生的各种冗余部件。

所以，未来遥感卫星的质量将向着更小更轻的方向发展，将由多颗小卫星组成遥感卫星星座网络进行观测，以实时地获取质量更高，范围更广，信息量更全的遥感数据。

4. 遥感卫星将向着商业化、市场化、产业化的方向发展

遥感卫星商业化可以把遥感卫星真正转换成为一种产业，为其实现良性循环提供必要条件，并可刺激遥感卫星技术的进一步创新和广泛应用。遥感技术的商业化驱动力主要是市场需求和商业利益，一方面随着市场经济的发展，各行业用户已经注意到空间信息的重要性，进而涌现出大批新用户和潜在市场；另一方面，遥感图像进入市场将会应用于交通、新闻、娱乐、地籍管理、保险业等众多新领域，这将会给遥感卫星商业化发展注入新契机。基于以上两点，可以预知，随着遥感卫星商业化程度的不断提高，遥感卫星技术的工程实际应用水平也将会大幅度提高，应用范围将越来越广泛，全球将会掀起遥感应用的又一次高潮。

商业遥感卫星系统的特点是以应用为导向的，强调采用实用技术系统和市场运行机制，注重配套服务和经济效益。但是就目前的形势来看，商业遥感系统还不可能取代政府资助的遥感卫星系统，不过随着遥感卫星的运作商业化、市场化不断提高，将来商业遥感卫星系统必将会成为一种非常重要的遥感信息补充系统（王晓梅，2004）。

近年来，各类遥感卫星公司如雨后春笋般出现在遥感领域，而且其商业化、企业化的运行模式对提高遥感卫星的性能和扩大遥感卫星的应用范围起到了极大的推进作用，并且这种以应用为主导的商业遥感卫星系统可以作为政府资助遥感卫星系统极好的补充，比较有名的遥感卫星和图像公司基本都集中在美国，例如美国空间成像公司（Space Imaging）、美国数字地球公司（Digital Globe）、美国轨道图像公司（Orb Image）、美国地球之眼公司（Geo-Eye）。此外还有其他国家公司如以色列的卫星图像国际公司，法国斯波特图像公司（Spot）等。

遥感卫星经过几十年的发展和应用，尤其是经过近几年突飞猛进的发展，已经为其未来朝着商业化方向迈进奠定了坚实稳固的基础——包括可靠的技术基础以及广阔的应用基础。只要国家在政策方面给予大力支持，使商业化发展在经营理念的指引下保证正确的方向，加上科技工作人员的勤奋努力使技术不断创新，再加上遥感应用产品开发经销商进行有效的市场运作，以及广大遥感用户的热情支持，那么就能极大地促进遥感卫星的市场化、商业化和产业化发展。相信今后遥感卫星商业化的步伐会加快，能够早日进入产业化发展的新时代。

复习思考题

1. 遥感的基本概念是什么？
2. 遥感监测有什么特点？
3. 遥感卫星观测系统包括几部分？
4. 遥感卫星分为几类？
5. 简述遥感卫星的发展趋势。
6. 结合课本以外的知识，阐述我国遥感的发展成果及其特点？
7. 结合实际，说明遥感在现实生活中有哪些重要性？

第 2 章　遥感卫星轨道

人造地球卫星是指环绕地球在空间轨道上运行（至少一圈）的无人航天器。广义地讲，一个相对较小的物体围绕另一个较大的物体，沿特定路径旋转，较小的物体即为较大物体的卫星。遥感卫星是环绕于太空一定轨道内，由若干个功能不同而又互相依赖和相互作用的子系统组成的，能够完成特定遥感任务的系统（王永刚和刘玉文，2003）。

2.1　卫星运行定律

2.1.1　牛顿万有引力定律

卫星的运动总是服从万有引力定律，该定律指出：任何两个物体之间都存在着引力，其大小与两个物体的质量乘积成正比，而与两个物体之间的距离平方成反比，即

$$F = g\frac{m_1 m_2}{r^2} \tag{2.1}$$

式中，F 为引力；m_1、m_2 为两个物体的质量；r 为两个物体之间的距离；$g=6.672\times10^{-11}$ $(\text{N}\cdot\text{m}^2)/\text{kg}^2$，为万有引力常数。

在近地空间中，卫星主要受到地球的引力，其次是受到月球、太阳和其他星体的引力。为了简化分析，先忽略其他引力影响，只考虑地球和卫星的运动关系，这就是"二体问题"。

2.1.2　开普勒三定律

1. 开普勒第一定律

对两体运动方程求解，可以得到以地球质心为原点的极坐标方程为

$$r = \frac{p}{1+e\cos\nu} \tag{2.2}$$

式中，p 是椭圆半焦弦；e 是椭圆的偏心率；ν 是轨道半径和极轴的夹角；r 为地心到卫星的距离。

这个方程描述的轨迹是一个焦点位于地球中心的椭圆。其结论称为开普勒第一定律。一个椭圆有两个焦点，如图 2.1 所示（郭庆等，2010）。

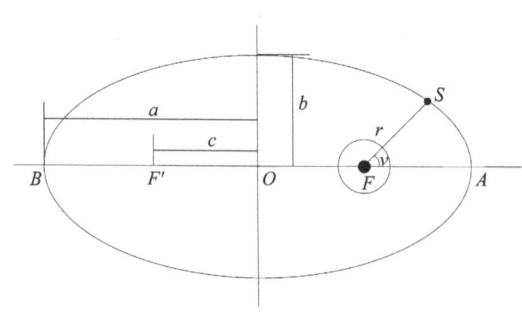

图 2.1　开普勒第一定律

2. 开普勒第二定律和第三定律

由位置矢量与加速度矢量的矢量积得

$$\boldsymbol{r}\times\frac{\mathrm{d}^2\boldsymbol{r}}{\mathrm{d}t^2} = \boldsymbol{r}\times\left(-\mu\frac{\boldsymbol{r}}{r^3}\right) \tag{2.3}$$

对式（2.3）矢量积进行积分，并利用开普勒第一定律的结果，有

$$\left| \boldsymbol{r} \times \frac{\mathrm{d}\boldsymbol{r}}{\mathrm{d}t} \right| = r^2 \times \frac{\mathrm{d}\nu}{\mathrm{d}t} = \sqrt{\mu p} \tag{2.4}$$

式中，$\mu = 3.986 \times 10^5 \mathrm{km}^3/\mathrm{s}^2$。可以这样理解，$\mathrm{d}\nu/\mathrm{d}t$ 为卫星角速度，$r(\mathrm{d}\nu/\mathrm{d}t)$ 为线速度，$r^2(\mathrm{d}\nu/\mathrm{d}t)/2$ 则为扇形面积。式(2.4)表明：卫星矢量在无限小时间内扫过的面积为常数，即开普勒第二定律，如图2.2所示，假设卫星在1s内运行了距离 S_1 和 S_2，则扫过的面积 A_1 和 A_2 是相同的。

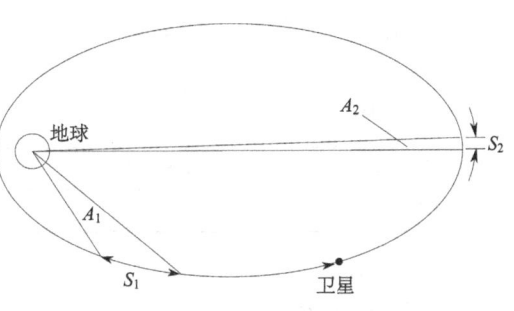

图 2.2 开普勒第二定律

整理公式(2.4)，并代入 $p = a(1-e^2)$，有

$$r^2 \mathrm{d}\nu = \sqrt{\mu p}\, \mathrm{d}t = \sqrt{\mu a(1-e^2)}\, \mathrm{d}t \tag{2.5}$$

然后利用三角形的基本关系，并解微分方程可得轨道周期关系：

$$T = 2\pi \frac{a^{\frac{3}{2}}}{\sqrt{\mu}} \tag{2.6}$$

式(2.6)为开普勒第三定律：卫星轨道周期 T 与轨道长半轴 a 的3/2次方成正比。通过开普勒第三定律，就可以在已知轨道长轴的情况下计算出轨道周期；也可以根据轨道需要的周期，计算对应的轨道长轴。周期为1d的对地静止轨道是一种特别重要的圆形轨道，根据式(2.6)可以计算出圆形轨道对应的轨道长轴即轨道半径 $a = r = 42241 \mathrm{km}$（郭庆等，2010）。

2.2 卫星时空坐标系统

2.2.1 时间系统

卫星应用中的时间系统具有重要意义。遥感卫星环绕地球以高达约几千千米每秒的速率运动，因此，极小的时间误差就有可能导致较大的观测误差。以 GPS 卫星为例，当要求 GPS 卫星位置的误差小于 1cm 时，相应的时间误差应该小于 2.6μs。因此，为了保证卫星测量的高精度，必须有高精度的时间系统。

时间系统同坐标系统一样，有尺度（时间单位）与原点（历元）。理论上，任何一个周期运动，只要它的运动是连续的，其周期就是恒定的，并且是可观测和用实验复现的，都可以作为时间尺度即单位。比如可以利用地球自转一周作为一个时间单位。随着观测技术的发展和更加稳定的周期运动的发现，度量时间的标准也在不断地更新和提高。在实践中，由于所选用的周期运动现象不同，便产生了不同的时间系统。卫星应用中常用的时间系统主要有世界时 UT、国际原子时 TAI、协调时 UTC、标准时（当地时）和 GPS 时（表2.1）。

表 2.1 卫星应用中常用的时间系统

时间系统	创建时间	时间长度	应用领域
世界时 UT	1834 年	平太阳时	应用于日常生活、天文导航、大地测量和宇宙飞行等方面

续表

时间系统	创建时间	时间长度	应用领域
国际原子时 TAI	1967 年	原子时秒长	应用于动力学作为时间单位,其中包括卫星动力学
协调时 UTC	1972 年	平太阳时与原子时秒长的折中时	世界各地同时采用共同的时间标准,在航天领域得到普遍应用
标准时(当地时)	1984 年	协调时	应用于日常生活
GPS 时	1980 年	原子时秒长	GPS 测量

2.2.2 空间系统

1. 天球坐标系和地理坐标系

在研究空间对象,如日、月、星辰的位置时,需要建立特定的坐标系统。理论上,定义坐标系时,首先选定一个尺度单位(一般采用标准米),然后定义坐标系原点的位置和坐标轴的指向。假设已经定义了右手直角坐标系,则可以按如下两种方式(天球直角坐标系、天球球面坐标系)定义天球坐标系:①天球直角坐标系[图 2.3(a)]。天球直角坐标系以地球质心为坐标原点,Z 轴由地心指向天球的北极为正方向,X 轴由地心指向春分点为正方向,Y 轴与 X 轴、Z 轴正交且构成右手坐标系。天体的位置,在空间直角坐标系内以 (X, Y, Z) 表示。②天球球面坐标系[图 2.3(b)]。在天球球面坐标系内,天球面上任一点均可用赤经(α)和赤纬(β)表示。该坐标系以地球质心为中心,以过春分点 γ 和天极的子午面为经度起算面;天球赤道面与地球赤道面重合,赤道面是纬度起算面;赤经以春分点为起点,反时针方向量度,范围为 0°~360°;赤纬以天赤道为 0°,向北南两极为 ±90°。天球坐标系不随地球自转而变。

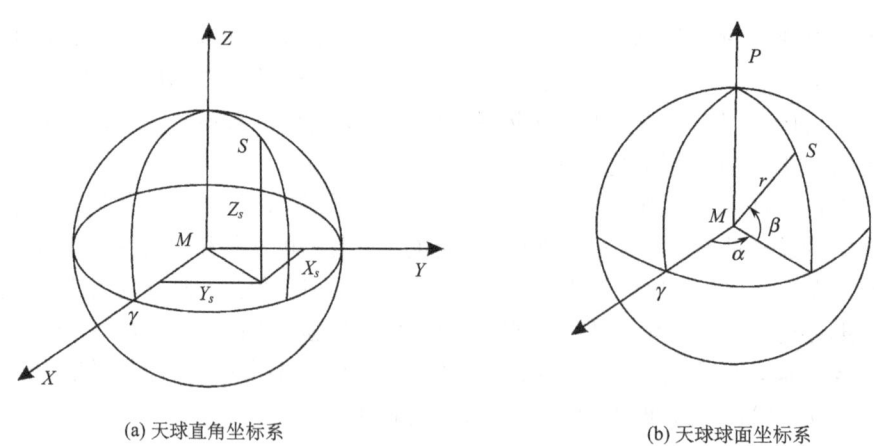

(a) 天球直角坐标系 (b) 天球球面坐标系

图 2.3 球面坐标系

在大地测量中表示地面点的位置常使用地理坐标系。地理坐标系,也可称为真实世界的坐标系,是用于确定地物在地球上的位置的坐标系(图 2.4)。首先将地球抽象成一个规则的逼近原始自然地球表面的椭球体,称为参考椭球体,然后在参考椭球体上定义一系列的经线和纬线构成经纬网,常用的经度和纬度是从地心到地球表面上某点的测量角。通常以度或百分度为单位来测量该角度。

2. 地心惯性坐标系（ECI 坐标系）

为描述卫星在空间的位置,人们定义了地心惯性坐标系。该坐标系的原点在地心 O_E 处,$O_E X_I$ 轴在赤道面内并指向平春分点。由于春分点具有随时间变化而进动特点,根据 1796 年国际天文协会决议,1984 年起采用新的标准历元,即以 2000 年 1 月 1.5 日的平春分点作为基准。$O_E Z_I$ 轴垂直赤道平面,与地球自转轴重合,且指向北极。$O_E X_I$ 轴和 $O_E Y_I$ 轴与 $O_E Z_I$ 轴构成右手直角坐标系。地心惯性坐标系可用来描述地球卫星、飞船以及洲际弹道导弹、运载火箭的飞行弹道等的轨道。

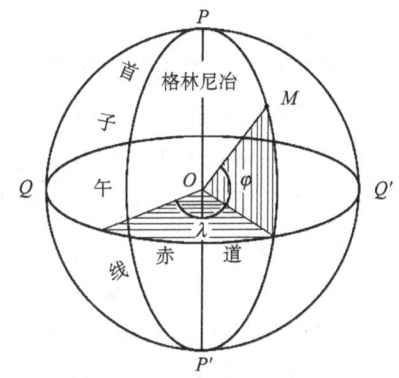

图 2.4　地理坐标系

3. 地心坐标系

地心坐标系原点在地心 O_E,$O_E X_0$ 轴在赤道平面内指向某时刻的起始子午线(通常取格林尼治天文台所在子午线),$O_E Z_E$ 轴垂直于赤道面指向北极。$O_E X_E Y_E Z_E$ 构成右手直角坐标系。由于 $O_E X_E$ 轴与所指向的子午线随地球一起转动,因此这个坐标系是一个动坐标系。地心坐标系很适用于确定运载火箭相对地球表面的位置。

4. 发射坐标系

坐标系原点与航天器发射点 O 固联,Ox 轴在发射点水平面内且指向发射方向,Oy 轴垂直于发射点水平面指向上方。Oz 轴垂直于 xOy 面并构成右手直角坐标系。由于发射点 O 随地球一起旋转,因此发射坐标系是移动坐标系。根据所采用的地球形状模型的不同,可以将发射坐标系分为两类。当我们把地球看成圆球模型时,此时发射坐标系中,Oy 轴垂直于发射点水平面指向上方,其延长线过地球质心。此时 Oy 轴延长线交赤道面的夹角称为地心纬度 φ_0,在不同的发射点 Ox 轴与子午线切线正北方向的交角称为地心方位角 α_0〔图 2.5(a)〕。当我们把地球看成椭圆球模型时,此时发射坐标系中,Oy 轴垂直于发射点水平面指向上方,其延长线不过地球质心。此时 Oy 轴延长线交赤道面的夹角称为地理纬度 B_0,

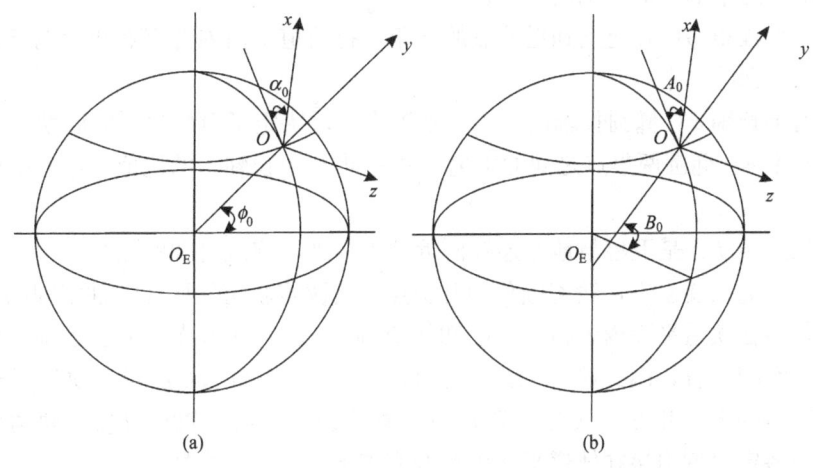

图 2.5　发射坐标系

在不同的发射点 Ox 轴与子午线切线正北方向的交角称为射击方位角 A_0。地心方位角和射击方位角均以绕 Oy 轴转动方向为正［图 2.5（b）］。

5. 轨道坐标系

轨道坐标系的原点在卫星即时所处的位置。卫星轨道平面为坐标平面，OZ_S 轴由卫星指向地心（又称为地垂线），OX_S 轴在轨道平面内与 OZ_S 轴垂直并指向卫星速度方向。OY_S 轴与 OX_S、OZ_S 轴右手正交且与轨道平面的法线平行。由于轨道坐标系在空间中是旋转的，因此在描述卫星运动时经常用到该坐标系。

6. 本体坐标系

该坐标系的原点在卫星质心 O_1，O_1X_1 沿卫星纵轴指向飞行方向为正，O_1Y_1 垂直星体纵轴和轨道面，O_1Z_1 与 O_1X_1 和 O_1Y_1 轴构成右手规则。该坐标系能够很方便地描述卫星相对于惯性空间或相对于地球的姿态。

根据所选择的参数不同，还可以有其他形式的坐标系。不管采用什么形式，在一个坐标系中，一组具体的参数值（坐标值）表示唯一的空间点，一个空间位置也对应唯一的一组参数值（坐标值）。各坐标系之间存在着明确、唯一的转换关系，因此，在使用中是等价的。

2.3 卫星轨道参数

所谓人造地球卫星运行轨道是指卫星质心绕地球质心运动的轨迹。卫星经发射弹道飞至入轨点，并达到预定的入轨参数后，就基本上按照天体力学的规律沿空间轨道运行。卫星在空间轨道上的位置，可以用六个参数来描述，即轨道平面倾角 i、轨道半长轴 a、轨道偏心率 e、升交点赤径 Ω、近地点幅角 ω、真近点角 f。

（1）轨道平面倾角 i：轨道平面与赤道平面的夹角。度量以轨道的上升段即卫星由南半球飞往北半球那一段为准，从赤道平面反时针旋转到轨道平面的角度。

（2）升交点赤经 Ω：轨道升交点与地球惯性坐标系指向春分点轴的夹角。卫星轨道的升段与赤道平面的交点称为升交点（又称升节点）。轨道降段（卫星由北半球飞往南半球的那一段）与赤道平面的交点称为降交点。升交点的位置用赤经 Ω 表示，它表示轨道平面的位置，也表示了轨道平面相对太阳的取向。

（3）近地点幅角 ω：升交点到近地点的夹角。指轨道平面内升交点和近地点到地心连线的夹角，$0°\leqslant\omega\leqslant90°$。

（4）轨道半长轴 a：椭圆长轴的一半，轨道半长轴决定了卫星轨道的周期。

（5）偏心率 e：椭圆两焦点之间的距离 d 的一半与半长轴 a 的比值。偏心率确定了卫星轨道的形状，$0\leqslant e\leqslant1$。

（6）真近点角 f：是卫星与地心连线同近地点与地心连线之间的张角。

在卫星轨道的六要素中，轨道倾角和升交点位置决定轨道平面在惯性空间的位置；近地点幅角决定轨道在轨道平面内的指向。已知轨道倾角 i、升交点赤经 Ω、近地点幅角 ω。可以确定轨道的空间位置，因此称 i、Ω、ω 为位置参数，如图 2.6 所示。轨道半长轴和轨道偏心率决定轨道的大小和形状（图 2.7）；对于圆轨道，只需要轨道高度、轨道倾角、升交点位置和某一特定时刻卫星在轨道平面内距升交点的角距四个参数。

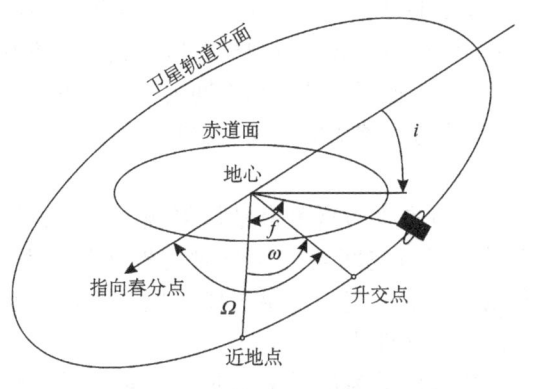

图 2.6 卫星轨道的位置参数

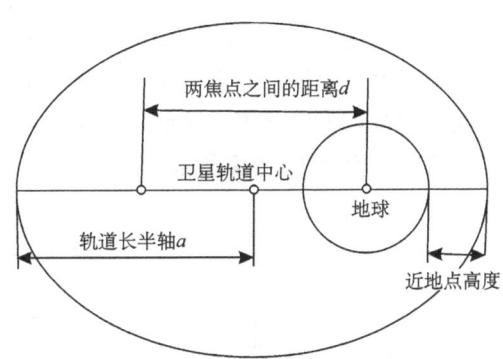

图 2.7 卫星轨道的形状参数

2.4 星下点及覆盖

2.4.1 卫星观测范围

地面上能同时观测到同一卫星的区域,称为此卫星覆盖区。卫星覆盖区是表征卫星特征的重要要素,通常以能同时观测到此卫星的区域所对应的地心角来表示。卫星的任务不同,其对地面覆盖性也不尽相同。如照相侦察卫星要求对某指定区域进行高分辨率反复拍摄,因此其地面覆盖范围较小;导航卫星要求对尽可能大的区域提供服务;通信卫星也会根据通信服务范围对覆盖的区域提出具体要求。

1. 单颗卫星的覆盖范围

单颗卫星要进行有效通信,地面观察仰角必须大于某一个值,此值称为最小仰角,记为 γ。单颗卫星的覆盖区域是指地面观察点仰角 γ 正好能观察到卫星的边缘线所包围的地面区域。只有在天线仰角大于 γ 的区域,才能在地面观察点与卫星之间进行有效通信。

单颗卫星对地面的覆盖主要取决于卫星的高度及地面观察点对卫星的最低仰角。假设卫星高度为 h,最低仰角为 γ,则卫星对地面覆盖的地心角 β 和覆盖总半径 r 为

$$\begin{cases} \beta = \arccos\left(\dfrac{R_e}{h+R_e}\cos\gamma\right) - \gamma \\ r = 2\beta R_e \end{cases} \quad (2.7)$$

$$s = (R_e + h) \cdot \sin(\beta + \gamma) - R_e \cdot \sin\gamma \quad (2.8)$$

式中,R_e 为地球半径。对于高度为 1450km 的卫星,在最低仰角为 10°的情况下,所对应的地心角 β 为 54°,覆盖直径为 5933km。卫星沿圆轨道运行,对地面的覆盖是星下点轨迹两侧地心角为 β 的一条地面覆盖带(图 2.8)。

卫星的地面覆盖区仅表示卫星在空间轨

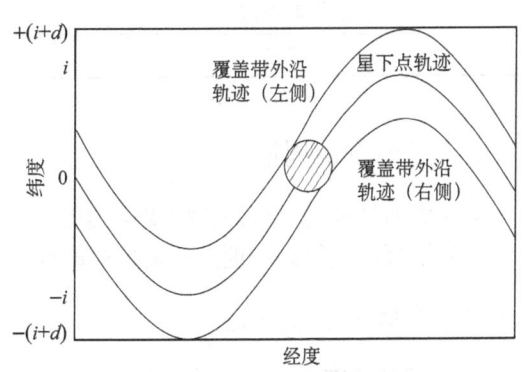

图 2.8 单颗卫星覆盖带示意图

道上某一位置对地面的覆盖。卫星沿空间轨道运行过程中对地面的连续覆盖情况由卫星的地面覆盖带来描述。利用单颗卫星采用回归或者准回归轨道对地面进行覆盖时所形成的一条覆盖带，对于地面覆盖带纬度范围内的某一地面目标来说，在卫星的回归周期内只有很短的一段时间能够被该卫星覆盖。因此，利用单颗卫星对地面进行覆盖的时间、空间性能比较差。

2. 星座对地面的连续覆盖

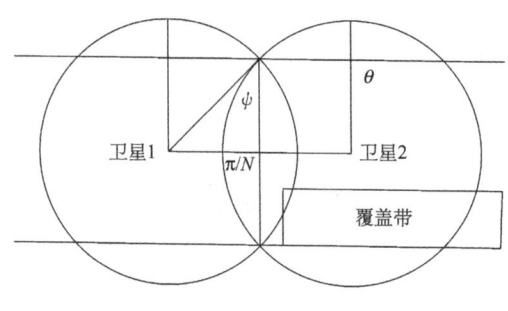

图 2.9 覆盖带宽度计算简图

卫星星座的覆盖带是指多颗卫星组成的卫星星座沿空间轨道运行时对地面的覆盖。利用多颗卫星组成卫星星座可以改善对地面目标覆盖的性能。

以圆轨道为例（图 2.9），根据球面三角关系可以建立单颗卫星覆盖的地心角宽度 β 和同一轨道卫星覆盖区域组合而成的覆盖带半宽度 ψ 之间的关系式：

$$\psi = \arccos\left[\frac{\cos\theta}{\cos(\pi/N)}\right] \quad (2.9)$$

式中，N 为轨道平面内的卫星数量。计算得出的 ψ 值是覆盖通道的地心角宽度（即过地球球心的大圆圆弧所对应的地心角的大小）。纬度为 φ 的纬度圈上以该纬度圈的中心为圆心计算出的圆心角 δ 同 ψ 之间的关系如下式（张乃通等，2000）：

$$\delta = \arcsin\left(\frac{\sin\psi}{\cos\varphi}\right) \quad (2.10)$$

3. 星座覆盖形式

星座对地面的连续覆盖范围的大小同单星覆盖范围、轨道倾角以及每条轨道面上卫星的个数有关。星座的任务不同，其覆盖形式也不同。因此需要根据不同的任务确定不同的覆盖方式。一般说来，星座的覆盖形式分为四种，见表 2.2。

表 2.2 星座的覆盖形式

星座覆盖方式	特点
持续性全球覆盖	全球不间断连续覆盖
持续性地带覆盖	对特定的纬度范围之间的地带进行不间断的连续覆盖
持续性区域覆盖	对某些区域（如一个国家的版图）进行连续的覆盖
部分覆盖	覆盖区域为局部区域，而且覆盖的时间不是连续的

2.4.2 卫星重访周期

重访周期是利用卫星的侧摆快速拍摄同一地点时所需要的最短时间，重复周期是指卫星不经过侧摆再次拍摄同一地点所需要的时间。

2.4.3 卫星星下点轨迹

1. 卫星的星下点

卫星瞬时位置和地球中心的连线同地球表面的交点，称为卫星星下点。通常用地理经纬度表示。对于位于星下点处的地面观察者来说，卫星就在天顶。卫星经过升交点时，星下点在赤道上。另外，卫星到地球参考椭球面的法线交参考椭球面于一点，该点同卫星星下点在同一个经圈上，且两者纬度相差很小（几个角分），因此也有人将其称为星下点。

2. 星下点轨迹

卫星运动和地球自转使星下点在地球上的位置不断变化，将各时刻星下点连接起来，在地球表面上形成的轨迹称为星下点轨迹。将星下点轨迹画在地图上便形成星下点轨迹图（图2.10）。在星下点轨迹图上可以看出某一个时间卫星在某地的天顶附近。星下点轨迹图常用来表示卫星飞经的区域，其宽度取决于卫星轨道平面倾角。不考虑轨道摄动，星下点轨迹所能达到的最南和最北的地理纬度数值等于轨道倾角值。在墨卡托投影地图上，近地卫星的星下点轨迹像一条正弦曲线；地球同步轨道卫星的星下点轨迹是一条8字形的封闭曲线；静止卫星的星下点轨迹是一个点。

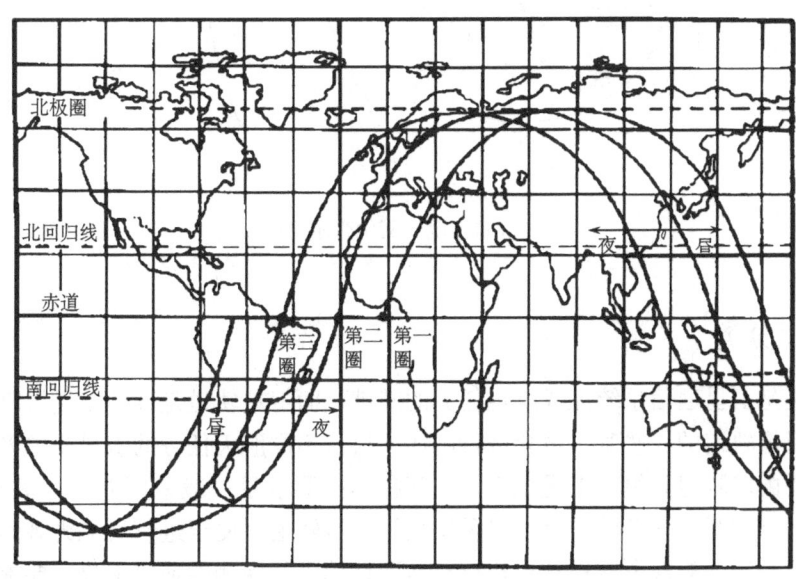

图 2.10　卫星星下点轨迹图

2.5　卫星轨道

2.5.1　范·艾伦带

范·艾伦带是以其发现者命名的绕地球存在的辐射带，它是带电粒子组成的高能粒子带，表现为强电磁辐射。其中的 α 粒子、质子和高能粒子穿透力强，对电子电路破坏性大。其浓度计为每平方厘米每秒的粒子碰撞数。图 2.11 是范·艾伦带示意图，阴影区代表粒子最大浓度区。范·艾伦带由高度不同的环绕地磁轴的内、外两层圆环带组成，高度分别为 1500～5000km 和 13000～20000km，图中标示的是圆轨道周期（小时）和以地球半径为单位的高度。范·艾伦带没有明显的边界，内带和外带将高度分隔成三部分，一般低于 1500km、高于 20000km 和两带夹缝中间是安全的。范·艾伦带辐射强度与时间、地理纬度、地磁和太阳活动有关，一般在赤道平面上高度 2200km 和 18500km 附近处达到辐射峰值。由于范·艾伦带的存在，人们不能自由地选择卫星运行的轨道高度。轨道选择一般要远离范·艾伦带的两个圆环，否则就要增加抗辐射设备或牺牲卫星在轨寿命。

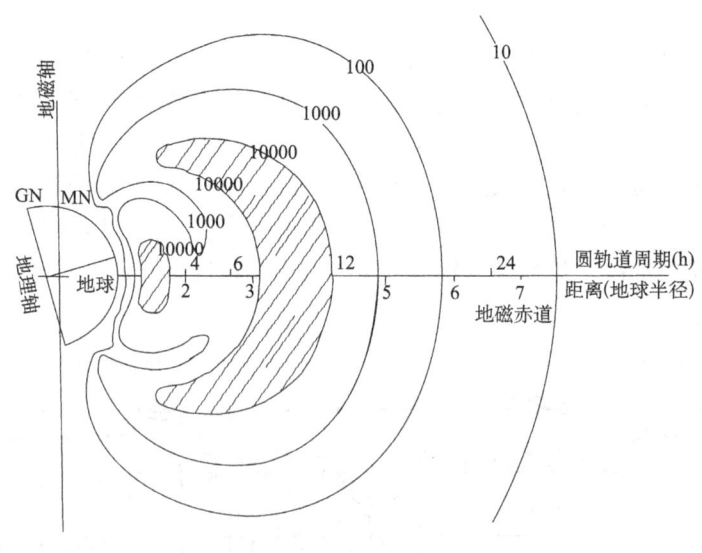

图 2.11　范·艾伦带示意图

2.5.2　轨道分类

卫星星座是卫星通信系统完成既定任务的基础，而卫星轨道是设计卫星星座的基础，因此有必要对卫星轨道的一些基本概念进行阐述。执行不同航天任务的卫星要求采用不同的轨道，有时还要由多颗卫星组成卫星星座。空间科学探测卫星一般采用大偏心率的椭圆轨道；对地观测执行全球观察任务的卫星一般采用太阳同步轨道以便于进行可见光观测，并且要求轨道能够按照一定的规律覆盖地球；执行对地面目标进行观测的侦察卫星，要求卫星在目标上空的轨道高度较低，以便获得地面目标的高分辨率图像；执行对地面目标动态观测的卫星，要求卫星的轨道能够使星下点重复。地区性固定通信业务的通信卫星目前大多使用地球静止轨道，以便于地面站对卫星的跟踪。用于全球通信或者全球导航任务的系统，往往要使用由多颗卫星组成的卫星星座。

轨道高度决定因素包括：①临界轨道高度。卫星轨道高度（h）等于卫星至地心之间的距离减掉地球半径（R）。一般将能够维持卫星自由飞行的最低高度称为临界轨道高度，高度范围为 110～120km。如果卫星飞行轨道高度低于临界轨道高度时，卫星自身就无法环绕地球运动，需要在卫星上搭载动力装置实现绕地球运动。②范·艾伦带影响。由于范·艾伦带的存在，人们不能自由地选择卫星运行的轨道高度。轨道选择一般要远离范·艾伦带的两个圆环，否则就要增加抗辐射设备或牺牲卫星在轨寿命。③大气阻力影响。除了考虑范·艾伦带对轨道高度的影响外，还需要考虑其他因素对卫星轨道高度的影响。例如，轨道高度低于 1500km 时尽管能避开范·艾伦内带，但大气的阻力却在增加。当卫星高度低于 700km 时，大气阻力会严重影响轨道参数，使卫星寿命缩短。④氧离子腐蚀。在低轨道由于氧离子腐蚀，空间飞行器的前端要加上合成材料防护层，太阳能电板也要做防辐射和防氧化设计。⑤空间环境存在着各种空间垃圾、尘埃、退役卫星，甚至废燃料，这些都会对飞行器的安全飞行造成影响。

根据所选的参照点不同，卫星轨道可以分成以下不同类别：按照轨道的倾角i（即卫星轨道平面和赤道平面的夹角）的不同，卫星轨道可以分为赤道轨道、顺行轨道、极轨道和逆行轨道；按照轨道偏心率的不同，可分为圆轨道、近圆轨道、椭圆轨道、抛物线轨道和双曲线轨道；从轨道高度上可以分为低轨道（LEO）、中轨道（MEO）、高轨道（HEO）和地球同步轨道（表2.3）；从卫星轨道的重复特性方面来分，可以分为回归轨道、准回归轨道和非回归轨道。卫星的运行周期越长，可见星的时间也越长；但是卫星的高度越高，则信号传输距离越长，自由路径损耗越大，时延也越大。

表2.3 卫星轨道分类表

轨道类型	轨道高度/km	主要用途	典型卫星
低轨道（LEO）	<2000	资源勘探、气象、侦察、移动通信	NOAA、Landsat-5、SPOT-4、SPOT-5、Radarsat-1、Radarsat-2、Terra、QuickBird、GeoEye-1、RESOURCESAT-1、CBERS-1、BERS-2、IKONOS、WorldView-Ⅰ、WorldView-Ⅱ、ERS-1、ERS-2、ENVISAT、JERS-1、ALOS、TerraSAR-X、风云一号、风云三号
中轨道（MEO）	2000~20000	移动通信	Inmarsat-P、Odyssey、MAGSS-14等，GLONASS导航
高轨道（HEO）	20000~35786.6	通信	GPS导航卫星、Galileo导航卫星、探测一号、北斗导航卫星
地球同步轨道	35786.6	通信、气象、广播电视、导弹预警、数据中继	东方红二号、东方红三号、东方红四号、GOES卫星（geostationary operational environmental satellite，对地静止轨道卫星）、全球气象卫星系统、GMS、风云二号、风云四号

2.5.3 典型卫星轨道

1. 太阳同步轨道

太阳同步卫星，即轨道升交点（经度为Ω）的进动速度$\dot{\Omega}$与地球绕日公转的平均运动速n_s相等的卫星，也就是说，该卫星轨道平面在空间的移动与太阳向东运动（从地球上看）同步，如图2.12所示。这是一种常见的应用卫星，如我国的第一代气象卫星风云一号等。

已知地球绕太阳每天移动约0.9856°（365.25天共移动360°），根据地球扁率对轨道的影响，选择轨道的大小、形状和轨道倾角，可使升交点每天东进约0.9856°。在此

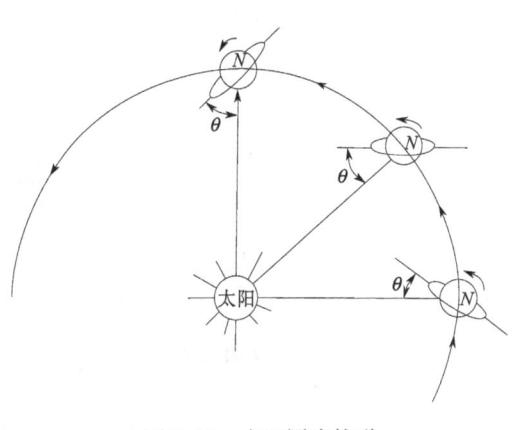

图2.12 太阳同步轨道

情况下，不必变轨就可使轨道平面与太阳的夹角保持不变。利用这种轨道，通过跟踪天气、地域或人工特征的变化进行勘测、侦察或地球资源管理等遥感任务非常重要。因为这些任务须测量观测目标的影长，故要求目标与太阳的夹角保持相同，以致因相隔几天或者几个星期进行遥感观测时，在某点上太阳照射的特征不变。

2. 冻结轨道

冻结轨道也称为拱线静止轨道，即轨道长半轴指向不变的轨道，也就是说近地点幅角 ω 不变的轨道。根据地球非球形摄动中，地球扁率对拱点进动率 $\dot{\omega}$ 的影响，当轨道倾角为 $63.4°$ 时，$\dot{\omega}$ 为 0，即保证轨道内面的方向不变，$63.4°$ 称为临界倾角。这种轨道可以保持卫星地面高度在同一地区几乎不变。著名的原苏联用于通信的"Molniya"卫星就采用冻结轨道。它是一个周期为 12 个恒星时小时的大椭圆（$e=0.7$）轨道，且近地点位于南半球，远地点停留在北半球，在 12 个恒星时小时的轨道周期中，有近 11 个恒星时小时的时间处于北半球高纬度地区。

3. 极轨道

极轨道卫星是指轨道倾角为 $90°$ 的卫星，其轨道平面几乎不变。即使在各种摄动力的影响下，运行时间足够长时，轨道平面的摆动范围仍然较小。极轨道卫星的运行轨道可以覆盖地球的南北两极区域，理论上极轨道有无数条，常用来对南北两极的海洋、气象和环境等进行遥感、遥测。

4. 对地静止轨道

对地静止轨道中的卫星相对地球是静止的，因而被称为对地静止。对地静止轨道是应用最为广泛的轨道种类之一。由于下述原因，大部分商用通信卫星使用静止轨道：

（1）对于地球上任何点而言，卫星都是静止的，因此不需要地球站的天线周期性地跟踪卫星运动。利用卫星在站心地平坐标系的方位角和俯仰角，地球站天线射束可以准确地瞄准卫星，这就大大降低了建站所需的造价。

（2）当地球站天线采用最小仰角 $5°$ 时，静止卫星可以覆盖几乎 38% 的地球表面。

（3）当假定最小仰角为 $5°$ 时，除去纬度高于 $76°N$ 和 $76°S$ 的极区外，彼此间隔为 $120°$ 的三颗静止卫星，可以覆盖整个地球表面，而且某些表面有重叠，如图 2.13 所示。

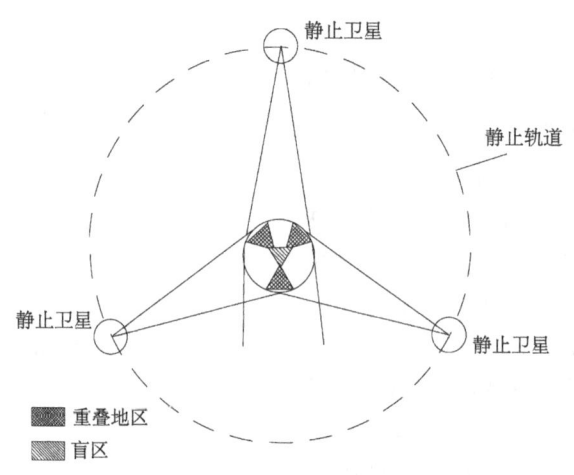

图 2.13 利用三颗卫星建立全球通信

(4) 对静止轨道中的卫星覆盖范围内的所有地球站，由卫星在轨道中漂移而引起的多普勒频移较小。这是很多数字卫星通信系统所需要的。

要使一条轨道成为对地静止，需要满足三个条件：①卫星必须以与地球旋转相同的速度向东运动；②轨道必须是圆形的；③轨道的倾角必须为 0°。

5. 地球同步轨道与回归轨道

由于静止轨道的零倾角很难保持，同时静止轨道上的位置资源有限，使得很多静止轨道高度的卫星轨道的倾角并不为零。这种轨道的周期仍然和地球自转周期相等，但卫星相对地面并不是静止的。轨道周期与地球自转周期相等的轨道称为地球同步轨道，显然，对地静止轨道是地球同步轨道的一个特例。

如果卫星在 1 恒星日内绕地球飞行整 M 圈，即轨道周期为 1 恒星日的 $1:M$，第 2 恒星日起始时，恢复到第 1 恒星日相对地球的状态，则称这种轨道为回归轨道。当 $M=1$ 时的回归轨道即同步轨道，因此 $M \neq 1$ 的回归轨道也称为亚同步轨道。如果轨道周期不是 $1:M$ 而是 $N:M$，N 和 M 互质且 $N>1$，则称这种轨道为准回归轨道。相应地，如果卫星轨道周期为恒星日的整数倍 N 且 $N>1$，即准回归轨道 $M=1$ 时，称这种轨道为超同步轨道。

从各种同步轨道和回归轨道的定义可以发现，同步轨道是回归轨道的一个子集。回归轨道的特点在于，卫星相对地心或者站心的位置存在着周期性重复。这种周期重复的特性十分方便于对特定目标的遥测、遥控，以及地球站的卫星轨道预报，因此应用十分广泛。

2.6 卫星星座

所谓卫星星座是指相互间具有特定工作关系的一组（群）卫星。这组（群）卫星为了完成同一目的而协同工作，来完成特定航天任务的卫星系统。星座构形是以卫星轨道为基础，对星座的空间几何结构以及卫星间相互关系进行描述，反映了星座中卫星的时空布局。卫星星座在通信、定位导航、军事侦察、对地观测和数据中继等领域都得到了广泛的应用。

一个卫星星座可包含（许）多颗处于相同或不同轨道（类型、高度、倾角）的卫星，卫星之间既可以通过星际链路互连在一起，也可以通过地面中继站实现相互之间的互联。

按星座内各卫星相对位置关系及轨道参数，可把卫星星座分为随机星座和相位星座两种。随机星座由轨道高度和倾角均不同的卫星组成，由于这种星座的覆盖有很大的冗余成分，并且卫星的相对位置不确定，所以目前尚未有专门利用随机星座设计的系统。相位星座由时间上具有位置相对固定的卫星组成，因此可以利用各种优化方法得到最佳的星座。同随机星座相比，在卫星数量相同的条件下，相位卫星星座的覆盖面积相对较大，卫星的可视时间相对较长。

按使用目的，可把卫星星座分为通信、导航、对地观测等类型。通常把用于通信目的的星座称为通信星座，把用于导航目的的星座称为导航星座，把用于对地观测目的的星座称为对地观测星座。

2.6.1 卫星星座设计要求与参数

覆盖率是星座系统的基本性能指标，而卫星个数决定了成本，所以是否有较高的性价比是评价一个星座设计的重要指标。在分析成本时，如果将发射成本也考虑进来，问题就变得更复杂。例如，一个较大的星座虽然卫星数目较多，但轨道高度可能降低，轨道倾角较小，因而发射成本较低。反之，一个较小的星座尽管其卫星数目少，但其轨道高度可能较高，轨道倾角较大，且为满足星间链路的指标要求使得卫星有效载荷比较复杂，使得单颗卫星的造价就高，这可能抵消由卫星数目减少而带来的成本低的优点。因而，地面覆盖要求明确以后，星座设计往往就是覆盖率和卫星个数之间反复折中权衡的过程。

卫星星座设计首先需要考虑卫星轨道的设计，卫星轨道的设计主要指卫星轨道的高度、偏心率和倾角的设计。除此之外，卫星星座设计还需要设计系统内的卫星总数、轨道面数、各轨道面之间升交点的间隔、各轨道面中的卫星个数和它们之间的间隔以及相邻轨道面卫星之间的相位间隔等。

1. 卫星轨道的设计的原则

卫星轨道的设计主要指卫星轨道的高度、偏心率和倾角的设计。轨道设计原则主要有以下几点。

（1）轨道高度尽可能低：轨道高度是整个星座系统的一个重要的参数，也是星座进行优化设计的首要参数。对于星座轨道高度的选择，除了要考虑卫星载荷能力、卫星发射、卫星轨道寿命和轨道控制因素外，还需要考虑空间环境等因素对卫星的影响和星座的成本（卫星造价、总卫星数和卫星发射等）等。一般来说，轨道高度越高，单颗卫星对地面的覆盖区域就越大，为满足覆盖要求，星座所需要的卫星数量就越少，但卫星的自由空间传播损耗越大，传输时延越大。较低的轨道高度可以降低传播损耗及传播延时，但卫星轨道高度非常低，卫星受大气阻力影响较大，消耗的燃料多，原子腐蚀比较严重。并且，单颗卫星对地面的覆盖区域越小，为满足覆盖要求，星座所需要的卫星数量就较多。

（2）轨道偏心率的选择：轨道偏心率影响卫星对局部地区的覆盖情况和过境时间的长短。当卫星在远地点附近时相应覆盖区域较大，过境时间较长，因此，为了能均匀地覆盖全球，目前世界上的全球覆盖低轨卫星通信系统（如 Iridium 系统和 Globalstar 系统等）所采用的轨道偏心率为 1。而对于区域性卫星通信系统则不一定如此，如可采用倾角为 63.4°或 116.2°的椭圆冻结轨道来保持对某些高纬度区域能有较长的可视时间，从而延长覆盖时间。但对于其他椭圆轨道，由于摄动影响，轨道近地点会发生进动，会影响对相应服务区的卫星覆盖，因此需要增加一定的轨道控制。

（3）轨道倾角的选择：轨道倾角的确定主要依赖于所需覆盖区域的纬度。对于全球覆盖，通常可采用极轨道或大倾角轨道。对于圆轨道而言，对某区域的连续覆盖实际上就是对该区域所在的纬度带进行连续覆盖，与经度关系不大。以我国为例，我国处于北纬 4°和北纬 54°，其中陆地在北纬 20°和北纬 54°，如果要求卫星星座连续覆盖我国，则轨道倾角应在北纬 30°和北纬 50°。

2. 星座设计的原则

卫星星座设计的一般原则是：①轨道高度尽可能低。②卫星数量尽可能少。在满足设计要求的前提下，卫星数量越少意味着设计和维护星座正常运行的费用越少。根据前面轨道设计的分析，进行覆盖分析计算，求出满足覆盖要求前提下需要的最少卫星数。③轨道面个数的选择。轨道面个数的选择主要从两方面考虑，一是覆盖性能；二是星座的发射成本。在保证覆盖性能的基础上，要求发射成本最低，效率高。④相位因子的优化选择。相位因子的取值范围是 0 和（$P-1$）之间的一个整数（P 是轨道面个数），恰当的选择相位因子可以使星座的构形更合理，使卫星星下点在覆盖纬度带范围的分布更均匀，且能够提供更好的通信覆盖。⑤最小仰角尽可能大。⑥对指定区域进行全天候的持续性覆盖。

3. 圆形轨道的星座设计参数

针对圆形轨道的星座设计其主要参数如下：①星座的卫星数量。②卫星轨道平面数量。③每一轨道平面拥有的卫星数。④卫星轨道平面的倾角。⑤不同轨道平面的相对间隔。⑥同一轨道平面内卫星的相对相位。⑦相邻轨道平面卫星的相对相位。⑧每颗卫星的轨道高度（或轨道周期）。

2.6.2 卫星星座设计方法

1. 圆极轨道全球和地带覆盖卫星星座的设计

圆极轨道卫星星座，卫星都处于相同轨道高度的圆形极轨道上，这种星座能够覆盖全球，但在无人居住的两极地区具有很高的多星覆盖率。"铱"系统采用此星座结构。

1961 年美国人 R. David Luders 首先明确提出利用圆极轨道进行卫星星座设计。组成星座的卫星的轨道高度一致，轨道倾角相同，同一轨道内的卫星间隔相同，从而形成均匀一致的覆盖通道。利用不同轨道平面的覆盖通道的组合，根据星座的具体任务要求进行星座的设计。这种卫星星座的设计思路是先使同一轨道平面中的卫星形成封闭、均一的覆盖带；然后将不同的轨道平面组合起来，只要满足特定纬度圈上不同轨道平面覆盖带能够连续衔接，就能保证对该纬度圈以上的所有地域的覆盖。这种星座设计方法不考虑不同轨道之间卫星的相位关系。

具体的设计过程是：首先建立轨道高度与卫星覆盖区域的地心角之间的关系，并建立单颗卫星覆盖的地心角宽度 θ 和同一轨道覆盖区域组合而成的覆盖带宽度 ψ 以及地心角 δ 之间的关系。然后，利用下式计算出圆极轨道卫星星座所需要的最小轨道平面数量 n_1。

$$n_1 = \text{int}(2\pi/\delta) + 1 \tag{2.11}$$

圆极轨道卫星星座的卫星总数量 N 和卫星轨道高度 h 之间的关系如下：

$$N = n_2 \cdot \text{int}\left\{\frac{2\pi}{\arcsin\left\{\frac{\sin\left\{\arccos\left\{\frac{\cos\left[\arccos(\frac{R_e}{h+R_e}\cos\gamma) - \gamma\right]}{\cos(\pi/n_2)}\right\}\right\}}{\cos\varphi}\right\}} + 1\right\} \tag{2.12}$$

式中，N 为星座中的卫星总数；n_1 为轨道平面数；n_2 为每轨卫星数量；R_e 为地球半径；h 为卫星的轨道高度，从地球表面开始度量；γ 为卫星星座的最小仰角；φ 为覆盖区域的最低纬度。

2. 全球覆盖圆轨道卫星星座设计

利用卫星完成包括两极地区在内的全球通信、全球导航、全球环境监测等任务，必须使地球上任意地点在任何时刻都能为卫星覆盖。从本章第四节讨论可见，为满足这种要求，用一颗卫星或一个卫星环是不够的，需要卫星星座来完成。全球覆盖的卫星星座设计的目的是在给定卫星总数的情况下求出卫星的轨道参数，从而使系统在满足最坏观察点的最小仰角要求的条件下，达到最佳的持续性全球覆盖。

玫瑰型（Rosette）卫星星座是由英国人 Walker 和俄国人 Mazhaev 分别提出的，经过美国人 Ballard 的总结和提炼已经成为全球覆盖卫星星座设计最为优化的方法。玫瑰型星座，卫星都处于相同轨道高度和倾角的倾斜圆轨道上，各轨道平面均为圆形轨道，而且具有同样的轨道周期。不同轨道面中卫星的覆盖区是重叠的，这样人口稠密的中纬度地区具有较好的多星覆盖率，但不能覆盖两极地区。可以利用地球上任一点的观察者距最近星下点的角距离作为衡量卫星星座的覆盖性能标准。

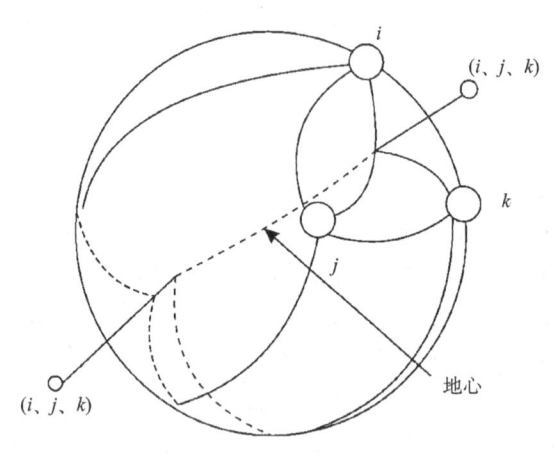

图 2.14 天球上最坏观察点的相对位置分析

对于由 N 颗卫星组成的一个玫瑰型星座，通常利用球面三角形法来判断该星座能否实现全球连续覆盖。球面上任意三颗相邻卫星的星下点（i，j，k）所组成的球面三角形中（图2.14）。N 颗卫星，无重叠覆盖全球共有（$2N-4$）个球面三角形。如果球面三角形的外接圆不包含其他卫星的星下点，则该球面三角形称为球面最小三角形，为最坏观测点；反之，该星下点球面三角形的外接圆包含其他卫星的星下点，则该球面三角形不是球面最小三角形，不是最坏观测点，需要重新计算最小球面三角形。最坏的观察点到三个星下点的角距离 R_{ijk} 相等。将整个球面分解为无重叠的最小球面三角形的集合，所有三角形中角距离 R_{ijk} 的最大数值称为 R_{max}。一个轨道周期内 R_{max} 的最大值为 R_{MAX}。因此，星座的设计目标就是选取适当的轨道参数，使得 R_{MAX} 值最小。如果 $\theta < R_{MAX}$，则星座不满足覆盖要求。如果 $\theta \geqslant R_{MAX}$，则任何地点都在至少一颗卫星的覆盖范围内，星座能够实现多重连续覆盖。

3. 赤道轨道卫星星座设计

赤道轨道卫星星座能够提供南北纬度相同的区间范围的覆盖。赤道轨道卫星星座主要应用于赤道及低纬度地区的通信。卫星位于赤道平面的时候，不同卫星之间的切换问题和卫星间的相位关系较为简单。在星座设计的过程中需要解决两个方面的问题：①可以计算出位于赤道平面内的卫星所覆盖的纬度范围（卫星天线不调角度时）与卫星的高度关系。根据确定的最小仰角和卫星轨道高度，可以求出单颗卫星对地覆盖范围（地心角 β）。②单颗卫星的覆盖范围并不能完全反映整个星座的覆盖范围，星座的覆盖范围是指由星座中所有的卫星覆盖范围持续连接起来的覆盖通道范围。

如果星座中所有卫星的轨道高度均一致（即轨道为圆形），可由图2.9得到实际覆盖通道的宽度（以地心角表示）的计算公式［式（2.9）］。针对我国所处的北纬3°~54°的地带，可以计算满足持续覆盖的卫星星座所需卫星数与轨道高度之间的关系，曲线如图2.15所示。

计算得到的 ψ 值是垂直于覆盖通道的大圆在覆盖通道内部的地心角宽度，N 为赤道轨道星座的卫星总数：

$$\cos\psi = \cos\beta/\cos(\pi/N) \qquad (2.13)$$

同时可求得赤道轨道星座的卫星总数：

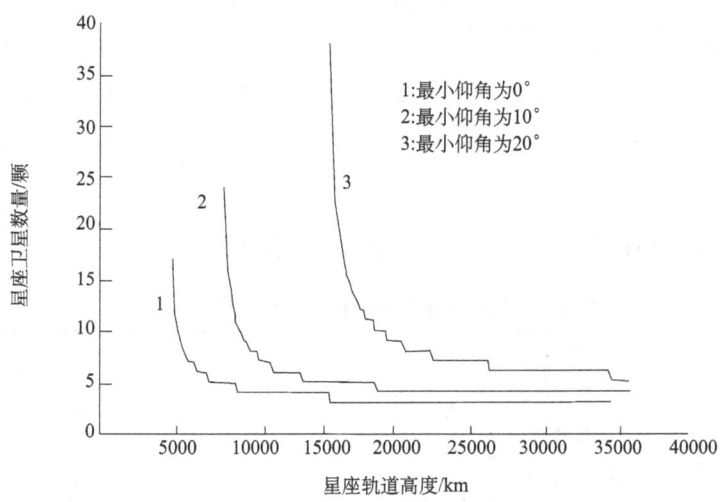

图 2.15 覆盖中国区域的赤道轨道星座卫星数量与轨道高度的关系图

$$N = \frac{\pi}{\arccos\left[\dfrac{\cos\left(\arccos\dfrac{\cos r \cdot R_e}{R_e + h} - \gamma\right)}{\cos\psi}\right]} \tag{2.14}$$

式中，γ 为最小仰角；R_e 为地球半径；h 为卫星高度。

2.6.3 卫星星座设计应用

我国是世界上自然灾害严重的国家，每年受各类灾害影响的人口达 4 亿人次，造成的经济损失平均高达 2000 多亿元，占国内生产总值的 1‰~3‰。2008 年初的南方雪灾和汶川大地震累计造成了近万亿元的损失，与此同时国家的环境状况也日益恶化，迫切需要有效的监测手段。由于灾害监测不仅需要较快的重复观测能力，还要有较高的空间分辨率，以实现准实时的灾害监测与预报，现有遥感卫星系列难以同时兼顾这两方面的要求。因此，国家减灾委员会和环境保护部联合提出了专门用于环境与灾害监测预报的小卫星星座设想。我国的环境与灾害监测预报小卫星星座由 4 颗光学小卫星和 4 颗合成孔径雷达（SAR）小卫星（即 4+4 方案）组成。

2008 年 9 月 6 日 11 时 25 分，我国在太原卫星发射中心用长征二号丙 SMA 遥一火箭，将"环境与灾害监测预报小卫星星座" A/B 星送入太空。A 星搭载有宽覆盖多光谱 CCD 相机和高光谱成像仪，B 星搭载有宽覆盖多光谱 CCD 相机和红外相机。目前两颗卫星已经完成外场定标测试。

1. 星座轨道设计

光学遥感卫星需要好的、稳定的地面光照条件，这就需要用太阳同步轨道；覆盖观测又要求采用回归轨道。两颗光学卫星运行在一个轨道面内，且呈 180°相位差，通过严格的轨道构型控制，可形成两星图像的搭接，实现对地每 2d 一次的覆盖观测能力。要实现光学遥感卫星的全球覆盖，就需要其轨迹均匀分布，且遥感卫星器视场必须大于轨迹最小间距。经过多种轨道的分析与选择，轨道主要设计参数确定如表 2.4 所示。

表 2.4 卫星轨道特性参数

轨道高度/km	轨道倾角/(°)	轨道周期/min	交点周期/min	相临交点周期的轨迹间距/km	最小轨迹间距/km	回归周期/d	每天运行圈数/圈
649.09	97.98	97.56	97.68	2715.45	678.6	31	14.742

2. 卫星性能

环境与灾害监测预报小卫星星座中的卫星的主要技术指标见表 2.5。

表 2.5 卫星的主要技术指标（白照广，2009）

项目	子项目	A 星	B 星
重量	整星/kg	473	495
	有效载荷/kg	168	186
尺寸	本体/(m×m×m)	1.4×1.1×0.95	
姿态控制	指向精度/(°)	俯仰、滚动≤0.4 偏航≤0.5	
	指向稳定度/(度/s)	三轴≤0.01	
	测量精度/(°)	俯仰、滚动≤0.3 偏航≤0.4	
测控	遥测、遥控、测距	S 波段测控体制	
	测定轨	GPS	
电源	输出功率/W	初期 618，末期 554	
寿命	设计寿命/年	3	

3. 有效载荷特点

光学卫星载有可见光波段传感器、红外探测器及高光谱成像仪，可见光波段其空间分辨率为 30m，能实现每天对国土进行全覆盖观测；红外探测器在中等分辨率下每 2 天对国土进行全覆盖观测；高光谱成像仪在中等分辨率下，具有每 2 天对国土进行重复观测能力。合成孔径雷达小卫星上搭载有 S 波段合成孔径雷达，可实现对国土每天的重复观测能力。宽覆盖多光谱 CCD 相机 4 个波段（蓝光、绿光、红光及一个近红外波段）主要用于可见光及近红外信息的收集。该传感器对水、雪、云、植被等具有很好的监测能力（表 2.6）。

表 2.6 宽覆盖多光谱 CCD 相机的主要技术指标（单台）

项目	性能
空间分辨率	30
幅宽/km	360
谱段数/个	4
谱段/μm	0.43～0.52、0.53～0.60、0.63～0.69、0.76～0.9
量化值/bit	8

星载高光谱成像仪具有"图谱合一"的宽谱段（0.45～0.95μm）和精细光谱（5nm）探测的能力。该传感器能够在可见光及近红外区获取115个波段数据，通过相应的数字处理，获取对应的光谱曲线，实现对目标物理、化学特性的反演，在定量遥感中具有重要价值。高光谱成像仪的主要技术指标见表2.7。

表2.7 高光谱成像仪的主要技术指标

项目	指标
空间分辨率/m	100
幅宽/km	50
谱段数/个	115
谱段/μm	0.45～0.95
平均光谱分辨率/nm	5
量化值/bit	12

星载红外相机内设置有近红外、短波红外、中波红外和长波红外四个谱段。近红外波段主要用于植物分类、植物长势、农作物估产以及水情监测；短波红外可以用于植被、陆地地质信息进行监测；中波红外波段可以探测到地表500 K的温度，是国内卫星上可探测地表温度最高的相机，可用于森林火灾、火山爆发、煤火自燃等灾害探测；长波红外对热特性敏感，可用来记录地球表面的热辐射特性，可夜间探测，其主要技术指标见表2.8。

表2.8 红外相机的主要技术指标

项目	性能
空间分辨率/m	150、300
幅宽/km	720
谱段数/个	4
谱段/μm	0.75～1.10、1.55～1.75、3.50～3.90、10.5～12.5
量化值/bit	10

4. 星座的建立

在星座设计中要求两颗星在运行时相位差为180°，而A/B卫星采用一箭双星方式发射，因此必须设计合理的运载火箭发射方案。星座的布置采取了运载火箭送A/B星到预定轨道后，A星先分离入轨，然后火箭减速，B星再分离入轨，靠两星分离时速度差形成两星相位速度差，靠此速度，经过一定时间后，两星就会构成180°的相位差（白照广，2009）。

5. 系统服务

目前发射的环境减灾A/B两颗光学卫星组成的星座是我国第一个光学星座。通过两星在轨接力成像，共同完成遥感任务，可实现可见光成像每2天对国土全部覆盖一次，红外和超光谱在中等分辨率下每4天对国土的观测覆盖与重访能力，能够适应灾害监测所需要时间响应迅速的特殊要求。随着后续环境减灾卫星的发射，环境减灾星座将能够及时、动态地对地震、雪灾、干旱、沙化、盐碱化、石漠化、洪灾、火灾、环境污染进行定量化监测和分析。随着地面应用系统功能的完善和卫星数据的投入应用，环境减灾卫星的应用必将展现其价值。

复习思考题

1. 什么是卫星轨道参数?
2. 卫星轨道分为几类?
3. 什么是卫星观测范围?
4. 什么是卫星重访周期?
5. 为什么要进行卫星星座的建立与设计?
6. 遥感卫星的星下点轨迹有什么作用?

第3章 遥感卫星系统

3.1 有效载荷系统

有效载荷是指与卫星所执行的任务直接相关的系统,也称为卫星专用系统。该系统大致可分为探测仪器、遥感仪器和转发器三类。有效载荷也是应用卫星分类的重要依据。不同应用的卫星其有效载荷是不同的,该系统体现出发射卫星的特定目的和所执行的任务。如科学卫星使用各种探测仪器(如红外天文望远镜、宇宙线探测器等)来探测宇宙空间环境和观测天体;对地观测卫星使用各种遥感器(如可见光照相机、SAR、多光谱相机、高光谱成像仪等)来获取地表的各种信息(表 3.1);通信卫星则经过通信转发器和通信天线传递各种无线电信号。星载转发器放置于通信卫星平台上,它提供一个完整的微波传输信道,并在没有维修和更换期间的条件下稳定地工作多年(由卫星寿命确定)。星载天线是卫星有效载荷的重要组成部分。现代卫星天线能根据要求提供不同的覆盖特性,如特定形状的区域性覆盖或点波束覆盖,可有效而灵活地利用转发器资源;典型的弯管式转发器,天线覆盖特性通常在卫星发射前就已设计好,不能进行在轨变更;星载数字信号处理转发器提供了灵活性,波束可根据地面控制站的指令重新赋形,或动态地进行调节(朱立东等,2009)。图 3.1 为欧空局于 2002 年 3 月 1 日成功发射升空的 ENVISAT 卫星有效载荷图。该卫星是欧洲迄今建造的最大的环境卫星。星上搭载有 2050 kg 的有效载荷重量(仪器),用于监测和观察地球表面、海洋和大气层。其中先进的合成孔径雷达(ASAR 天线)、中等分辨率成像频谱仪(HERIS)、先进的跟踪扫描辐射计(AATSR)、先进的雷达高度计(RA-2)四个仪器用于研究陆地表面和海洋;另外还搭载有 Michelson 干涉仪、全球臭氧层监视仪(GOMOS)、大气层制图扫描成像吸收频谱仪(SCIAMACHY)、微波辐射计(MWR)四个用于跟踪大气动力学数据的仪器。

表 3.1 对地观测卫星所搭载的主要有效载荷

卫星名	主要有效载荷	光谱范围/μm	空间分辨率/m
Landsat-5	TM	0.45～0.52;0.52～0.60;0.63～0.69;0.76～0.90;1.55～1.75;2.08～2.35	30
		10.40～12.5	120
	MSS	4 个波段	
SPOT-5	多光谱 XI	0.50～0.59;0.61～0.68;0.78～0.89;1.58～1.75	10
	全色波段	0.48～0.71	2.5
CBERS-1	IRMSS	0.50～1.10;1.55～1.75;2.08～2.35;10.4～12.5	78～156
	CCD 相机	0.45～0.52;0.52～0.59;0.63～0.69;0.77～0.89;0.51～0.73	19.5
	WFI	0.63～0.69;0.77～0.89	260

续表

卫星名	主要有效载荷	光谱范围/μm	空间分辨率/m
Terra	ASTER	0.52~0.60；0.63~0.69；0.76~0.86	
		1.600~1.700；2.145~2.185；2.185~2.225；2.235~2.285；2.295~2.365；2.360~2.430	
		8.125~8.475；8.475~8.825；8.925~9.275；10.25~10.95；10.95~11.65	
	MODIS	36个波段	250、500和1000
QuickBird	全色波段	0.450~0.900	0.61~0.72
	多光谱	0.450~0.520；0.520~0.600；0.630~0.690；0.760~0.900	2.44~2.88
GeoEye-1	全色波段	0.45~0.90	0.41
	多光谱	0.45~0.51；0.51~0.58；0.655~0.690；0.78~0.92	1.65
RESOURCESAT-1	LISS-Ⅳ	0.52~0.59；0.62~0.68；0.77~0.86	5.8
	LISS-Ⅲ	0.52~0.59；0.62~0.68；0.77~0.86；1.55~1.70	23.5
	AWiFS	0.52~0.59；0.62~0.68；0.77~0.86；1.5~1.7	56
CBERS-2	HR	0.50~0.80	2.7
	CCD	0.45~0.52；0.52~0.59；0.63~0.69；0.77~0.89；0.51~0.73	20
	WFI	0.63~0.69；0.77~0.83	260
	IRMSS	0.50~1.10；1.55~1.75；2.08~2.35；10.40~12.50	80/120
IKONOS	全色波段	0.45~0.90	1
	多光谱	0.45~0.52；0.51~0.60；0.63~0.70；0.76~0.85	4
WorldView-Ⅰ	全色波段	0.45~0.80	0.5
WorldView-Ⅱ	全色波段	0.45~0.80	0.5
	多光谱	0.45~0.51；0.51~0.58；0.63~0.69；0.77~0.895；0.40~0.45；0.585~0.625；0.7055~0.745；0.860~0.104	1.8
福卫二号（formosat Ⅱ）	全色波段	0.45~0.90	2
	多光谱	0.45~0.52；0.52~0.60；0.63~0.69；0.76~0.90	8
阿里郎二号（KOMPSAT-2）	全色波段	0.500~0.900	1
	多光谱	0.45~0.52；0.52~0.60；0.63~0.69；0.76~0.90	4
EROS-A	全色波段	0.5~0.9	1.1~2.3
EROS-B	全色波段	0.5~0.9	0.7
ERS2	SAR	C波段	30
JERS-1	SAR	L波段	18
Radarsat-1	SAR	C波段	8.5
ENVISAT-1	ASAR	C波段	30

续表

卫星名	主要有效载荷	光谱范围/μm	空间分辨率/m
ALOS	PALSAR	L 波段	7～100
	PRISM	0.520～0.770	2.5
	AVNIR-2	0.420～0.500；0.520～0.600；0.610～0.690；0.760～0.890	10
TerraSAR-X	SAR	X 波段	1
Radarsat-2	SAR	C 波段	3
COSMO-Skymed-4	SAR	X 波段	1

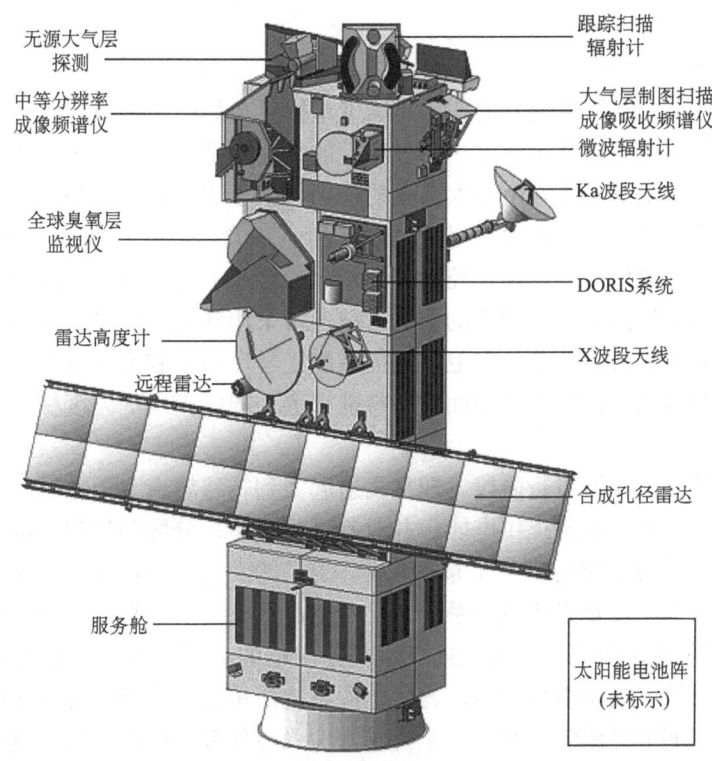

图 3.1 ENVISAT 卫星有效载荷图

3.2 支撑系统

遥感卫星支撑系统提供卫星完成特定任务所有必要的保障。支撑系统主要包括结构系统、热控制系统、电源系统、姿态控制系统和轨道控制系统、无线电测控系统和天线系统等。返回式卫星还需要配备返回着陆系统。

1. 结构系统

卫星的结构系统是卫星各受力和支撑构件的总称，用于固定各种设备模块。卫星的结构主要包括承力部分、外壳、安装部件、天线、太阳能电池阵结构、防热结构、分离连接装置等。卫星的结构分系统的任务是：形成卫星外形即"骨架"，把卫星各分系统的单机、仪器及零部件有机的连接在一起，给各分系统提供一个良好的工作平台，构成一颗完整的卫星。原则上，卫星结构应具有足够的刚度和强度，且质量尽量小。卫星的结构质量通常占卫星总质量的20%左右，而卫星的质量每增加1kg，相应的运载火箭质量则可能增加200~300kg。因此，在设计卫星的结构时，一般都会尽量减小结构系统的质量。目前最常见的卫星结构材料是较轻的铝合金。除此之外，像碳纤维复合材料等，由于质量更轻、强度更好，也越来越多地被应用于卫星结构系统中。同铝质结构相比，新型结构碳化硅复合材料可以使卫星重量减轻25%。卫星的外形多种多样，主要由卫星采取的稳定方式所决定。如果采用自旋稳定控制的卫星一般采用球形、圆柱形等对称形状；三轴稳定卫星一般为方形；采用重力梯度稳定的卫星一般都有一个长长的重力杆，为哑铃形。近年来，卫星结构设计逐步向公用舱结构发展，即将卫星结构按照功能划分为多个舱。这种模块化的结构可有效简化设计，提高设计的通用性。

2. 热控制系统

热控系统（又称为温控系统）的任务是为卫星提供良好的热环境，以确保卫星在不同飞行阶段星上的仪器、设备能够正常工作，卫星上的仪器正常工作的温度通常在5~40℃。卫星一般在太空真空环境下工作，由于太阳辐射作用，卫星表面的温度可达100℃以上，而当卫星在太阳背面飞行时，卫星表面的温度可下降到−100℃以上。为保证各种仪器的温度在规定的范围内，必须对仪器进行温度控制。卫星在轨道运行时，主要热源来自太阳的辐射、地球的红外辐射和卫星内部仪器产生的热。目前通常采用散热、导热、保温以及加热方式进行温度控制。常见的解决方法是：在卫星表面装配光学反射镜和反光材料；表面采用高导热材料；利用移动的散热孔；在天线表面喷涂特殊涂层和限制天线的温度梯度等。

3. 电源系统

电源的功能是在航天器飞行阶段，即从发射起飞到转移轨道直至在轨运行全过程，为航天器有效载荷和各服务分系统提供电能，并对其进行存储、分配和控制。电源分系统由发电器、储能系统和控制与分配装置三大部分组成。卫星的发电器种类繁多，主要有化学电源系列，燃料电池和核电源以及光伏电源系统。化学电源系列主要包括锌/氧化银电池、锂/亚硫酰氯电池、锂/二氧化硫电池等，为短期飞行任务供电的一次性电源。燃料电池和核电源是大功率电源，主要为大功率卫星供电。光伏电源系统由单晶硅或砷化镓等光电转换太阳能电池、蓄电池及功率调节控制装置组成，是为长寿命飞行任务供电的通用型电源。通常，卫星多采用太阳能电池阵作为发电器。太阳能电池又称为光电池，是指能直接将太阳能转换为电能的半导体器件。当卫星位于太阳光照区，太阳能方阵将太阳光能直接转换为电能，给负载供电，同时又给蓄电池组供电；当卫星进入地球阴影区域时，可用蓄电池或一次性化学能电池提供能量。蓄电池主要采用CdNi和NiH_2。电源控制装置用来处理太阳能帆板的对日定向、太阳能方阵的输出功率、母线电压调节、蓄电池组充放电控制及故障隔离等，以保证卫星能安全可靠的工作。从质量上看，电源分系统占卫星总质量的15%~30%，而电源分系统中蓄电池和太阳能电池阵占的比重最大。

4. 姿态和轨道控制系统

对卫星姿态和轨道的控制是卫星控制系统的任务。卫星的姿态指卫星星体在轨道上运行所处的空间位置状态，可以用卫星三个轴向的运动来描述。偏航轴（yaw axis）、俯仰轴（pitch axis）和滚动轴（roll axis）都通过卫星质心。偏航轴指向地心，控制卫星星体沿正确轨道路线飞行。俯仰轴垂直于卫星轨道面（即轨道面的法线），专门控制卫星的上、下摆动。滚动轴指向卫星速度方向且垂直于偏航轴与俯仰轴。卫星姿态控制分系统的主要任务是确保卫星姿态指向在允许的范围内，该系统由姿态测量敏感器、执行部件和姿态控制器等部分组成。对卫星姿态控制通常是用敏感器对卫星的姿态进行测量，并把测量的数据与要求的数值进行比较，计算出校正姿态数据，最后启动相应的调姿发动机，使姿态保持最小误差。轨道控制的主要目的是克服轨道摄动的影响。其方法是由地面定期发送指令，使用卫星的轨道推进器来校正。

5. 无线电测控系统

无线电测控设备包括单脉冲雷达、相控阵雷达、微波统一系统、干涉仪系统、遥测遥控系统。它们是测控系统的组成实体，其技术性能决定了测控系统的技术性能。

6. 天线系统

天线和太阳能帆板是卫星结构系统中的伸展结构。它们一般在发射时处于折叠状态，到达指定轨道后可自动展开。对于功耗要求不高的小卫星，卫星表面贴装的太阳能电池阵列即可满足要求，而对于功耗要求较高的卫星，则必须在卫星外部安装太阳能电池阵帆板，尽量增大太阳光的吸收面积。太阳能帆板主要有两种：柔性太阳能帆板和钢性太阳能帆板。

7. 返回着陆系统

卫星导航着陆系统是基于全球卫星导航系统的着陆引导系统，由空间段、地面段、机载段以及监控段组成。空间段由 GNSS 空间信号组成；地面段由基准接收机、地面处理站以及 VDB（VHF data broadcasting）处理设备组成；机载段由机载接收机及飞行控制及显示设备组成；监控段由系统监控设备组成。

8. 计算机控制系统

星载计算机监测卫星子系统的状态，控制它们工作和处理数据。重要的卫星配有由计算机控制的先进抗干扰硬件。如果别人控制了卫星的计算机，那么卫星就会失效。计算机系统对于电磁环境很敏感，在太阳风暴期间或是受到高强度的电磁辐射攻击时，就会关机或重启。

9. 通信系统

卫星通信系统由通信卫星、测控系统、地球站、监测管理系统组成。通信卫星和各种卫星通信地球站是卫星通信系统中的重要组成部分，是实现通信链路中的两个重要环节。事实上，为了保证系统的正常运行，卫星通信系统首先必须要有控制系统和监测管理系统的配合。监测管理系统的任务是：对通信卫星和地球站在业务开通前进行各项通信参数的测定；业务开通后，对卫星和地球站的各项通信参数进行监视和管理。卫星测控系统的任务是：对卫星进行准确可靠的跟踪测量，控制卫星准确进入定点位置，卫星正常运行后，还要对它进行轨道修正、位置保持和姿态保持等控制（王秉钧等，2004）。

10. 推进子系统

卫星的推进系统包括卫星发射后将卫星定位于指定轨道的发动机，用于轨道维持和姿态控制的小推力发动机和用于其他机动的大推力发动机。

11. 遥感系统

遥感卫星任务是获取地表、大气、深空物体的详尽图像，或是采集地球和大气的各种类型的数据。遥感卫星因此要装有这样的设备，如光学相机、红外传感器、摄谱仪、CCD 设备。对于民用任务，载荷历经多年发展通常复杂而独特。

12. 武器系统

武器系统用于攻击其他卫星、地面或空中目标。例如，卫星装有激光系统和激光所用的燃料和镜片组，或是一个爆炸攻击物，它就能毁坏其他卫星。

3.3 卫星发射与接收系统

3.3.1 卫星发射场

1. 卫星发射场分析

航天发射三要素包括发射方位角、发射场位置和发射时刻，它们决定了从某发射场发射的卫星轨道平面在空间的方位。卫星发射一般向东发射，主要是利用地球自转力节约发射动力消耗，发射场的位置从理论上讲应尽量靠近赤道，越靠近地球赤道，地球自转力越大，越可以节约能量。由于地理环境、安全因素、气候条件和交通环境等影响，各国选择自己的航天发射场都是综合各种因素最终决定的。卫星发射基地的区位选择：自然因素（气象条件需要天气晴朗，地球自转的初速度取决于纬度和地势，地形平坦开阔），人文因素（地广人稀，交通便利，符合国防安全需要）。建立发射场，首先，要有可靠的安全保障。发射场需要建在人烟稀少的地域，这才有建立禁区的可能，以便运载火箭各级分离后坠落不致危及生命财产的安全。其次，要有有利的地理位置。在地形上要求地势平坦开阔，地质结构稳定坚实，避开地层断裂带和地震区。在纬度位置上要求尽量选择在低纬度地区，最好选择在赤道附近。再次，要有良好的气象及水文条件。发射场通常选择在雷雨少、湿度小、风速弱、温差变化低的地方。影响卫星发射和飞船发射的最直接、最关键因素是气象条件。还需要有良好的水质，以便于发射台及相关设备的降温。还需要便利的交通。发射场常建在工业中心和铁路干线，便于大型火箭卫星的运输及回收。最后，还要有最佳的监测系统。既要考虑监测系统的布局，又要照顾绵延几千千米的空中和地上监测站的设点。世界各国有近 50 个发射场，本书统计的卫星发射场有 18 个，发射数量较多的有 15 个。目前发射卫星数量比较多的发射场主要集中在拜克努尔发射场、卡纳维拉尔角空军站、圭亚那发射场和范登堡空军基地，它们发射的卫星数量占据了全部卫星数量的 70% 以上，主要卫星发射场的发射卫星数量如表 3.2 所示。

表 3.2 主要卫星发射场的发射卫星数量 （单位：颗）

发射场名称	拜克努尔发射场	卡纳维拉尔角空军站	圭亚那发射中心	范登堡空军基地	普列谢茨克	瓦勒普斯岛	太原卫星发射中心	西昌卫星发射中心	斯里哈里科塔	种子岛	萨迪什达万航天中心	酒泉卫星发射中心	巴甫洛夫斯基	海上发射公司	其他	总计
数量	246	166	188	140	82	47	53	47	33	22	17	35	36	30	25	1167
所在地	哈萨克斯坦	美国	法属圭亚那	美国	俄罗斯	美国	中国	中国	印度	日本	印度	中国	俄罗斯	太平洋		

其中，拜克努尔发射场由苏联于 1955 年建设，1957 年 10 月 4 日从这里发射了世界上第一颗人造地球卫星"斯普特尼克 1 号"。它位于哈萨克斯坦境内，主要承担俄罗斯、美国及世界各国卫星的发射工作，目前有 246 颗在轨卫星是由拜克努尔发射场发射；卡纳维拉尔

角空军站,由美国宇航局于1950年建设,位于美国东海岸,肯尼迪航天中心也坐落于此,主要承担美国卫星和部分欧洲卫星的发射,目前有166颗在轨卫星是由卡纳维拉尔角空军站发射的;与之位置相对的位于美国西海岸的范登堡空军基地也是由美国宇航局所建,1941年建成为美国陆军军事基地,1957年转为空军基地;圭亚那发射场由法国于1971年建设,位于南美洲的法属圭亚那境内,主要承担欧空局和欧洲及南美洲各国卫星的发射;俄罗斯的普列谢茨克发射场建于1957年,是近几年俄罗斯在轨卫星的主要卫星发射场;我国的卫星发射场主要有太原卫星发射中心、西昌卫星发射中心、酒泉卫星发射中心和海南文昌发射中心。

2. 世界上主要国家卫星发射场

1) 拜科努尔发射场

原苏联最大的载人航天器发射场,也是世界上最大型的发射场之一。该发射场位于哈萨克斯坦共和国境内的丘拉塔姆地区。发射场东西长约80km,南北约30km,中心坐标是东经63°20′,北纬46°。向东北方向发射时可把航天器送入倾角为52°~65°的轨道。发射场由发射区、保障区和测控站等组成。发射区包括中心发射区、东发射区和西发射区。中心发射区的主要设施有总装测试厂房、控制测试大楼、大型地面发射台、地下发射井、推进剂储存库、液氧工厂和其他辅助设施以及行政管理、训练和住宅等建筑。东、西发射区建有大型运载火箭和航天器的试验发射设施、控制设施和辅助设施。保障区在发射区以南的列宁斯克——丘拉塔姆,是发射场后勤保障枢纽和人员住地,有机场、铁路专线,并有航天员飞行前住留和体检的设施。为跟踪观测航天器和导弹飞行情况,在沿西伯利亚直到太平洋的一万多千米的航线上设有许多测控站。自1967年以后,从拜科努尔发射场发射过联盟号飞船、宇宙号卫星和礼炮号航天"联盟"系列飞船、"宇宙"号卫星、"礼炮"号空间站和苏联第一架航天飞机"暴风雪"号。

2) 普列谢茨克发射场

建于1957年,位于俄罗斯白海以南300km的阿尔汉格尔斯克地区。普列谢茨克发射场位于俄罗斯西北部,阿尔汉格尔斯克市以南180km,北方铁路普列谢茨卡娅火车站附近的平原地区,北纬63°,东经41°,属大陆性气候,南北长46km,东西宽82km,占地面积1762km^2。其早期是洲际导弹的作战基地,从1966年起才使用4种火箭和9座发射台来发射大倾角的侦察、电子情报、导弹预警、通信、气象和雷达校准卫星,其中2/3为军用,是目前世界上发射卫星最多的发射场,发射的次数占世界发射总数的一半以上。

3) 肯尼迪航天中心

美国最大的载人航天基地,成立于1962年7月,位于美国佛罗里达州卡纳维拉尔角。其优势是发射场纬度较低,向东发射火箭,可借助地球自转来提高火箭的运载能力,有助于卫星入轨;附近的海岛还可用作理想的跟踪测量站站址;发射方向面临大海,没有人口密集的忧虑,飞行中的火箭万一出现故障,也不会造成严重的安全问题。肯尼迪航天中心是美国宇航局进行载人与不载人航天器测试、准备和实施发射的最重要场所,从这里进行的航天器发射任务,包括了美国所有地球同步轨道的发射任务,曾发射过"阿波罗"飞船、"天空"实验室、不载人行星和行星际探测器,以及科学、气象、通信卫星等。

4) 圭亚那发射场

圭亚那地处南美洲北部大西洋海岸,靠近赤道,位于西经52°8′,北纬2°~6°,占地大约 90600km²。在此选场的主要原因是：纬度低，从发射点到入轨点的航程大大缩短；由于纬度低，相同发射方位角的轨道倾角小，远地点变轨所需的能量小，增加了同步轨道的有效载荷能力。此地人口稀少，在 90600km² 的土地上只有 5 万居民，向北和向东的海面上有一个很宽的发射弧度（其方位角从 -10.5°向北直到 +93.5°），空中及海上交通都很方便。另外，库鲁地区虽然靠近赤道，但气候比较温和，年平均气温 27℃，年平均降雨量 3000~4000mm，全年分旱季、雨季，风力不大，处于飓风区之外。圭亚那航天中心占地面积约 1000km²，沿大西洋海岸向西北和东南延伸，长约 60km，宽约 20km，地理位置是北纬 5°14′，西经 52°46′。航天中心主要由发射场、技术中心、地面测量、气象站、发电厂、液氧工厂以及生活区组成。

5）范登堡空军基地

范登堡空军基地设在美国加利福尼亚州南部海边，位于阿圭洛角的正北部。该基地面积 279.72km²，包括有 51.49km 的海岸线。由于范登堡基地的地理位置的原因，它可以向西发射高倾角轨道和极轨道卫星。1972 年被选作美国西海岸的航天飞机发射基地。1979 年开始着手改建，1985 年竣工。范登堡空军基地位于北纬 34°37′，西经 120°35′，向西发射，发射方位为 11°~140°，轨道倾角为 56°~104°，向正南还可以进行极轨道发射，正好弥补了肯尼迪航天中心只能向东发射的不足。航区向西或西南延伸，跨过太平洋，避开了人口稠密区和工业城市，测量和监控环境好，测量、跟踪站设在加利福尼亚州海岸、夏威夷及太平洋诸岛上。交通便利，航空、铁路、公路、海运都很畅通。气候温和，降雨较少，有利于空间发射（曾德贤和李睿，2010）。

3. 中国卫星发射场

1）西昌卫星发射中心

西昌卫星发射中心位于四川省凉山彝族自治州境内，中心总部设在四川省西昌市西北约 60km 处的秀山丽水间，卫星发射场位于西昌市西北 65km 处的大凉山峡谷腹地。卫星发射测试、指挥控制、跟踪测量、通信、气象、勤务保障六大系统的相应场区，都分散在峡谷中的不同区域。为什么西昌会被选择作为卫星发射中心呢？首先是海拔高、纬度低。西昌地处东经 102°、北纬 28.2°，平均海拔 1500m。卫星轨道倾角与发射场的纬度关系十分密切，纬度越低，离赤道越近，既可充分利用地球自转的离心力，又可缩短从地面到卫星轨道的距离，从而节省火箭燃料，增加火箭的有效负载。第二是气候条件好，西昌属亚热带高原季风气候，常年平均气温 17℃，是中国年气温年变化最小的地区之一。更为重要的是，在西昌地区雨、旱两季分明，每年只有 6 月~9 月为雨季，且多半是夜雨和午后阵雨，其余月份为旱季，晴天多达 320 天，几乎没有雾日。第三是西昌水源丰富，能满足发射中心的大量用水。第四是交通较为便利，距发射场 50km 处是西昌飞机场，发射场距离成昆铁路和川滇公路都不远，加之东面的金沙江航道还可以水路通宜宾、重庆直至上海，这些条件极利于运输所需物资和卫星、火箭产品。

2）酒泉卫星发射中心

酒泉卫星发射中心又称"东风航天城"，是中国科学卫星、技术试验卫星和运载火箭的发射试验基地之一，是中国创建最早、规模最大的综合型导弹、卫星发射中心，也是中国目前唯一的载人航天发射场。它建在一块"风水宝地"上，西依山，东临河，是一块戈壁沙漠中的绿洲。地处我国甘肃酒泉市东北部的戈壁腹地，海拔约 1000m，面积约 2800km²，地势平坦开阔。发射场区为戈壁滩，航区 200km 以内基本为无人区，600km 以内没有人口密集的城镇和重要交通干线，航区安全有保证。发射场区占地面积广，地势开阔，完全满足待发段和上升段航天要求，也是先进的天地往返运输系统最理想的发射和回收着陆场，而且具有很大的发展空间。该地区地势平坦，人烟稀少，属于温带沙漠性气候，年均气温 8.5℃，相对湿度为 35%～55%。全年干旱少雨，一年四季多晴天云量小，日照时间长，生活环境艰苦，但可为航天发射提供良好的自然环境条件。每年约有 300 天可进行发射试验。交通便利，通信发达。场区内已建有大型机场，既可以满足航天器使用飞机快速运输的要求，又可作为参试人员往返乘降飞机的场所。

3）太原卫星发射中心

太原卫星发射中心始建于 1967 年。目前已建成具有多功能、多发射方式，集指挥控制、测控通信、综合保障系统于一体的现代化发射场，航天发射综合能力实现了从每年执行 1 次发射任务到每年执行 10 次以上高密度火箭卫星发射任务的跃升。中心先后成功地发射了我国第一颗太阳同步轨道气象卫星"风云一号"，第一颗中巴"资源一号"卫星，第一颗海洋资源勘察卫星等，创造了我国卫星发射史上的多个第一。太原卫星发射中心位于山西省太原市西北岢岚县的高原地区，海拔 1500m 左右，与芦芽山风景区毗邻，是中国试验卫星、应用卫星和运载火箭发射试验基地之一。由于海拔高，周围有高山阻隔，缺少海风影响及气候寒冷干燥等特点，冬天时间长且寒冷，夏天时间短，年平均温度为 4～10℃，夏季最高温度 28℃，冬季可降至零下 39℃。发射场坐标位置为东经 111°36′、北纬 38°50′。太原卫星发射中心适合发射多种卫星，特别是地球低轨道和太阳同步轨道卫星。

3.3.2 发射火箭

运载火箭是由多级火箭组成的航天运载工具。通常，运载火箭将人造地球卫星、载人飞船、空间站、空间探测器等有效载荷送入预定轨道。任务完成后，运载火箭被抛弃。

1. 组成系统

运载火箭的组成部分有箭体、动力装置系统和控制系统，这三大系统称为运载火箭的主系统。此外，箭上还装有遥测系统、外测系统和安全控制系统等。

1）箭体

是运载火箭的基体，它用来维持火箭的外形，承受火箭在地面运输、发射操作和在飞行中作用在火箭上的各种载荷，安装连接火箭各系统的所有仪器、设备，把箭上所有系统、组件连接组合成一个整体。

2）动力装置系统

是推动运载火箭飞行并获得一定速度的装置。对液体火箭来说，动力装置系统由推进剂输送、增压系统和液体火箭发动机两大部分组成。

3）控制系统

是用来控制运载火箭沿预定轨道正常可靠飞行的部分。控制系统由制导和导航系统、姿态控制系统、电源供配电和时序控制系统三大部分组成。

4）遥测系统

功能是把运载火箭飞行中各系统的工作参数及环境参数测量下来，通过运载火箭上的无线电发射机将这些参数送回地面，由地面接收机接收；亦可将测量所得的参数记录在运载火箭的磁记录器上，在地面回收磁记录器。这些测量参数既可用来预报航天器入轨时的轨道参数，又可用来鉴定和改进运载火箭的性能。一旦运载火箭在飞行中出现故障，这些参数就是故障分析的依据。

5）外弹道测量系统

功能是利用地面的光学和无线电设备与装在运载火箭上的对应装置一起对飞行中的运载火箭进行跟踪，并测量其飞行参数，用来预报航天器入轨时的轨道参数，也可用来作为鉴定制导系统的精度和故障分析依据。

6）安全系统

功能是当运载火箭在飞行中一旦出现故障不能继续飞行时，将其在空中炸毁，避免运载火箭坠落时给地面造成灾难性的危害。安全系统包括运载火箭上的自毁系统和地面的无线电安全系统两部分。箭上的自毁系统由测量装置、计算机和爆炸装置组成。当运载火箭的飞行姿态，飞行速度超出允许的范围，计算机发出引爆爆炸装置的指令，使运载火箭在空中自毁。无线电安全系统则是由地面雷达测量运载火箭的飞行轨道，当运载火箭的飞行超出预先规定的安全范围时，由地面发出引爆箭上爆炸装置的指令，由箭上的接收机接收后将火箭在空中炸毁。

7）瞄准系统

功能是给运载火箭在发射前进行初始方位定向。瞄准系统由地面瞄准设备和运载火箭上的瞄准设备共同组成。

2. 国内运载火箭

到目前为止我国共研制了12种不同类型的长征系列火箭，能发射近地轨道、地球静止轨道和太阳同步轨道的卫星。1970~2000年，我国发射长征系列火箭共计67次，成功61次，6次失败或部分失败，发射成功率为91%。在我国运载火箭的发展初期，探空火箭的研制占有重要的地位，尽管它是结构简单的无控火箭，但却是新中国成立后的第一枚真正的火箭。从1958年开始，我国陆续研制出包括生物、气象、地球物理、空间科学试验等多种类型的探空火箭。

1）长征一号（CZ-1）系列运载火箭

1970年4月24日，中国使用长征一号（LM-1）运载火箭发射了第一颗人造卫星东方红一号。长征一号是由在两级中远程导弹上再加一个第三级固体火箭组成，火箭全长29.86m，起飞总重81.57t，起飞推力为1040 kN。

2）长征二号（CZ-2）系列运载火箭

长征二号（LM-2）运载火箭是从洲际导弹的基础上发展而来的，并于1975年发射了1t多重的近地轨道返回式卫星，成功地回收了返回舱。此后，又根据发射卫星的需要，陆续衍生出长征二号丙（LM-2C）、长征二号丙改进型（LM-2C/SD）和发射极轨卫星的长征二号丁（LM-2D）运载火箭。在长征火箭大家族中，长征二号系列主要用于发射各类近地轨道卫星，LM-2C/SD曾以一箭三星方式发射了12颗美国的铱星移动通信卫星。1986年初美国的挑战者号航天飞机爆炸后，航天飞机被停飞，美国用了很长时间分析和处理故障，其后美国停止用航天飞机发射一般商业卫星。趁此时机，我国仅用了18个月就研制成功长征二号E（又称长二捆，LM-E）运载火箭，可以发射原来准备用美航天飞机发射的商用卫星。长征二号E火箭是以长征二号为芯级，周围捆绑了4个液体助推器，它的近地轨道运载能力高达 9.2t。长征二号 E 于 1990 年试射成功，从 1992 年到 1995 年曾发射多颗外国卫星。为满足发射神舟号飞船的要求，保证宇航员的安全，我国又在长征二号 E 的基础上改进了可靠性并增设了故障检测系统和逃逸救生系统，从而发展出了长征二号 F（LM-F）运载火箭，专门用来发射神舟号载人飞船。由于长征二号火箭的质量和可靠性非常高，1975～1996 年连续成功地把 17 颗返回式卫星送上天，这使长征二号运载火箭在国际卫星发射市场上获得了非常好的声誉。

3）长征三号（CZ-3）系列运载火箭

长征三号运载火箭是在长征二号二级火箭上面加了一个以液氢、液氧为推进剂的第三级，所用的液氢液氧发动机可以二次启动，在技术上是当时国际先进水平，是我国火箭技术发展的一个重要里程碑。1984 年长征三号成功地发射了我国第一颗地球同步试验通信广播卫星东方红二号。1985 年中国宣布进入国际商业卫星发射市场。1990 年我国首次用长征三号运载火箭将美国休斯公司制造的亚洲一号卫星送入地球同步轨道。此后，长征三号系列不断增加新成员，如长征三号甲（LM-3A）、长征三号乙（LM-3B），主要用于发射地球静止轨道卫星。长征三号甲运载火箭是在长征三号的基础上研制的大型火箭，它的氢氧发动机具有更大的推力，性能也得到很大的提高，地球同步转移轨道运载能力也从长征三号的 1.6t 提高到 2.6t。长征三号乙运载火箭是在长征三号甲和长二捆的基础上研制的，即以长征三号甲为芯级，再捆绑 4 个与长二捆类似的液体助推器。长征三号乙主要用于发射地球同步轨道的大型卫星，也可进行轻型卫星的一箭多星发射，其地球同步转移轨道运载能力达到 5.1t，跃入了世界大型火箭行列。长征三号丙是在长征三号甲单枚三级火箭基础上再捆绑 2 个助推器，运载能力为 2600～3800kg，介于 2600kg 的长征三号甲和 5100kg 的长征三号乙之间。2003 年完成总体设计，2008 年 4 月 26 日发射"天链一号 01 星"是首次其飞行，长征三号丙是"长三甲"系列中最后一型火箭。

4）长征四号（CZ-4）系列运载火箭

投入使用的长征四号乙运载火箭是长征火箭家族中用于发射各种太阳同步轨道和极轨道应用卫星的主要运载工具。

5）长征五号（CZ-5）运载火箭

"长征五号"运载火箭即将进入初样研制阶段。长征五号的研制是对中国航天未来 30～50 年发展具有重要意义和深远影响的一大项目，旨在面对国际商业卫星发射市场和国内未来卫星发射、深空探测的更高需求，其研制成功后，中国进入空间的能力将得到大幅度提升。

3. 国外运载火箭

1）大力神（Titan）系列运载火箭

美国大力神运载火箭系列由大力神-2 洲际导弹发展而来，1964 年首次发射。该系列由大力神-2、大力神-3、大力神-34、大力神-4 和商用大力神-3 等型号和子系列组成。它的最大近地轨道运载能力为 21.9t，地球同步转移轨道运载能力为 5.3t。

2）宇宙神（Atlas）系列运载火箭

美国宇宙神系列运载火箭于 1958 年 12 月 18 日首次发射，曾经发射过世界上第一颗通信卫星、美国第一艘载人飞船等。目前正在使用的主要有宇宙神-2A、宇宙神-2AS 和宇宙神-3。研制中的宇宙神-5 运载火箭的第一级采用了通用模块化设计，其中的重型火箭使用了

3个通用模块，其地球同步转移轨道运载能力达到13t。

3）德尔塔（Delta）系列运载火箭

美国德尔塔系列运载火箭系列于1960年5月13日首次发射，迄今为止已发展了19种型号，目前正在使用的是德尔塔-2和德尔塔-3两种型号。美国空军的全部GPS卫星都是由德尔塔-2发射的。德尔塔-3是在德尔塔-2的基础上研制的大型运载火箭，可以把3.8t的有效载荷送入地球同步转移轨道。德尔塔-3于2000年8月发射成功。美国还正在研制具有多种配置的德尔塔-4子系列，其中的重型德尔塔-4地球同步转移轨道运载能力在13t以上。

4）土星-V（Saturn）系列运载火箭

土星-V运载火箭是美国专为阿波罗登月计划而研制的，是迄今为止最大的巨型运载火箭。其起飞重量为3000t，直径10m，高110m，近地轨道运载能力达97t，它能把重达47t的阿波罗飞船送入登月轨道。土星-V曾先后将12名宇航员送上月球。

5）东方号（Vostok）系列运载火箭

俄罗斯东方号系列运载火箭是世界上第一种载人航天运载工具，它创造了多个世界第一：发射了第一颗人造卫星，第一颗月球探测器，第一颗金星探测器，第一颗火星探测器，第一艘载人飞船，第一艘无人载货飞船"进步号"等。它也是世界上发射次数最多的运载火箭系列，其中联盟号是东方号的一个子系列，主要发射"联盟号"载人飞船、进步号载货飞船。

6）质子号（Proton）系列运载火箭

俄罗斯质子号系列运载火箭分为二级型、三级型和四级型三种型号。目前正在使用的有质子号三级型和四级型两种。三级型质子号于1968年11月16日首次发射，其低地轨道运载能力达到22t。它是世界上第一种用于发射空间站的运载火箭，曾发射过礼炮1～礼炮7号空间站、和平号空间站各舱段和其他大型低地轨道有效载荷。1998年11月20日，质子号发射了国际空间站的第一个舱段。

7）天顶号（Zenit）系列运载火箭

天顶号系列运载火箭是原苏联（后为乌克兰）研制的运载火箭，分为两级的天顶-2、三级的天顶-3和用于海上发射的天顶-3SL。天顶-2的低地轨道运载能力约为18t，太阳同步轨道运载能力约为11t。可在海上发射的天顶-3SL是美国、乌克兰、俄罗斯、挪威联合研制的运载火箭，其地球同步轨道运载能力为2t，1999年3月首次发射成功。

8）能源号（Energia）运载火箭

能源号运载火箭是原苏联/俄罗斯研制的目前世界上起飞质量和推力最大的火箭。其近地轨道运载能力为105t，既可发射大型无人载荷，也可用于发射载人航天飞机。能源号于1987年首次发射成功，曾将苏联的暴风雪号航天飞机成功地送上天。后由于俄罗斯经济状态不佳就再也没有发射过。

9）阿里安（Ariane）系列运载火箭

阿里安火箭是由欧洲11个国家组成的欧空局研制的系列运载火箭，该系列已有阿里安1～5共5个子系列，目前正在使用的是阿里安-4和阿里安-5。阿里安-4于1988年6月15日进行了首次发射，其近地轨道运载能力为9.4t，地球同步转移轨道运载能力为4.2t。阿里安-5于1997年进行了首次发射，近地轨道运载能力为25t，地球同步转移轨道运载能力为 7.5t。

10) H 系列运载火箭

日本 H 系列运载火箭由 H-1、H-2、H-2A 等火箭组成,目前正在使用的 H 系列火箭只有 H-2A 和 H-2B,2001 年 8 月首次发射成功。

11) 极轨卫星火箭（PSLV）

印度自行研制的极轨道 4 级运载火箭的太阳同步轨道运载能力为 1t,低地轨道运载能力为 3t。1993 年 9 月首次发射,但由于火箭出现故障,卫星未能入轨。此后,该火箭连续三次发射成功。1999 年 5 月,一箭三星技术又取得成功。这种火箭有 4 级,12 层楼房高,重 230t,性能优良,是印度最可靠的空间发射器。

12) N-1 运载火箭

N-1 运载火箭是原苏联研发的用来将原苏联宇航员送到月球的火箭,也就是被西方人称为 G-1e 或 SL-15 的火箭。N-1 就是俄语 носитель（运载器）的缩写。使用 30 台 NK-15,火箭研发工作比土星-Ⅴ晚,但是由于资金短缺、未测试,四次发射试验都失败了,因此苏联在 1976 年正式取消了这项工程。

3.3.3 卫星接收站

卫星地面接收站的站址选择要考虑诸多因素,如地理位置、站址环境、视野范围、电磁干扰、地质和气象条件等,还要进行实地勘察和收测,综合考虑以上因素后再确定最佳站址。

(1) 避免对接收天线的遮挡：①计算接收天线的仰角和方位角。根据站址的地理经度、纬度以及欲接收信号卫星轨道位置的经度,通常采用图表法或计算公式来计算出站址处接收天线对欲收信号卫星的方位角和仰角,观察接收前方视野是否开阔,有无阻挡。②对所有欲收信息卫星所计算出的几个方位角的前方,本天线指向所对应的天际线的仰角,应比计算出的相应仰角低不少于 5°。在计算出的方位角轴线左右 2°范围内不应有遮挡。

(2) 避免和防止干扰要避开微波路,高压输电线路、飞机场、雷达站等干扰源。一般用微波干扰场强测试仪来观测站址处是否有其他微波杂波干扰。①为了避免微波干扰,接收站应尽量远离微波线路。选站址时,应使接收天线背向微波线路。②站址应尽量选在其他可能产生无线电干扰的发射设备所在地以南的地方。③站址应避开空中航线、着陆跑道及大型机场附近。④站址应避开其他电气干扰。⑤选址时,要避开高压输电线。⑥站址宜选在平地或盆地上,并尽量避开干扰源方向。城市站宜选在城南或西南的郊区。这样,可使接收天线背向城市以避免城市的各种工业和电磁干扰噪声。当所选站址避不开干扰区时,应尽量利用自然地形或地面建筑物以及其他有效措施来防止干扰。⑦站址最好靠山避风,以减轻抛物面天线的风负荷,并尽量不要在雷区建站,以避免设备被雷击损坏。如果由于其他原因,站址必须建在多雷地区,则应该特别重视接收站避雷措施,以确保人身与设备的安全（俞德育,2005）。

1. 世界上主要国家卫星接收站

1) 美国地面站

美国陆地卫星地面接收站主要有格林贝尔地面站,位于马里兰州;戈德斯通地面站,位于加利福尼亚州;费尔班克斯地面站,位于阿拉斯加州。为了进行全球范围的研究,美国在全世界设置了覆盖大陆的陆地卫星地面接收站。在1982~1983年已经有16个地面接收站在运行中，目前地面站已经达21个，全球陆地仅剩南极洲、中亚、西伯利亚等少数空白区。各国的接收站每接收一幅图，都要在当天用微波回送到美国的地球资源观测数据中心（EROS-Data），故美国掌握全球性的地球资源信息资料。覆盖全球的卫星系统，遍布全世界的地面站，使美国优先获得全球性的地球资源信息资料，为其全球研究提供了可能。在遥感应用研究方面，美国一直侧重在全球范围问题的研究。与之相比，对本国的研究就弱些，这是为其的全球战略目标服务的。美国选择276个地面实况观测点，建立地面实验站网，包括沙漠、盐湖、沼泽、海滩等地区，并设置了35个地面辐射校准站（该类站要求地面单一，卫星图像上反映的信号较一致，以此来校准遥感信息的亮度系数）为发射资源卫星积累了多年的数据，并经常用飞机巡回测试数据。在美国近2000个经纬点上，加设反光镜提供影像定位信息、座位控制点和精加工几何校正的依据。

2）加拿大地面站

加拿大遥感中心（CCRS）是加拿大联邦政府资源部（Natural Resources Canada）下属的地球科学分部（Earth Science Sector）下面的一个研究和政府服务部门。它的主要职责是负责全加拿大遥感数据的接收、处理、存档和分发的服务功能，以及面向公众和私人的遥感数据的开发和利用。位于艾伯特王子城和加地诺的卫星地面站可提供加拿大陆地和海岸线的全图，它延伸到了太平洋和大西洋。两个地面站（分别位于东西海岸）提供陆地卫星和NOAA气象卫星的资料数据。计算机图像处理分析设备，为影像增强分析解译服务，它的长期用户有100多个，可向全国提供航空数据和图像，并研究遥感应用的方法和研制新仪器。

3）日本地面站

日本地球观测中心（EOC）位于东京市西北方向50km处的琦三县鹉山，业务管理归属于科技厅下属的宇宙开发事业（NASDA）。它于1979年建立并投入试运行，其任务是接收、记录、整理、提供遥感资料以及生产CCT磁带和图像产品，检查并评价遥感资料的质量。目前，该中心工作正常，正在接收和处理美国Landsat-5发出的MSS和TM数据、法国SPOT卫星数据以及日本自己发射的海洋观测卫星MOS-1资料。接收范围是整个日本群岛及其周围海域（包括朝鲜半岛和中国东北）。

EOC位于琦玉县鸠山，拥有四个大型天线接收卫星数据、一个瞄准系统和三栋工作、设备大楼。第一号天线是一个直径10m的抛物型天线，它建立于1985年，用来支持MOS-1卫星的发射；第二号天线是一个直径10m的抛物型天线，是EOC建立以来就有的最古老的天线，主要目的是接收Landsat卫星数据；第三号天线是一个直径11.5m的抛物型天线，它建立于1994年发射ADEOS（advanced Earth observation satellite，高级对地观测卫星）时，第四号天线建立于2000年，是EOC最大的抛物线天线，直径达13m，主要目的是接收来自中继卫星（DRTS）的数据。一个瞄准系统，主要控制电磁波以便数据获取系统可以正确工作。一号操作大楼建立了接收、记录和处理观测到的卫星数据的设备；二号操作大楼是EOC装备的展览室并解释ADEOS-2.卫星间的通信。主大楼第一层装有数据保存、管理系统和网络相关设备，第二层和第三层是办公室。

2. 中国卫星接收站

中国遥感卫星地面站是为全国提供遥感卫星数据及空间遥感信息服务的非营利性社会公

益型装置，也是我国对地观测领域的国家级核心基础设施。中国遥感卫星地面站作为国际资源卫星地面站网成员，是世界上接收与处理卫星数量最多的地面站之一，数据分发服务量居于世界前四位。目前存有1986年以来的各类对地观测卫星数据资料达250余万景、250TB，是我国最大的对地观测卫星数据历史档案库。接收站网包括数据接收系统、数据传输系统、站网运行管理系统以及建设西部站、南方站，扩建北京站的建筑及配套工程。其中，西部站站址位于喀什市西北荒地；南方站站址位于三亚市天涯镇西竹村；北京站是在密云接收站基础上扩充建设。

1）北京接收站

北京地面站遥感卫星信息管理系统所汇集的信息是在2002年我国海洋卫星（HY-1A）发射后，北京地面站建站以来所接收的所有卫星资料的信息。随着后续海洋卫星的发射，该系统的信息量不断地增加。北京地面站承担着每天多颗卫星下行数据的接收、数据的预处理、处理及存档业务。在HY-1A卫星投入业务运行、完成业务工作的同时，记录并保存了大量的其他多颗卫星数据的接收、预处理及处理过程当中的一些宝贵的记录资料。这些资料包括：HY-1A卫星的测控数据、C1数据、EOS-MODIS、NOAA、FY-1等卫星接收记录、快视图以及其他一些相关资料和数据等。这些记录除对于后续海洋卫星的研制和开发有着举足轻重的参考价值外，还为那些从事海洋研究（海冰、海温、赤潮等）的技术人员提供了第一手的可靠资料（韦小琴，2008）。

2）喀什接收站

根据遥感卫星地面数据接收站的一般选址原则，结合长期积累的资料，在各相关部门的支持和协作下，西部站选址经历较长时间的多次考察、调研与测试，经中国科学院组织的论证评审，2005年站址最终选定在新疆维吾尔自治区喀什市。该地区的电磁环境、地形遮蔽等均满足站址要求；具备水、电、通信条件，314国道从旁边通过。园区场地为荒沙地，枯草稀疏；附近有农田和维吾尔族村庄，远山连绵一片黄土。喀什站行政隶属于中国科学院对地观测与数字地球科学中心（简称对地观测中心）。喀什站建成带来的最根本改变是：提供西部和周边国家地区的遥感数据，填补我国民用遥感数据接收的空白。在卫星数据服务方面，按照国家任务分工，喀什站将提供卫星原始数据，种类涵盖多光谱与合成孔径雷达，空间分辨率为3～10m。在卫星应用工程方面，按照国家任务分工，喀什站将通过严密的技术组织与运行管理，支撑我国自主研发的对地观测技术体系运行。在信息应用方面，喀什站以其独特的地理位置，解决20年来我国西部20%地区缺乏遥感数据的问题，完善了我国民用对地观测卫星的地面系统，支持了遥感科学技术与应用的发展（张建国，2010）。

3）三亚接收站

中国遥感卫星地面站三亚站是国家统筹规划建设的我国地理空间信息基础设施陆地观测卫星数据全国接收站网的重要组成。经过7年的选址建设，三亚站建成两套12m口径天线数据接收系统、记录和全分辨率快视系统、远距离光纤传输系统等，以及较完备的配套支撑设施，形成独立的园区环境。目前三亚站承担着我国环境与灾害监测卫星、中巴地球资源卫星、资源三号卫星、国外重要陆地卫星等的数据接收运行任务。其中资源三号卫星双圆极化频率复用高码速率数据接收技术能力的实现，使三亚站实现了新的技术跨越。三亚站的建成使我国陆地观测卫星数据直接获取能力首次伸展到南部海疆，实现了该区域的完全覆盖，解决了我国南海和周边区域长期缺乏遥感卫星数据的状况，填补了我国民用对地观测接收空白

(李英华和张建国，2012)。

新疆喀什、海南三亚两个接收站建成后与北京密云接收站一起，最终形成覆盖全国的民用接收站网，具备对环境与灾害监测预报小卫星星座、中巴地球资源卫星后续星及国际重要陆地观测卫星的运行性数据接收能力，并形成与之配套的站网运行管理和数据传输能力，实现高效的运行与服务，使系统整体框架可满足"十一五"和未来国内外陆地观测卫星数据接收、处理与分发服务的需要，为我国经济建设、社会发展和国家安全提供较全面的空间遥感数据支撑。

3.3.4 接收天线

在无线电发射和接收系统中，用于发射和接收电磁波的部件称为天线。天线为发射机或接收机与传播无线电波的介质之间提供所需要的耦合。依据天线收发互易原理，一副天线既可用作发射，又可用作接收。也就是说，地球站发射和接收功能可以用一副天线来完成。卫星通信天线的发展大致经历了以下几个阶段。

1. 低噪声温度、高效率天线

在卫星通信发展早期，在地球站下行接收系统中，放大器本身噪声温度就很高，因此系统对地球站天线的噪声温度要求并不高。天线形式主要是前馈抛物面天线和常规未赋形的卡塞格伦天线或格里高利天线，天线馈源一般是圆波导或方波导类型的光壁喇叭，天线效率较低，一般为 $50\% \sim 55\%$。随着低噪声放大器（如制冷参量放大器、采用 MESFET 器件和 HEMT 作为前级的超低噪声放大器等）技术的发展，其噪声温度越来越低，因此天线噪声温度和馈源系统所贡献的噪声温度引起了人们的高度重视，这就要求天线及馈源系统的噪声温度低、天线效率高，从而出现了后馈式的卡塞格伦天线和格里高利天线。在这一阶段，地球站天线技术的发展主要体现在以下两方面：第一是对天线的主、副镜进行赋形或者修正，以便获得高效率和高增益；第二是天线馈源多采用多模喇叭和波纹喇叭。

2. 低旁瓣与极化复用天线

随着卫星通信技术的发展及应用的日趋广泛，地球同步轨道上的卫星越来越多，卫星间隔越来越小。由于地球站天线辐射方向图直接影响到上行和下行邻星干扰，因此旁瓣特性是确定最小卫星间隔、有效利用射频频谱的主要因素之一，这就要求地球站天线具有低旁瓣包络特性，以有效地利用空间资源和带宽资源，尽量避免相邻卫星之间的相互干扰。另外，为了扩展系统容量，开始采用极化复用技术，即通过极化正交的方式使用同一频段来发射或接收两路信号，这就要求天线具有足够的极化隔离能力，以尽量限制极化干扰导致的性能损失。这一阶段天线的旁瓣特性和极化隔离特性这两个指标得到了显著的提升，并出现了相关的国际标准。

3. 高频段天线

随着卫星通信技术的飞速发展，在轨的 C 频段和 Ku 频段卫星日益增加，需要开拓新频段，如 Ka 频段、EHF 频段等。特别是从 20 世纪 90 年代开始，一方面，Ka 频段技术和元部件工艺水平取得了进展；另一方面，C 频段应用和轨道位置已趋于饱和，Ku 频段需求量急剧增长，已使频谱和轨道位置出现拥挤现象，于是发展 Ka 频段卫星开始提上议事日程。国际电信联盟给卫星固定业务分配了 Ka 频段，其上行频率为 $27.5 \sim 31$ GHz，下行频率为 $17.7 \sim 21.2$ GHz。目前国外（如美国、欧洲多国和日本）已有 Ka 频段卫星通信系统的应用，国内也即将进入实用阶段。天线技术是限制卫星通信向更高频段发展的瓶颈之一，因此随着通信频段的进一步拓展（如 EHF 频段和 THz 频段），还需要对更高频段的天线技术进行研究。

4. 多频段共用天线

在卫星通信系统中（尤其是军事卫星通信系统），多频段共用是提高地球站集成度和使用灵活性的关键技术之一。多频段共用，就是指地球站可以同时或分时使用不同的频段进行通信，如 UHF 频段、L 频段、C 频段、Ku 频段、Ka 频段等。多频段共用地球站天线设计技术已成为现代卫星通信地球站天线研究的热点之一，其关键技术是多频共用馈源设计技术。目前国内外已有多频段共用的天线投入使用（如 Ku/Ka 双频段天线、C/Ku 双频段天线），但集成度仍有待进一步提高。

5. 多波束天线

多波束卫星通信地球站天线，就是指天线具有两个以上独立可控制波束，且天线的每一个波束能对准一颗卫星，独立地接收卫星信号或向卫星发射信号，或者发射和接收同时进行。多波束技术的应用可使一个地球站同时利用多颗卫星实现通信，从而实现了一站多用，这样既可改变地球站布局，又降低了地球站建站成本，还可为地球站提供更大的应用灵活性，其经济效益和社会效益将是极为可观的。在军事卫星通信中，使用多波束天线也是提高系统抗毁能力的一个重要途径。国外从 20 世纪 70 年代开始研制多波束天线，至今已研制出了很多类型的多波束天线。在地球站应用中，常见的多波束天线有单镜和双镜抛物面天线、球形镜面天线、抛物环面天线和混合镜面天线等。国内对多波束卫星通信地球站天线的研究虽然起步较晚，但发展较快。在卫星通信系统应用中，多波束天线无论是作为卫星有效载荷，还是作为地球站天线，必将发挥重要的作用（汪春霆等，2012）。

3.4 卫星运行与管理系统

3.4.1 任务编排

卫星对地观测任务规划是一个复杂的问题，其中包含了许多与特定问题相关的实际约束，如卫星与地面目标之间的可见时间窗口、卫星连续两次观测之间的调整时间、卫星的侧视调整次数、地面目标要求的特定遥感器类型、星载存储器的容量、气象条件等。随着近年来不同部门对于遥感卫星图像数据的数量及质量要求越来越高，同时航天技术的飞速发展也使遥感卫星的灵巧性得到极大提高，从而为给定目标的观测提供了更多可供选择的机会，这都使得卫星对地观测任务规划问题变得更加复杂。

卫星对地观测任务规划的传统方式需要操作人员考虑用户需求及卫星的各种约束，通过长时间的人工分析编制成像计划。随着卫星数目的不断增多、卫星能力的不断增强以及用户需求复杂性的不断增加，这种传统的单星成像计划编制方式已不能满足实际需求，卫星对地观测任务规划也正在逐渐从依靠地面人员手工编制走向星上自主计划生成，从单星自成系统管理走向多星编队或成星座组网管理。卫星对地观测任务规划已经从早期依靠人工分析的计划制订阶段发展到现今的计算机辅助自动生成观测计划阶段。当前的计算机辅助任务规划主要基于以下几个问题的解决：用户需求的建模、卫星能力的建模、基于实际约束的卫星资源到观测任务的映射建模、观测计划评价准则的建立。其中前三个问题的确定性较强，可以借助于一些成熟的建模技术；最后一个问题中蕴涵大量不确定因素、人的主观因素以及多个互相矛盾的目标，其解决需要依赖于更多富含创造性的工作。具体来说，可以从以下几个方面考虑观测计划的评价准则：①当用户的需求数量超出遥感卫星的观测能力时，本问题作为一个过度约束资源调度问题，如何评价一个只满足了部分需求的观测计划？②多个遥感卫星往往从属于不同的应用部门，如何对一个观测计划中卫星在多个应用部门间的使用公平性进行度量？③某些遥感需求涉及卫星一次成像无法覆盖的大面积区域，如何对一个只满足了区域观测部分需求的计划进行评价？④当前的任务规划作为一种离线的预先计划，如何考虑突发需求、资源失效、气象条件等不确定因素？⑤每个地面目标可能具有多种观测机会，不同的观测方式对于用户的效用是否相同？⑥一次对地观测过程很难同时满足成像需求完成数量多、质量好且卫星能量消耗少等目标，如何对多种目标进行权衡，以取得更好的综合效益（王沛和谭跃进，2008）？

3.4.2 姿态监控

根据对卫星的不同工作要求，卫星姿态的控制方法也是不同的。按是否采用专门的控制力矩装置和姿态测量装置，可把卫星的姿态控制分为被动姿态控制和主动姿态控制两类。

1. 被动姿态控制

被动姿态控制是利用卫星本身的动力特性和环境力矩来实现姿态稳定的方法。被动姿态控制方式有自旋稳定、重力梯度稳定等。

1) 自旋稳定方式

有的卫星要求其一个轴始终指向空间固定方向，通过卫星本体围绕这个轴转动来保持稳定，这种姿态稳定方式就叫自旋稳定。它的原理是利用卫星绕自旋轴旋转所获得的陀螺定轴性，使卫星的自旋轴方向在惯性空间定向。这种控制方式简单，早期的卫星大多采用这种控制方式。使卫星产生旋转可以用在卫星的表面沿切线方向对称地装上小火箭发动机，需要时就点燃小发动机，产生力矩，使卫星起旋或由末级运载火箭起旋。我国的东方红一号卫星、东方红二号通信卫星和风云二号气象卫星都是采用自旋稳定的方式。

2) 重力梯度稳定

重力梯度稳定是利用卫星绕地球飞行时，卫星上离地球距离不同的部位受到的引力不等而产生的力矩（重力梯度力矩）来稳定的。例如，在卫星上装一个伸杆，卫星进入轨道后，让它向上伸出，伸出后其顶端就比卫星的其他部分离地球远，因而所受的引力较小，而它的另一端离地球近，所受的引力较大，这样所形成的引力差对卫星的质心形成一个恢复力矩。如果卫星的姿态（伸杆）偏离了当地铅垂线，这个力矩就可使它恢复到原来姿态。该种控制方式简单、实用，但控制精度较低。

2. 主动姿态控制（三轴姿态控制）

主动姿态控制，就是根据姿态误差（测量值与标称值之差）形成控制指令，产生控制力矩来实现姿态控制的方式。许多卫星在飞行时要对其相互垂直的三个轴都进行控制，不允许任何一个轴产生超出规定值的转动和摆动，这种稳定方式称为卫星的三轴姿态稳定。目前，卫星基本上都采用三轴姿态稳定方式来控制，因为它适用于在各种轨道上运行的、具有各种指向要求的卫星，也可用于卫星的返回、交会、对接及变轨等过程。实现卫星三轴姿态控制的系统一般由姿态敏感器、姿态控制器和姿态执行机构三部分组成。

姿态敏感器的作用是感应和测量卫星的姿态变化；姿态控制器的作用是把姿态敏感器送来的卫星姿态角变化值的信号，经过一系列的比较、处理，产生控制信号输送到姿态执行机构；姿态执行机构的作用是根据姿态控制器送来的控制信号产生力矩，使卫星姿态恢复到正确的位置。

"风云一号"气象卫星姿态控制系统是采用三轴稳定对地定向的主动控制方案，已发射两颗（第一颗简称A星，第二颗简称B星）。B星的姿态控制系统是在A星的基础上，增加一个完整的备份系统，采取了一系列冗余措施并设计全方位姿态重新捕获的故障对策。B星的姿态控制系统经飞行试验和在轨故障应急处理的效果证明，方案设计是完善和成功的。其中反作用飞轮控制、偏置动量轮控制、磁章动进动和飞轮磁卸载控制、全方位姿态重新捕获等方案，在中国均首次采用，为长寿命卫星姿态控制系统的设计积累了经验（徐福祥，1997）。

3.4.3 轨道调整

根据卫星运行任务的需求，卫星轨道的调整可概括为两类。一类是轨道机动、轨道转移或简称变轨，卫星从运载系统分离后，由卫星自身的制导和推进系统，进行若干次轨道机动控制，使卫星进入预定轨道。另一类是轨道保持，为克服空间环境对轨道的摄动，需间断地对轨道进行修正控制，使卫星轨道保持和符合卫星应用任务的要求。

定轨道控制模式的设计工作有两项主要内容：一是轨道控制的建模，包括轨道参数的描述方式、轨道控制的动力学方程以及控制量的描述；二是轨道控制的优化过程，由此得出具体的控制模式和控制规律（章仁为，1998）。

中国海洋一号（HY-1）卫星是我国第一次用于海洋研究的小卫星，它于2002年5月15日与风云一号D星成功地由长征四号乙运载火箭送入轨道。由于这两颗卫星的飞行任务不同，轨道的降交点地方时有很大的差别，风云一号的降交点地方时是8:36～9:00，而HY-1卫星理想的地方时是中午。如果用卫星的控制系统进行主动控制来实现这样大的地方时的变化，所消耗的燃料是无法承受的。现实的办法是充分利用地球引力场对轨道的摄动效应来实现被动控制，为此将HY-1卫的轨道设计成比风云一号更低的近圆轨道。因此HY-1卫星的一个很重要的任务是进行较大幅度的初轨调整。这次的初轨调整非常成功，从2002年5月19日开始到5月27日共进行了七次变轨，轨道高度从864km降低到798km，共下降66km，精确地调整为高稳定的冻结轨道。这条轨道已不再与太阳同步，利用这一特性使降交点地方时定向地向中午漂移。

HY-1卫星的主要有效载荷是十波段水色扫描仪和四波段CCD成像仪。水色仪的分辨率约为800m，对应的幅宽为1.1km，每2～3天实现一次全球覆盖；CCD成像仪的分辨率约为250m，对应的幅宽为500km，每7天实现一次全球覆盖。水色仪的遥感采用降交点地方时为近中午的太阳同步轨道。为尽可能满足水色仪对太阳光照的要求，HY-1卫星必须改变自身的轨道。366.7kg的HY-1卫星的姿轨控系统总共携带14kg的燃料，如果通过轨控系统主动控制使降交点地方时作如此大的变化是不可能的。现实的办法是通过降低轨道的高度，使HY-1卫星的轨道变为非太阳同步轨道，这样就可以使它与风云卫星轨道的降交点地方时差别随时间的积累越来越大。HY-1卫星是小卫星，不可能携带太多的燃料，所能提供的轨道机动的速度增量是很有限的。改变倾角的机动将消耗较多的燃料，因此初轨调整完全集中在轨道平面内的轨道参数的调整,即同时调整半长轴、偏心率和近地点幅角。

3.4.4 卫星的回收

卫星回收技术是航天的基础技术,目前只有俄罗斯(原苏联)、美国和我国进行过卫星回收。要使卫星在预定的时间和地点返回,必须具备几个基本条件。如要求运载火箭有很高的导航精度,能准确地把卫星送到预定的轨道,使卫星飞行的最后一圈,正好经过预定回收地区的上空;即使卫星进入了预定轨道,由于回收卫星一般是低轨道卫星,受大气阻力和地球形状等因素的影响,轨道会发生偏离(摄动),因此,必须精确测算出卫星的实际轨道,才能确定在几时几分几秒向卫星发出返回指令;要求地面和卫星相互配合,使卫星能准确地转变成返回的姿态,这是能否返回的关键;要求执行返回使命的各种仪器设备准确无误地工作,不得有一丝一毫的差错。

卫星的返回航程是很艰辛的,要经受许多恶劣环境条件的考验。首先,由于卫星要在几分钟之内走完数千公里的航程,以 8km/s 的速度进入稠密大气层,强大的气动阻力和反推火箭点火、熄火,会产生剧烈的冲击、振动和过载,卫星的结构和仪器设备必须结实,不被损坏;其次,卫星以 20 多倍于音速的速度在大气层中穿行,周围的空气因受到剧烈的压缩和摩擦,温度高达 8000~10000℃,卫星表面也有几千摄氏度,因此卫星表面必须有很好的耐烧蚀和耐热防热层,否则整个卫星都会被烧成灰烬;再次,卫星接近地面时,仍有每秒几百米的速度,降落伞等减速装置必须绝对可靠,否则卫星落地时会被撞得粉碎;最后,信号装置也必须可靠,以便发现它的踪迹。

回收卫星的主要程序是:第一步,精确测算出卫星的飞行轨道,确定开始回收程序的时间。第二步,地面遥控站发出返回指令,卫星调整姿态。姿态不正确,不可能返回预定地点,甚至往高空飞。第三步,抛掉多余舱段。第四步,反推火箭点火,卫星进入返回轨道。第五步,在一定高度上抽出并打开降落伞,使卫星进一步减速。第六步,用飞机、舰船、车辆等将卫星收回。

回收卫星的场合和方式有三种:一是在空中,从飞机上用钩子勾住卫星降落伞的绳子。美国早期采用这种回收方式。二是在陆地上,降落伞使卫星以每秒几米的速度落地。我国和原苏联(俄罗斯)常用这种方式。三是在海上,卫星用降落伞在海面降落,借助密封装置在水上漂浮,并施放海水染色剂,舰船和飞机循迹将卫星收回。

复习思考题

1. 卫星系统包括几部分?
2. 国外主要的发射场有哪些?
3. 国内主要的接收站有哪些?
4. 满足卫星发射场的有利条件有哪些?
5. 为什么要进行卫星回收?回收过程中有哪些实际问题?讨论有哪些更好的解决途径。

第 4 章 陆地资源卫星

陆地资源卫星指在地面上空 700km 以上或 900km 以上高处运转，属于中等高度轨道的人造卫星。陆地资源卫星在国民经济建设的各个领域发挥着越来越重要的作用，对经济和社会的可持续发展具有巨大的影响，因此世界各国都非常重视陆地资源卫星的研制和应用。其中最具代表性的是美国的"Landsat"系列、法国的"SPOT"系列、印度的"IRS"系列、日本的"ALOS"系列以及俄罗斯的"RESURS"系列等。

4.1 陆地资源卫星的特点

陆地资源卫星的特点主要有以下几个方面。

(1) 研究起步较早、应用时间较长：1960 年 8 月 10 日，美国发射照相侦察卫星"发现者-13"，取得轨道上侦察照相成果并回收成功，拉开了航天器对地进行遥感应用的序幕。20 世纪 80 年代以来，美国以及欧洲积极发展太空战略计划，促进了对地成像卫星的快速发展。目前，美国、俄罗斯、法国、欧空局、加拿大、印度和中国等 20 多个国家和组织相继发射了陆地资源卫星。

(2) 应用领域广泛：陆地资源卫星应用最广、最深入，已经在农业、林业、国土、水利、城乡建设、环境、测绘、交通、地球科学研究等方面得到广泛应用。遥感技术在我国国土资源大调查、西气东输、南水北调、三峡工程、三河三湖治理、退耕还林、防沙治沙、交通规划与建设、海岸带监测及海岛测绘、300 万 km^2 海洋权益维护及区域经济调查管理等重大工程建设和重大任务中发挥了不可替代的作用。

(3) 卫星分辨率高：它能"看透"地层，发现人们肉眼看不到的地下宝藏、历史古迹、地层结构，能普查农作物、森林等资源，预报各种严重的自然灾害。资源卫星利用星上装载的多光谱遥感设备，获取地面物体辐射或反射的多种波段电磁波信息，然后把这些信息发送给地面站。广义的高分辨率涵盖高空间分辨率、高时间分辨率、高光谱分辨率和高辐射分辨率，而狭义的高分辨率多指高空间分辨率。当前，高空间分辨率遥感卫星是指空间分辨率优于 5m 的卫星系统（周成虎等，2009）。

(4) 传感器种类多：不同的陆地资源卫星携带的传感器不尽相同，如美国的 Landsat 系列卫星搭载的传感器有 RBV 机、MSS、TM、ETM 以及 OLI 和 TIRS，法国 SPOT 系列卫星搭载有高分辨可见光相机（HRV），中巴资源卫星搭载有 CCD 相机和红外扫描仪。

(5) 成本越来越低：1991 年英国萨星卫星技术有限公司（SSTL）成功发射微型级卫星 UoSAT-5 SSTL，几乎独自引导了微型级卫星（重量为 10~100 kg）革命，使得只需 1000~2000 万美元就能制造出中等分辨率的多光谱卫星，因而有不少国家准备发射 SSTL 卫星或相似的微型卫星。随着技术的不断发展进步，人们更倾向于小体积、小质量的卫星，这些小卫星造价相对低廉，但其性能不会降低。

(6) 轨道与太阳同步：陆地资源卫星一般采用太阳同步轨道运行，这可以使卫星的轨道每天顺地球自转方向转动 1°，这样卫星既可以进行全球范围的监测，又能在每天的同一时刻飞临某个区域，实现定时监测。

4.2 陆地资源卫星的种类

本书中将陆地资源卫星分为低分辨率、中等分辨率、高分辨率和甚高分辨率共四种类型。低分辨率为百米至千米，中等分辨率为10m到百米，高分辨率为1~10m、甚高分辨率为1m以下。

4.2.1 低分辨率陆地资源卫星

低分辨率陆地资源卫星有Terra、Aqua和Aura。它们分别于1999年12月18日、2002年5月4日和2004年7月15日发射成功，目前均处于正常运转中（表4.1）。

表4.1 低分辨率卫星

卫星名称	国家、地区或组织	发射时间	时间分辨率/d	空间分辨率/m	传感器类型及数量
Terra	美国	1999-12-18	16	250、500、1000	MODIS、MISR、CERES、MOPITT、ASTER
Aqua	美国	2002-5-4	16	250、500、1000	AIRS、AMSU-A、CERES、MODIS、HSB、AMSR-E
Aura	美国	2004-7-15	16	250、500、1000	HIRDLS、MLS、OMI、TES

1. Terra卫星

Terra卫星（EOS-AM1）发射于1999年12月18日，是EOS（Earth observation system，地球观测系统）计划中的第一星。Terra卫星上共有五种传感器，能同时采集地球大气、陆地、海洋和太阳能量平衡等信息，分别为：云与地球辐射能量系统CERES、中分辨率成像光谱仪MODIS、多角度成像光谱仪MISR、先进星载热辐射与反射辐射计ASTER和对流层污染测量仪MOPITT。Terra是美国、日本和加拿大联合进行的项目。美国提供了卫星和三种仪器：CERES、MISR和MODIS，日本的国际贸易和工业部门提供了ASTER装置，加拿大的多伦多大学（机构）提供了MOPITT装置。

2. Aqua卫星

Aqua卫星共载有六个传感器，它们分别是：云与地球辐射能量系统测量仪CERES、中分辨率成像光谱仪MODIS、大气红外探测器AIRS（atmospheric infrared sounder）、先进微波探测器AMSU-A、巴西湿度探测器HSB、地球观测系统先进微波扫描辐射计AMSR-E。

3. Aura卫星

Aura卫星有四个星载传感器，它们是：高分辨动力发声器HIRDLS，大小约1m³，由美国科罗拉多大学，美国大气研究中心，英国牛津大学和英国卢瑟福·阿普尔顿实验室设计，美国洛克西德·马丁空间系统公司负责制造；微波分叉发声器MLS（microwave limb sounder）由美国宇航局推进动力试验室研制开发；臭氧层观测仪OMI（ozone mapping instrument）由荷兰航空局和芬兰气象局提供设计，两家荷兰公司以及三家芬兰公司共同制造；对流层放射光谱仪TES由美国宇航局推进动力试验室研制开发。

4.2.2 中等分辨率陆地资源卫星

中等分辨率陆地资源卫星主要包括美国陆地卫星（Landsat）系列，法国地球观测实验卫星（SPOT）系列，中巴地球资源卫星等（表4.2）。

表4.2 中等分辨率卫星

卫星名称	国家、地区或组织	发射时间	时间分辨率/d	空间分辨率/m	传感器类型及数量
Landsat-1	美国	1972-7-23	18	40	RBV机和MSS
Landsat-2	美国	1975-1-22	18	40	RBV机和MSS
Landsat-3	美国	1978-3-5	18	40	RBV机和MSS
Landsat-4	美国	1982-7-16	16	30	TM和MSS
Landsat-5	美国	1984-3-1	16	30	TM和MSS
Landsat-6	美国	1993-10-5	16		
Landsat-7	美国	1999-4-15	16	15	ETM、增强型ETM
Landsat-8	美国	2013-2-11	16	15	OLI、TIRS
SPOT-1	法国	1986-2-22	1~4	10	2台高分辨率可见光相机（HRV）
SPOT-2	法国	1990-1-22	1~4	10	同上
SPOT-3	法国	1993-9-26	1~4	10	同上
SPOT-4	法国	1998-3-24	1~4	10	同上，并增加了新的中红外谱段
中巴地球资源卫星01星	中国、巴西	1999-10-14	26	20	CCD、IRMSS、WFI
中巴地球资源卫星02星	中国、巴西	2003-10-21	26	20	CCD、IRMSS、WFI

1. Landsat 卫星

Landsat卫星即"地球资源卫星"计划。在美国内务部和美国宇航局的共同努力下，于1972年7月23日发射了第一颗地球资源卫星（1975年后改名为"陆地卫星"）。陆地卫星已经发射了8颗。其中Landsat-5是1984年发射的，Landsat-7是1999年4月发射，设计寿命是6年。Landsat-1、Landsat-2、Landsat-3、Landsat-4从1978年1月至1983年2月先后停止使用。Landsat-6于1993年10月5日发射，两天后失踪。Landsat-7于1999年4月15日发射（梁家琳，2001）。Landsat-8于2013年2月11日发射。Landsat-1、Landsat-2、Landsat-3上都有RBV机和MSS。Landsat-1、Landsat-2各有3台RBV机，3台RBV机的通道分别为：绿通道（0.475~0.575μm）；红通道（0.580~0.680μm）；深红-近红外通道（0.690~0.830μm）；在Landsat-3上，装有2台完全相同的RBV机，它们各有一个全色通道（包括绿-深红光谱段的通道），波长为0.505~0.750μm。Landsat-4和Landsat-5上都有TM和MSS，Landsat-7上有增强型ETM，Landsat-8全色波段空间分辨率为15m。

2. SPOT 卫星

1978年起，以法国为主，联合比利时、瑞典等国，研制了"地球观测实验系统"（SPOT）卫星（地球观测实验卫星）。1986年2月22日，SPOT系列中的第一颗卫星由法国的阿里安火箭送入太空。第二颗卫星（SPOT-2）与第三颗卫星（SPOT-3）分别于1990年1月22日和1993年9月26日发射上天。SPOT-3在运转3年多后，由于卫星定位系统失灵，太阳能电池板位置不正确，电能耗尽，于 1996 年 11 月 14 日与地面中断联系。第四颗卫星（SPOT-4）在 1998 年 3 月 24 日发射。第五颗 SPOT-5 卫星于 2002 年 5 月 4 日发射升空。SPOT 的性能越来越高，而且其系列产品将保持一致性和系列性。SPOT 系列产品主要用于制图，也可用于陆地表面、DTM（digital terrain model，数字地面模型）、农林、环境监测、区域和城市规划与制图等。

3. 中巴地球资源卫星

CBERS-01 卫星装有 3 台成像传感器：高分辨率 CCD 相机、红外多光谱扫描仪（IR-MSS）、卫星宽视场成像仪（即广角成像仪，WFI），还有 1 台检测空间高能辐射的空间环境监测器（SEM）和 1 台数据收集与传输器（DCS）等有效载荷。此卫星可昼夜向中国、巴西及其他国家、地区发送可见光、多光谱、短波红外和热红外遥感图像信息。该卫星主要用于监测国土资源的变化，更新全国资源利用图；评估森林储量、农作物长势及产量；监测自然和人为灾害；勘探地下资源，监督资源的合理开发；监测空间环境，为空间科学研究提供资料。其成果广泛应用于农、林、水利、地矿、测绘、环境等部门和领域。经过一段时间在轨测试和控制后，卫星以近极地太阳同步轨道每天绕地球运行 14 圈对国土资源进行监测。CBERS-01 卫星已于 2003 年 8 月 13 日停止工作，圆满完成历史使命，并超出卫星设计寿命 22 个月。

CBETS-02 卫星装有 CCD 相机、红外多光谱扫描仪以及宽视场 CCD 成像仪、空间环境监测系统和数据收集传输系统等有效载荷。与已有的其他国家的资源卫星相比，CBERS-02 卫星技术上的最大特点是星上遥感仪器多，谱段多（11 个谱段），分辨率种类多（四种），观测周期长短结合（26 天，5 天和 3 天），可适应不同用户的需求。同时，卫星的平台采用分舱设计，具有较高的自主能力并具有一定的扩展能力。另外，CBERS-02 卫星可利用高码速率数传系统将所能获得的数据实时传回地球，在我国三个地面 X 波数据接收站的配合下，卫星传输的遥感图像可覆盖我国全部陆地、海域和邻国的全部或部分领土。利用星载高密度数字磁带机可获得国外任一地域的图像信息。

4.2.3 高分辨率陆地资源卫星

高分辨率陆地资源卫星主要包括印度 IRS 遥感卫星系列，加拿大 Radarsat 卫星系列，IKONOS，QuickBird，OrbView，SPOT，CBERS-02B，中国资源三号卫星，北京一号小卫星和高分一号卫星等（表 4.3）。

表 4.3 高分辨卫星

卫星名称	国家、地区或组织	发射时间	时间分辨率/d	空间分辨率/m	传感器类型
IRS	印度	1988-3-17	5	5	CCD 摆扫
IRS-IC	印度	1995-12-28	5	5.8	CCD
IKONOS	美国	1999-9-2	2.9/1.5	1、4	CCD
QuickBird	美国	2001-10-18	1-6	1	CCD
SPOT-5	法国	2002-5-4	26	2.5、5、10	CCD

续表

卫星名称	国家、地区或组织	发射时间	时间分辨率/d	空间分辨率/m	传感器类型
SPOT-6	法国	2012-9-9	26	1.5、6	CCD
SPOT-7	法国	2014-6-30	26	1.5、6	CCD
OrbView-3	美国	2003-6-26	小于3	1	CCD
北京一号小卫星	中国、英国	2005-10-27	5~7	4	宽视场成像仪
KOMPSAT-2	韩国	2006-7-28	3	1、4	MSC
CBERS-02B	中国、巴西	2007-9-19	104	2.36	CCD相机；4谱段红外扫描仪
Theos	泰国	2008-10-1	26	2、15	
RapidEye	德国	2008-8-29	1	6.5	CCD相机
资源三号卫星	中国	2012-1-9	5	3.5、2.1、6	CCD相机；正视多光谱相机
高分一号卫星	中国	2013-4-26	4	2、8	PMS1，PMS2，WFV1，WFV2，WFV3，WFV4
高分二号卫星	中国	2014-8-19	4	1、4	全色/多光谱

1. IRS 遥感卫星系列

印度 IRS 遥感卫星系列被认为是世界上最好的民用遥感卫星系列之一。首颗 IRS 卫星于 1988 年发射。IRS 系列卫星上的光学遥感器采用推扫工作方式，在谱段设置及采用的技术等方面具有很强的继承性，且空间分辨率逐渐提高。目前在轨运行的 IRS-IC（1995 年发射）和 IRS-ID（1997 年发射）均是印度第二代遥感卫星，全色分辨率可达 5.8m，多光谱分辨率为 23.5m。其特点是光谱范围大、重复观测能力强并可进行立体观测；而且较高的空间分辨率有利于地形研究和产生数字地面模型。

2. IKONOS

1999 年 9 月 24 日，美国发射了世界上第一颗小型高分辨率的商业遥感卫星 IKONOS。卫星重约 720kg，星载 CCD 数字相机能同时拍摄 1m 分辨率全色图像和 4m 分辨率多谱段图像。IKONOS 改变了过去高分辨率卫星都属于军事侦察卫星的状况，开辟了对地成像的新纪元。从卫星拍摄到顾客购得现场图像最快仅需 30min，以无与伦比的能力向全世界用户提供更精确、更及时和更安全的图像信息服务。1994 年美国发布总统决策令，允许 1m 分辨率的遥感卫星进入商业运营，美国率先于 1999 年发射了 1m 分辨率的 IKONOS 卫星，自此，高分辨率的遥感卫星计划纷纷出台。21 世纪，1m 分辨率的遥感卫星将不再罕见（卢崇顶，2001）。

3. QuickBird

美国数字地球（Digital Globe）公司于 2001 年 10 月 18 日成功地发射了 QuickBird-2 卫星。这是数字全球公司发射的高分辨率商业卫星系列中的第三颗，前两颗（EarlyBird 和 QuickBird-1）均告失败。QuickBird-2 卫星的全色波段地面分辨率为 0.61m，多光谱波段地面分辨率为 2.44m。QuickBird 是目前世界上唯一能提供亚米级分辨率的商业卫星，具有最高的地理定位精度，海量星上存储，单景影像比其他的商业高分辨率卫星高出 2~10 倍。而且 QuickBird 卫星系统每年能采集 7500 万 km^2 的卫星影像数据，存档数据每天以史无前例的速度在递增。在中国境内每天至少有 2 至 3 个过境轨道，有存档数据约 500 万 km^2。

4. 美国 OrbView

美国 2003 年成功发射 OrbView-3 高分辨率成像卫星，2007 年发射空间分辨率为 0.41m 的 OrbView-5 卫星。OrbView-3 卫星重 304kg，运行在高约 470km 的太阳同步近圆形轨道上，星载相机可对全球各地拍摄 1m 分辨率全色图和 4m 分辨率多谱段图像，成像带宽 8km，最大侧摆角度±45°，重复周期短于 3 天，具有立体测图功能。

5. 法国 SPOT 卫星

SPOT-5 于 2002 年 5 月 4 日发射升空，是法国 SPOT 卫星的第五颗卫星，空间分辨率最高可达 2.5m。SPOT-6 于 2012 年 9 月 9 日当地时间 6:23 由印度火箭 PSLV-C21 发射升空。9 月 22 日，SPOT-6 顺利进入 695km 高的轨道，与 2011 年发射的 Pleiades-1A 卫星在同一轨道平面上，SPOT-6 使用 Reference3D，得到定位精度达到 10m（CE90）的自动正射影像。SPOT-7 作为 SPOT-6 的双子星，与其处于同一轨道，彼此相隔 180°。值得一提的是 SPOT-6、SPOT-7、Pleiades-1A 和 Pleiades-1B 四颗卫星将一起构成完整的 Astrium Services 光学卫星星座。SPOT 卫星的性能越来越高，而且其系列产品将保持一致性和系列性。SPOT 系列产品主要用于制图，也可用于陆地表面、DTM、农林、环境监测、区域和城市规划与制图等。中国科学院遥感卫星地面站已获准接收和分发 SPOT 系列的遥感信息数据。

6. CBERS-02B 卫星

CBERS-02B 卫星于 2007 年 9 月 19 日发射升空，是我国第一颗民用高空间分辨率遥感卫星，也是第一颗同时具有高、中、低三种空间分辨率载荷的资源卫星。该卫星载有空间分辨率为 2.36m 的光学相机，成像幅宽 27km。2008 年 1 月 29 日卫星数据正式对用户发布，图像清晰，质量较好，达到总体技术要求。在不同试验场得到的辐射定标系数结果基本一致，表明相机辐射响应基本稳定；发射后绝对辐射定标系数具有较高的实用价值，并具有一定的定量化反演能力。CBERS-02B 卫星 HR 数据可满足 1:5 万资源与环境调查、制图的精度要求。

7. 资源三号卫星

资源三号（ZY-3）卫星是中国第一颗自主的民用高分辨率立体测绘卫星，通过立体观测，可以测制 1:5 万比例尺地形图，2012 年 1 月 9 日 11 时 17 分在太原卫星发射中心由"长征四号乙"运载火箭成功发射升空。1 月 11 日顺利传回第一批高精度立体影像及高分辨率多光谱图像，影像覆盖黑龙江、吉林、辽宁、山东、江苏、浙江、福建等地区，共约 21 万 km^2。2012 年 4 月 20 日完成卫星在轨测试工作。卫星配置四台相机：①1 台地面分辨率优于 2.1m 的正视全色 TDICCD 相机；②2 台地面分辨率优于 3.5m 的前视、后视全色 TDICCD 相机；③1 台地面分辨率优于 5.8m 的正视多光谱相机。

8. 北京一号小卫星

北京一号小卫星由英国萨里卫星技术有限公司（SSTL）与北京宇视蓝图信息技术有限公司合作制造完成，2005 年 10 月 27 日在俄罗斯普列谢茨克卫星发射场成功发射，成为我国第一颗民用商业化高空间分辨率遥感卫星。卫星为三轴稳定太阳同步轨道，轨道高度为 686km，轨道倾角为 98.1725°，升交点成像地方时间为 10:30～11:30，设计在轨寿命 5 年，卫星重量约 166.4kg。4m 高空间分辨率影像的幅宽为 24.2km，波段范围是 500～800nm。

9. 高分一号卫星

高分一号卫星是中国航天科技集团公司所属中国空间技术研究院的应用公司——中国东方红卫星股份有限公司研制的应用卫星,是一种高分辨率对地观测卫星(简称"高分卫星"),于2013年4月26日在酒泉卫星发射中心由长征二号丁运载火箭成功发射。GF-1卫星搭载了2m分辨率全色和8m分辨率多光谱2台相机,4台16m分辨率多光谱相机。

10. 高分二号卫星

高分二号卫星是中国研制空间分辨率最高的民用遥感卫星,2014年8月19日11时15分,在中国太原卫星发射中心用长征四号乙运载火箭成功发射,卫星顺利进入预定轨道。高分二号在技术成熟的CS-L3000A卫星平台基础上,进行了大量技术改进,实现了多项创新。如米级分辨率、大幅宽、快速侧摆、高精度定位等,满足各用户使用要求,提高了中国高分辨率对地观测数据自给率。2014年9月29日,国防科技工业局(简称国防科工局)公布中国高分二号卫星首批亚米级高分辨率卫星影像图,包括1m全色、4m多光谱、1m全色和4m多光谱融合三类15幅。北京西直门高分图像纹理清晰、看得清路口斑马线,辨得出大车小车。

4.2.4 甚高分辨率陆地资源卫星

甚高分辨率陆地资源卫星主要包括:美国的GeoEye-1和WorldView系列卫星,法国的Pleiades-1(表4.4)。

表4.4 高分辨卫星

卫星名称	国家、地区或组织	发射时间	时间分辨率/d	空间分辨率/m	传感器类型及数量
GeoEye-1	美国	2008-9-6	小于3	0.41、1.65	CCD
WorldView-Ⅰ	美国	2007-9-18	平均1.7	0.5	CCD
WorldView-Ⅱ	美国	2009-10-6	1.1	0.46、1.84	CCD
Pleiades-1A	法国	2011-12-17	1	0.5、2	HR
Pleiades-1B	法国	2012-12-2	1	0.5、2	HR

1. GeoEye-1卫星

GeoEye-1拥有达到0.41m分辨率(黑白)的能力,简单来说这意味着,从轨道采集并由SGI Altix 350系统处理的高分辨率图像将能够辨识地面上16in[①]或者更大尺寸的物体。以这个分辨率,人们将能够识别出位于棒球场里放着的一个盘子或者数出城市街道内的下水道出入孔的个数。GeoEye-1不仅能以0.41m黑白(全色)分辨率和1.65m彩色(多谱段)分辨率搜集图像,而且还能以3m的定位精度精确确定目标位置。因此,一经投入使用,GeoEye-1将成为当今世界上能力最强、分辨率和精度最高的商业成像卫星。GeoEye-1照片产品和解决方案现在已经大量推出,其地面分辨率分别为0.5m、1m、2m和4m。照片产品有彩色和黑白两种。彩色照片包含四种波长的颜色:蓝色、绿色、红色和近红外。

2. WorldView卫星

WorldView卫星是Digital Globe公司的下一代商业成像卫星系统。它由两颗(WorldView-Ⅰ

---

① in,英寸(inch),1in=2.54cm

和 WorldView-Ⅱ）卫星组成，其中 WorldView-Ⅰ已于 2007 年 9 月 18 日发射，WorldView-Ⅱ也在 2009 年 10 月 6 日发射升空。

　　WorldView-Ⅰ发射后在很长一段时间内被认为是全球分辨率最高、响应最敏捷的商业成像卫星。该卫星运行在高度为 450km、倾角为 98°、周期为 93.4min 的太阳同步轨道上，平均重访周期为 1.7 天，星载大容量全色成像系统每天能够拍摄多达 50 万 km^2 的 0.5m 分辨率图像。卫星还将具备现代化的地理定位精度能力和极佳的响应能力，能够快速瞄准要拍摄的目标和有效地进行同轨立体成像。WorldView-Ⅱ运行在 770km 高的太阳同步轨道上，能够提供 0.5m 全色图像和 1.8m 分辨率的多光谱图像。该卫星使 Digital Globe 公司能够为世界各地的商业用户提供满足其需要的高性能图像产品。星载多光谱遥感器不仅具有四个业内标准谱段（红、绿、蓝、近红外），还将包括四个额外谱段（海岸、黄、红边和近红外 2）。多样性的谱段将为用户提供精确变化检测和制图的能力，由于 WorldView 卫星对指令的响应速度更快，因此图像的周转时间（从下达成像指令到接收到图像所需的时间）仅为几个小时而不是几天。

3. Pleiades 卫星

　　Pleiades 高分辨率卫星星座由 2 颗完全相同的卫星 Pleiades-1A 和 Pleiades-2B 组成。Pleiades-1A 已于 2011 年 12 月 17 日成功发射并开始商业运营，Pleiades-2B 于 2012 年 12 月 2 日成功发射并已成功获取第一幅影像。双星配合可实现全球任意地区的每日重访，快速满足客户对任何地区的超高分辨率数据获取需求。

4.3　主要陆地卫星性能

4.3.1　美国陆地资源卫星（Landsat）系列

1. 传感器

　　陆地卫星上的传感器有反束光导管摄像机（RBV）、多光谱扫描仪（MSS）、专题制图仪（TM）、增强型专题制图仪（ETM Plus 或 ETM＋）、OLI 和 TIRS。Landsat-1、Landsat-2、Landsat-3 上都有 RBV 和 MSS，Landsat-4 上有 TM 和 MSS，Landsat-5 上有 TM，Landsat-7 上有增强型 ETM，Landsat-8 上有 OLI 和 TIRS。

　　1）专题制图仪（TM）

　　TM 是在 MSS 基础上改进和发展而成的一种传感器。TM 的扫描镜可以在往返两个方向进行扫描和获取数据，正扫和回扫都有效，所以它提高了扫描效率，缩短了停顿时间，并提高了检测器的接收灵敏度。TM 的辐射分辨率从 MSS 的 64、128 个量级提高到 256 个量级。此外，TM 改进了姿态控制系统，且探测器直接处于焦平面上，使平台稳定性和系统的光学效率均得以改善，使 TM 信息源的平面位置几何精度提高，更有利于图像配准和制图，经精处理后的位置精度为 0.4～0.5 个像元。我国地面站也能达到 0.8 个像元（平原地区），因而 TM 用于编制 1∶10 万、1∶5 万甚至 1∶2.5 万的专题图。

　　在 Landsat-4 和 Landsat-5 上各有 1 台 TM，有 7 个通道，TM 是在 MSS 基础上拓展了波谱分辨率和地面分辨率的第二代卫星。由于它具有包括远红外波段在内的四个红外波段，使其反映地面植被、温度场特征明显。而三个可见光波段对水体、地面土壤特征反映好，并具有吸收红光进行光合作用的波段，还有反射绿光特征的波段。由于 TM 具有较多波段，这些波段对地面物体特征反应不同、增强了分类能力，因此在资源和环境调查、监测中亦具有重要作用。TM 的光谱段如表 4.5 所示。

表 4.5 TM 的光谱段

通道代号	光谱段	波长范围/μm	用途
TM1	蓝	0.45～0.52	水体穿透能力强，对叶绿素与叶黄素浓度反应敏感，有助于判别水深、水中叶绿素分布、沿岸水和进行近海水域制图等
TM2	绿	0.52～0.60	健康茂盛植物绿光反射敏感，绿色植被高反射区（0.55μm 左右）包含其中。对水的穿透力较强。用于探测健康植物绿色反射率，按其反射值的大小可评价植物生活力，区分林型、树种，反映水下特征等
TM3	红	0.63～0.69	为叶绿素的主要吸收波段。反映不同植物的叶绿素吸收大小，实际上为植物的光合作用大小，用于区分植物生活力状况、种类与植物覆盖度。其信息量大，为可见光最佳波段。广泛用于地貌、岩性、土壤、植被、水中泥沙流等方面
TM4	近红外短波	0.76～0.90	对绿色植物类别差异最敏感（受植物细胞结构控制），为植物调查分类中常用波段。用于生物量调查、作物长势测定、水域判别等
TM5	近红外中波	1.55～1.75	对含水量敏感，用于土壤湿度、植物含水量调查、水分状况的研究，作物长势分析等，从而提高了区分不同作物类型的能力。易于区分云和雪
TM6	远红外（热红外）	10.40～12.50	根据辐射响应的差别，区分地表温度分布，辨别表面湿度、水体、岩石以及监测与人类活动有关的热特征，进行地面不同温度场的热制图
TM7	近红外长波	2.08～2.35	此为地质学家追加的波段。处于水的强吸收带，水体呈黑色。可用于区分主要岩石类型、岩石的水热蚀变，在实际应用中对植被信息提取也很有帮助

2）改进型 ETM

Landsat-7 的主要特点是携带了 1 台改进型 ETM（ETM Plus 或写成 ETM+），这是 Landsat-6 上的 ETM（增强型专题制图仪）的改进型号。ETM Plus 是 1 台八谱段的多光谱扫描仪，它与 TM 的区别主要是：①热红外谱段分辨力由原来的 120m×120m 提高到 60m×60m；②首次采用了分辨率为 15m×15m 的全色谱段；③改进后的太阳定标器使 Landsat-7 辐射定标误差小于 5%，即其精度比 Landsat-5 提高了一倍。Landsat-7 利用固态寄存器使星上数据存储能力提高到 380Gbit，相当于存储 100 幅景象，其存储能力远大于 Landsat-4 和 Landsat-5 上的磁带记录器。Landsat-7 数传速度为 150Mbit/s，比原来的 75Mbit/s 提高了 1 倍。Landsat-7 继承了"陆地卫星全球参照系统"（数据库）。它把全球大陆分解为 57784 幅景象，每幅宽 185km，长 170km。EROS（美国地质勘测局地球资源观察系统）中心产生的图像分为两个等级：一是最基本的是 OR 级；二是对 OR 级图像进行了辐射和几何修正的称为 1 级。

3）OLI 陆地成像仪

OLI 陆地成像仪包括 9 个波段，空间分辨率为 30m，其中包括一个 15m 的全色波段，成像宽幅为 185km×185km。OLI 包括了 ETM+传感器所有的波段，为了避免大气吸收特征，OLI 对波段进行了重新调整，比较大的调整是 OLI Band5（0.845～0.885μm），排除了 0.825μm 处水汽吸收特征；OLI 全色波段 Band8 波段范围较窄，这种方式可以在全色图像上更好区分植被和无植被特征；此外，还有两个新增的波段：蓝色波段（Band1，0.433～

0.453μm），主要应用于海岸带观测；短波红外波段（Band9，1.360～1.390μm）包括水汽强吸收特征，可用于云检测；近红外 Band5 和短波红外 Band9 与 MODIS 对应的波段接近。OLI 的光谱段见表 4.6。

表 4.6　OLI 的光谱段

通道代号	光谱段	波长范围/μm	空间分辨率/m
Band1	海蓝波段	0.433～0.453	30
Band2	蓝波段	0.450～0.515	30
Band3	绿波段	0.525～0.600	30
Band4	红波段	0.630～0.680	30
Band5	近红外波段	0.845～0.885	30
Band6	短波1	1.560～1.660	30
Band7	短波2	2.100～2.300	30
Band8	全色波段	0.500～0.680	15
Band9	卷云波段	1.360-1.390	30

2. Landsat 8

2013 年 2 月 11 日，NASA 成功发射了 Landsat-8 卫星，携带有两个主要载荷：OLI 和 TIRS。Landsat-8 技术参数见表 4.7。

表 4.7　Landsat-8 技术参数

发射时间	2013-2-11
卫星高度/km	705
倾角/(°)	98.2°（轻微右倾）
经过赤道的时间	10：00AM±15min
覆盖周期	16d
扫描宽度/(km×km)	170×180
波段数	11
机载传感器	OLI、TIRS

总体来看，"陆地卫星"遥感器的优点是光谱覆盖范围大、谱段扩展能力强和扫描带较宽，缺点是体积和重量较大（梁家琳，2001）。

4.3.2　法国 SPOT 卫星系列

1. 传感器

SPOT-1 上载有 2 台相同的高分辨率可见光扫描仪（HRV）。SPOT-2 除载有 2 台 HRV 外，还有 1 台固体测高仪（DORIS，即卫星集成的多普勒轨道成像与无线电定位仪）。SPOT-3 除了 2 台改进型 HRV 和 1 台 DORIS 外，还有 1 台极地臭氧和气溶胶测量仪（POAM-Ⅱ）。SPOT-4 增加了一个多角度遥感仪器，即宽视域植被探测仪 VEGETATION

(VGT)，VGT 被设计为垂直方向的空间分辨率为 1.15km，扫描宽度为 2250km。SPOT-5 上载有 2 台高分辨率几何成像装置（high resolution geometry，HRG）、1 台高分辨率立体成像装置（HRS）、1 台宽视域植被探测仪（VGT）等。

1) HRG

HRG 传感器具有更高的地面分辨率，以 5m 或 3m 的分辨率替代全色波段 10m 分辨率的数据，以 10m 分辨率替代多光谱波段 20m 的数据；对短波红外波段为 20m 的地面分辨率。HRG 参数见表 4.8。

表 4.8 HRG 参数

装置	波段及分辨率	波谱范围/μm
HRG	2 景全色影像（5m），可以生成一景 2.5m 影像，3 个多光谱波段（10m），1 个短波红外波段（20m）	P：0.48～0.71；B1：0.50～0.59；B2：0.61～0.68；B3：0.78～0.89

2) VEGETATION

VEGETATION（简称 VGT）传感器主要搭载在 SPOT-4 和 SPOT-5 两颗卫星上，该植被探测器的星下点的分辨率为 1.15km，视场宽度为 2250km，可以每天覆盖全球一次。光谱段中有三个与 SPOT-4 HRVIR 中的 B2、B3 和短波红外一致。它还有一个 B0（波长为 0.43～0.47μm）光谱段，主要用于海洋制图和大气校正。"植被"成像装置是欧盟几个国家合作的项目。其地面幅宽为 2000km，分辨率为 1km。VGT 参数见表 4.9。主要功能之一是连续观测地球表面的天然和人工植被覆盖状况及状态特征，如树冠上的叶绿素、水分和树冠结构特征，用于全球和区域两个层次上，对自然植被和农作物进行连续监测，对大范围的环境变化、气象、海洋等应用研究很有意义。

表 4.9 VGT 参数

B0 波段（蓝）波长/μm	0.43～0.47
B2 波段（红）波长/μm	0.61～0.68
B3 波段（近红外）波长/μm	0.78～0.89
SWIR 波段（短波红外）波长/μm	1.58～1.75
像元尺寸/(m×m)	1×1
视场宽度/km	2250

3) HRS

HRS 立体成像仪，沿轨道方向 1 个全色波段（10m）通过重采样方式形成 5m 分辨率。垂直于轨道方向 5m 分辨率。波谱范围为 0.49～0.69μm。它拥有空前的观测能力，在一个扫描列中覆盖广大的地域。立体像对于要求精确地形高度的应用，如模拟飞行的数据库和移动电话网络的设计等有关键性作用。

2. SPOT-5

SPOT-5 的发射重量是 3030 kg，主要任务是监测海上浮游生物和地表森林植被的变化，为全世界用户提供地表的高清晰度立体影像。其黑白图像地面分辨率为 2.5m，彩色图像地面分辨率为 10m。它有着前几颗卫星所不可比拟的优势：地面分辨率提高了很多；用前后模式实时获取立体像对；在运营性能上以及在数据压缩、存储和传输等方面都有了显著的提高。SPOT 计划自 20 世纪 80 年代开始运作，主要目的是用卫星从太空中对地球作高分辨率的探测。比利时负责提供的观测设备 VEGETATION-2 装置在 SPOT-5 上。VEGETATION-2 是著名的多频观测器，装置于卫星上可以观测地球上大范围的农作物或森林。SPOT 系统包括地面控制设施、地面接收站、图像制作中心和五颗卫星。许多国家都是这套系统的使用者。这套系统为全球的绘图、农业发展以及自然灾害防御等方面提供了大量的图像数据。发射 SPOT-5 的阿丽亚娜 42P 型火箭属于第四代阿丽亚娜火箭，这枚火箭同时也发射了一颗重达 12kg 的火腿族试验卫星。SPOT-5 卫星上搭载有三种成像装置，除了前几颗卫星上的高分辨率几何装置（HRG）和植被探测器（VEGETATION）外，SPOT-5 还有一个高分辨率立体成像（HRS）装置。这几种传感器的地面分辨率和视场及 SPOT-5 的主要轨道参数如表 4.10 和表 4.11 所示。

表 4.10　SPOT-5 所载三种传感器的地面分辨率和视场

		高分辨力几何装置	植被成像装置	高分辨力立体装置
地面分辨力	PA：0.49～0.69μm	2.5m 或 5m		10m
	B0：0.43～0.47μm		1km	
	B1：0.49～0.61μm	10m		
	B2：0.61～0.68μm	10m	1km	
	B3：0.78～0.89μm	10m	1km	
	SWIR：1.58～1.75μm	20m	1km	
视场宽度/km		60	2250	120

表 4.11　SPOT-5 主要轨道参数

轨道类型与高度	太阳同步，高度 832km
倾角/(°)	98.721
重复周期（回归周期）/d	26（369 圈）

4.3.3　中巴资源卫星

1. 传感器

中巴资源卫星作为民用陆地可见光遥感卫星，技术发展可以分为两个阶段：第一个阶段以 CBERS-01、CBERS-02 卫星为代表，具有光谱、红外以及中等地面分辨率的遥感信息获取能力。第二阶段以 CBERS-02B 以及后续卫星为代表，具有全色高分辨率、多光谱以及红外等遥感信息获取能力。中巴地球资源卫星的国内名称为资源一号。早在 1987 年对它进行可行性论证时就按照当时先进的地球资源卫星（法国 SPOT-3 和 Landsat-5）的技术指标为参考并充分借鉴了它们的优点：①谱段设置与 Landsat-5 相近，但空间分辨率比其高；②分辨率与 SPOT-3 相近，但谱段比其多。CBERS-01、CBERS-02 配置了 3 台光学遥感器，分别是：20m 分辨率的 5 谱段 CCD 相机；80m 和 160m 分辨率的 4 谱段红外扫描仪；③256m 分辨率的 2 谱段宽视场成像仪。CBERS-02B 星配置了 3 台遥感器，分别是：20m 分辨率的 5 谱段 CCD 相机；2.36m 全色高分辨率相机；256m 分辨率的 2 谱段宽视场成像仪。此外还配置了用于监视空间粒子效应和空间辐照环境的空间环境监测系统（space environmental monitor，SEM）和用于收集地面环境监测数据的数据采集系统（DCS）。载荷数据的传输能力达到 150Mbit/s。2008 年 1 月 14 日，国防科学技术工业委员会(简称国防科工委)组织了 CBERS-02B 星数据应用评审会。与会专家从专业应用、定量应用、综合应用等方面对 CBERS-02B 卫星遥感数据质量给予了高度评价。CBERS-02B 卫星是我国第一颗能为众多行业提供高空间分辨率图像数据的卫星,也是第一颗同时具有高、中、低三种空间分辨率载荷的资源卫星。CBERS-02B 卫星图像清晰、质量较好,达到总体技术要求,与国外同类卫星数据相当,可为我国资源、环境等领域调查与监测提供新数据源。其辐射特性基本稳定,可以用于定量评价,这也是资源卫星的技术突破。在综合应用方面,CBERS-02B 卫星遥感数据在城市、农业、林业、水利、大气、海洋、环境、灾害等领域具有十分广阔的应用前景。

CCD 相机在星下点的空间分辨率为 19.5m,扫描幅宽为 113km。它在可见、近红外光谱范围内有 4 个波段和 1 个全色波段。具有侧视功能,侧视范围为 ±32°。相机带有内定标系统。2.36m 分辨率的 HR 相机。宽视场成像仪(WFI)有 1 个可见光波段、1 个近红外波段,星下点的可见分辨率为 258m,扫描幅宽为 890km。由于这种传感器具有较宽的扫描能力,因此,它可以在很短的时间内获得高重复率的地面覆盖。WFI 星上定标系统包括一个漫反射窗口,可进行相对辐射定标。CBERS-02B 卫星有效载荷及性能指标见表 4.12。

表 4.12 CBERS-02B 卫星有效载荷及性能指标

平台	有效载荷	波段号	光谱范围 /μm	空间分辨率 /m	幅宽/km	侧摆能力	重访时间 /d	数传数据率 /Mbit/s
CBERS-02B	CCD 相机	B01	0.45~0.52	20	113	±32°	26	106
		B02	0.52~0.59	20				
		B03	0.63~0.69	20				
		B04	0.77~0.89	20				
		B05	0.51~0.73	20				
	高分辨率相机(HR)	B06	0.5~0.8	2.36	27	无	104	60
	宽视场成像仪(WFI)	B07	0.63~0.69	258	890	无	5	1.1
		B08	0.77~0.89	258				

2. 资源三号卫星

资源三号卫星重约 2650kg,设计寿命约 5 年。该卫星的主要任务是长期、连续、稳定、快速地获取覆盖全国的高分辨率立体影像和多光谱影像,为国土资源调查与监测、防灾减灾、农林水利、生态环境、城市规划与建设、交通、国家重大工程等领域的应用提供服务。资源三号(ZY-3)卫星是中国第一颗自主研制的民用高分辨率立体测绘卫星,通过立体观测,可以测制 1:5 万比例尺地形图,为国土资源、农业、林业等领域提供服务,资源三号将填补中国立体测图这一领域的空白。2012 年 1 月 9 日 11 时 17 分资源三号卫星在太原卫星发射中心由"长征四号乙"运载火箭成功发射升空。1 月 11 日顺利传回第一批高精度立体影像及高分辨率多光谱图像,影像覆盖黑龙江、吉林、辽宁、山东、江苏、浙江、福建等地区,共约 21 万 km²。2012 年 4 月 20 日完成卫星在轨测试工作。资源三号卫星有效载荷技术指标和卫星轨道参数见表 4.13 和表 4.14。

表 4.13 资源三号卫星有效载荷技术指标

平台	有效载荷	波段号	光谱范围/μm	空间分辨率/m	幅宽/km	侧摆能力/(°)	重访时间/d
资源三号卫星	前视相机	—	0.50~0.80	3.5	52	±32	3~5
	后视相机	—	0.50~0.80	3.5	52	±32	3~5
	正视相机	—	0.50~0.80	2.1	51	±32	3~5
	多光谱相机	1	0.45~0.52	6	51	±32	5
		2	0.52~0.59				
		3	0.63~0.69				
		4	0.77~0.89				

表 4.14 资源三号卫星的轨道参数

项目	参数
轨道高度/km	505.984
轨道倾角/(°)	97.421
降交点地方时	10:30AM
交点周期/min	97.716
近地点幅角/(°)	90
偏心率	0
回归周期/d	59
相邻轨迹间距/km	44.68

4.3.4 环境卫星

1. 传感器

环境（HJ）卫星上的传感器包括 CCD 相机、高光谱成像仪和红外多光谱相机。HJ-1A、HJ-1B 卫星主要载荷参数见表 4.15。

2. HJ-1A/1B 卫星

环境与灾害监测预报小卫星星座 A、B 星（HJ-1A、HJ-1B 星）于 2008 年 9 月 6 日上午 11 点 25 分成功发射，HJ-1A 星搭载了 CCD 相机和超光谱成像仪（HSI），HJ-1B 星搭载了 CCD 相机和红外相机（IRS）。在 HJ-1A 卫星和 HJ-1B 卫星上均装载的两台 CCD 相机设计原理完全相同，以星下点对称放置，平分视场、并行观测，联合完成对地刈幅宽度为 700km、地面像元分辨率为 30m、四个谱段的推扫成像。此外，在 HJ-1A 卫星装载有一台超光谱成像仪，可完成对地刈宽为 50km、地面像元分辨率为 100m、110~128 个光谱谱段的推扫成像，具有 ±30°侧视能力和星上定标功能。在 HJ-1B 卫星上还装载有一台红外相机，可完成对地幅宽为 720km、地面像元分辨率为 150m、300m、近短中长四个光谱谱段的成像。HJ-1A/1B 卫星轨道参数见表 4.16。

表 4.15　HJ-1A、HJ-1B 卫星主要载荷参数

平台	有效载荷	波段	光谱范围/μm	空间分辨率/m	幅宽/km	侧摆能力	重访时间/d	数传数据率/(Mbit/s)
HJ-1A 星	CCD 相机	1	0.43～0.52	30	360（单台），700（2 台）	—	4	120
		2	0.52～0.60	30				
		3	0.63～0.69	30				
		4	0.76～0.90	30				
	高光谱成像仪	—	0.45～0.95（110～128 个谱段）	100	50	±30°	4	
HJ-1B 星	CCD 相机	1	0.43～0.52	30	360（单台），700（2 台）	—	4	60
		2	0.52～0.60	30				
		3	0.63～0.69	30				
		4	0.76～0.90	30				
	红外多光谱相机	5	0.75～1.10	150（近红外）	720	—	4	
		6	1.55～1.75					
		7	3.50～3.90					
		8	10.5～12.5	300（10.5-12.5μm）				

表 4.16　HJ-1A/1B 卫星轨道参数

项目	参数	
轨道类型	准太阳同步圆轨道	
轨道高度/km	649.093	
半长轴/km	7020.097	
轨道倾角/(°)	97.9486	
轨道周期/min	97.5605	
每天运行圈数	14+23/31	
重访周期/d	CCD 相机	2
	超光谱成像仪或红外相机	4
回归（重复）周期/d	31	
回归（重复）总圈数	457	
降交点地方时	10:30AM±30min	
轨道速度/(km/s)	7.535	
星下点速度/(km/s)	6.838	

4.3.5　高分一号（GF-1）卫星

GF-1 卫星搭载了 2m 分辨率全色/8m 分辨率多光谱两台相机，四台 16m 分辨率多光谱相机。GF-1 卫星工程突破了高空间分辨率、多光谱与高时间分辨率结合的光学遥感技术，多载荷图像拼接融合技术，高精度高稳定度姿态控制技术，5～8年寿命高可靠卫星技术，高分辨率数据处理与应用等关键技术，对于我国卫星工程水平的提升、提高我国高分辨率数据自给率具有重大战略意义。GF-1卫星轨道和姿态控制参数见表4.17，有效载荷技术指标见表4.18。

表4.17　GF-1卫星轨道和姿态控制参数

参数	指标
轨道类型	太阳同步回归轨道
轨道高度/km	645（标称值）
倾角/(°)	98.0506
降交点地方时	10:30 AM
侧摆（滚动）能力	±25°，机动25°的时间≤200s，具有应急侧摆（滚动）±35°的能力

表4.18　GF-1卫星有效载荷技术指标

参数		2m分辨率全色/8m分辨率多光谱相机	16m分辨率多光谱相机
光谱范围/μm	全色	0.45～0.90	
	多光谱	0.45～0.52	0.45～0.52
		0.52～0.59	0.52～0.59
		0.63～0.69	0.63～0.69
		0.77～0.89	0.77～0.89
空间分辨率/m	全色	2	16
	多光谱	8	
幅宽/km		60（2台相机组合）	800（4台相机组合）
重访周期（侧摆时）/d		4	
覆盖周期（不侧摆）/d		41	4

4.3.6　北京一号卫星

北京一号卫星是一颗具有双遥感器的对地观测小卫星。该卫星由我国与英国的萨里卫星技术有限公司（SSTL）合作设计制造，北京市科学技术委员会（简称北京市科委）代表北京市政府作为项目的主持部门，负责项目的组织实施。北京一号卫星研制于2003年7月，具有中高分辨率双遥感器成像能力，能同步获取32m多光谱影像和4m全色影像。32m中分辨率多光谱影像质量良好、信息量丰富、数据获取周期短、覆盖范围大，具有与TM影像2、3、4波段相接近的特征和性能。4m高分辨率全色影像边缘清晰，具有±30°侧摆成像的能力。北京一号卫星指标见表4.19。

表4.19　北京一号卫星指标

发射时间	2005-10-27
搭载火箭	Cosmos-3M
发射地	俄罗斯普列谢斯克（Plesetsk）

续表

轨道	太阳同步圆形轨道；高度 686km
倾角/(°)	98.8
轨道周期/min	97.7
工作状态	Beijing 1 is operating nominally as of 2006
类型	对地观测小型卫星
重量/kg	166
尺寸/(mm×mm×mm)	900×770×912
寿命	计划工作 5 年
功率分发	5W 和 28W（调节为 5W）
近地点/km	681
远地点/km	705
中分辨率遥感器幅宽/km	600
高分辨率遥感器幅宽/km	24

4.3.7 天绘一号卫星

天绘一号卫星（mapping satellite-1），由中国东方红卫星股份有限公司研制，主要用于科学研究、国土资源普查、地图测绘等诸多领域的科学试验任务。2010 年 8 月 24 日 15 时 10 分，在中国酒泉卫星发射中心用"长征二号丁"运载火箭成功将"天绘一号卫星"发射升空并送入预定轨道。卫星搭载的 CCD 相机地面像元分辨率为 5m，光谱范围为 $0.51\sim0.69\mu m$，相机交会角为 25°；多光谱相机地面像元分辨率为 10m，范围为 $0.43\sim0.52\mu m$、$0.52\sim0.61\mu m$、$0.61\sim0.69\mu m$、$0.76\sim0.90\mu m$。成像幅宽为 60km，轨道高度为 500km。

4.4 陆地资源卫星的发展

陆地资源卫星在 40 多年的发展过程中，最具代表性的有美国的 Landsat 系列、IKONOS、QuickBird、GeoEye 系列、WorldView 系列，法国的 SPOT 卫星系列，印度的遥感卫星系列（IRS）和加拿大的雷达卫星（Radarsat）等。此外，欧盟、日本、以色列、俄罗斯亦都有性能很好的资源卫星。中国已经成功发射多个系列陆地观测卫星，包括 3 颗 CBERS 系列卫星（CBERS-01、CBERS-02、CBERS-02B）、3 颗环境减灾卫星（HJ-1A、HJ-1B、HJ-1C）、1 颗资源一号卫星（ZY-1）02C 星、中国第一颗民用高分辨率光学传输型立体测图卫星资源三号（ZY-3）卫星、2 颗实践九号卫星（SJ-9A、SJ-9B）和首颗高分重大专项工程卫星高分一号（GF-1）卫星等（李杏朝和张浩平，2014）。

第一代资源卫星：美国 1972 年 7 月发射了 Landsat-1 卫星（原 ETRS-1 卫星），为地球资源卫星的早期应用试验卫星。1980 年前共接收到 Landsat-1、Landsat-2、Landsat-3 卫星发送的图片 44 万幅，资源遥感卫星数据的实用价值得到了充分的验证和广大用户的积极支持。

第二代资源卫星：20 世纪 80 年代美国又发射了 Landsat-4、Landsat-5 卫星，法国 1986 年 2 月发射 SPOT-1，均采用可见光多光谱遥感器和红外多光谱遥感器。

第三代资源卫星：1991年7月欧洲空间局发射了ERS-1地球资源卫星，1992年2月日本发射了JERS-1地球资源卫星。均采用合成孔径雷达和光学遥感器相结合的方式，具有全天候、全天时、高精度的特点。

第四代资源卫星：高分辨率商业卫星时代。1999年9月，美国太空成像公司第一颗商业高分辨率遥感卫星IKONOS发射成功，空间分辨率达到米级，开启了商业高分辨率遥感卫星的新时代。

各国系列卫星的技术指标循序渐进，不断提高。空间分辨率从低到高，波谱分辨率从少到多，时间分辨率从长到短。空间分辨率在20世纪末期每10年提高一个数量级，0.5～5m空间分辨率已经成为21世纪前10年民用遥感卫星空间分辨率的基本指标。光谱分辨率也在加速提高，已经从20世纪70年代的50～100nm发展到目前的5～10nm。时间分辨率（重访周期）也迅速提高，目前中等空间分辨率卫星的时间分辨率已经缩短到1天以内（刘顺喜等，2013）。

我国对地观测将实现多传感器、多分辨率、全天候的观测网络。继CBERS-01/02/02B卫星之后，我国将发射第二代资源卫星CBERS-03/04卫星。CBERS-03/04卫星除继续保持20m的中分辨率CCD相机外，将增加空间分辨率5m全色谱段和10m多光谱的高分辨率CCD相机。红外多光谱扫描仪短波红外的空间分辨率由78m提高到39m，热红外谱段由156m提高到80m。宽视场成像仪空间分辨率由258m提高到73m。我国第二代资源卫星主要技术指标的改善，将对遥感应用发生深刻的影响，可使很多部门的自然资源调查与监测，从普查阶段跃升到详查阶段；在农业发展中，促使我国传统的粗放农业向精细农业转移；使原来仅用于矿产普查阶段的应用扩展到详查阶段和矿山管理；使仅能应用于林业一类的资源调查，扩展到二类资源调查。通过这一系列的变化，用户的应用工程将发生质的变化和技术上的飞跃。

遥感卫星是促进经济、社会可持续发展的一种重要手段。根据国家"天地协调、统一规划、合理分工、资源共享、扩大应用"的部署，中国资源卫星应用中心将集中建设国家陆地观测卫星数据中心，将提供数据标准化处理、产品存档、分发服务以及对卫星有效载荷进行管理的公共服务，促进国家投资研制卫星的数据实现共享，为各行业开展各种增值服务提供技术支持，促进遥感应用产业化发展，服务国民经济建设。我国对地观测将实现多传感器、多分辨率、全天候的观测网络，不久的将来，我国对地观测卫星系列产品必将更好地满足广大用户的需求，我国的遥感卫星应用事业也必将跨上一个新台阶。建立稳定的遥感信息源，保证高分辨率数据质量、拓宽应用领域、满足商业化的需求，发展全天候的对地观测技术能力，使我国遥感卫星应用事业朝着综合性和专业化方向发展（武佳丽等，2008）。我国后续资源卫星的生存及发展必须根据国家对地观测卫星的总体规划，继承和发展已经发射和正在研制的后续卫星的技术指标，以保证提供连续、稳定的遥感数据源，同时研制和开发高分辨率的卫星作为补充信息源，满足用户的特殊需求。

从陆地资源卫星发展的趋势来看，一是中等分辨率相机仍然起着重要作用。遥感器的空间分辨率、光谱分辨率应根据应用目的选取，不必片面追求高空间分辨率、高光谱分辨率。二是逐渐加强高空间分辨率、高光谱分辨率与高时间分辨率传感器的综合研制与应用研究。三是在发展光学遥感卫星的同时，逐渐加强雷达卫星的研究与应用（徐文，2012）。

4.5 陆地资源卫星的应用

遥感卫星已经在农业、林业、国土、水利、城乡建设、环境、测绘、交通、气象、海洋、地球科学研究等方面得到广泛应用。遥感技术在我国国土资源大调查、西气东输、南水北调三峡工程、三河三湖治理、退耕还林、防沙治沙、交通规划与建设、海岸带监测及海岛测绘、300 万 km^2 海洋权益维护及区域经济调查管理等重大工程建设和重大任务中发挥了不可替代的作用。

4.5.1 土地利用与土地覆盖变化

土地利用变化是一种土地利用方式向另一种土地利用方式的转变以及范围的变化，土地覆盖变化是地表植被覆盖物和非植被覆盖物的相互转化。土地利用动态遥感监测项目是国土大调查"一项计划、五项工程"中土地资源监测与调查工程的重要内容，及时准确地掌握土地动态变化及发展趋势情况，是做好国土资源规划、管理、保护和合理利用的前提条件，是满足我国社会可持续发展和环境信息多样性需要的基础。从 1978 年第一次大规模利用航空遥感方式进行了土地资源遥感监测活动，到第二次全国土地大调查，我国的遥感技术在土地管理中的应用日益深入。近年来，根据国土资源大调查的总体要求以及遥感技术的发展水平，开始全面推进利用高分辨率的卫星资料（SPOT-5 的 2.5m 遥感数据）开展土地利用动态遥感监测的工作，监测内容主要包括：利用 SPOT-5 数据制作监测区范围内的彩色遥感影像图和标准分幅的 1∶10000 比例尺影像图；利用两个时相的遥感数据，进行年度土地利用变化监测；监测城市用地规模；辅助更新土地利用现状图。在项目进行过程中，通过不断追踪新技术和新方法，促使遥感技术手段从宏观化向微观化发展，应用水平向纵深发展；借助于系统软件平台的功能，建立和完善数据成果的质量监控和管理体系；用标准化的作业体系和成果体系来规范项目的运作。

4.5.2 国土资源调查

国土资源调查是对所属国家或地区内的土地数量、土地质量、自然资源分布等的监测、分析和评价工作。国土资源是国民经济的基础，矿业是工业产业的基础，随着社会经济的发展对土地、矿产等资源的不断需求，发现和评价新的矿产以提供后备资源储备，就很有必要对国土资源调查进行专门的研究。传统的国土资源调查方法主要是实地调查，耗费大量人力、物力和财力，而且实地调查范围小。利用遥感技术进行国土资源调查，可以进行大范围的资源分析和预测。在国土资源方面，已利用 40 景资源一号 01 卫星数据制作了 1∶25 万数字镶嵌遥感影像图，编制了 1∶50 万新疆西南天山地区遥感地质图和遥感找矿预测图，在西南天山地区预测了 4 处金、铜矿的找矿靶区，取得了较好的找矿效果；编制了 1∶25 万塔里木河流域浅层地下水分布遥感解译图和生态地质环境遥感解译图。

4.5.3 城市规划

城市规划是根据一定时期城市的经济和社会发展目标，确定城市性质、规模和发展方向，合理利用城市土地，协调城市空间和功能布局及进行各项建设的综合部署和全面安排。城市规划涉及政治、经济、社会、技术、艺术以及人们生活的广泛领域，因此，它既具有综合性，又有很强的政策性和实践性（张丽和张东旭，2009）。在规划方面，新疆早在几年前就利用资源一号卫星的数据产品制成了该地区 1∶25 万的卫星数据库和镶嵌图，还在多个方面开展了大量的调查工作，编制了多种比例尺、多种类型的专题图件和数据库。其中，新疆气象局遥感中心基于资源一号卫星的数据开展草地资源监测研究，建立草地资源遥感调查的解译标志数据库，制作草地资源区划图，开发构建草地资源遥感调查数据信息平台，为深入研究新疆草地资源的时空分布及变化规律，推动"数字草地"战略的实现打下了坚实基础。近几年，随着我国城镇化政策的推行，城镇的建设规模日益扩大，为了有效地监测城镇化进度，特别是促进某些大城市的规划布局更加科学合理，资源一号卫星成了最重要的城市规划监测手段。

4.5.4 城市扩张

城市扩张主要是城市人口规模的扩张和地域空间的扩展，主要表现在外来人口与经济的膨胀形增长，城市基础设施的不断规划与实施。开发新区是城市相对空旷地带，在新区建房修路、设计施工均需对这里的地理环境要素了解清楚，应用遥感影像分析和评价开发条件具有独特的优势。城市位于平原地区，高差起伏小，地势平坦，与山地和丘陵地区相比，影像色调一般浅而均匀，没有明显的阴暗面；而开发区分布着农田、居民点、道路，影像的组合图案成网格状，且色调浅灰到深灰，变化较大，运用遥感影像能对城市新区开发条件作出正确的评价。调查确定城市新区开发的预开发项目，预开发项目主要包括基础设施和周转房。基础设施建设是一个系统工程，必须从整体上布局实施，并与城市规划相吻合。可利用 1m 分辨率的 IKONOS 遥感图像，经过野外控制、影像匹配、几何纠正，并转换为地图坐标系，在计算机上通过与现有城市地图的叠加比较，找出各类发生变化的地物，将影像已变化的地物的几何位置和属性信息更新到小比例尺城市地图上。用该方法可以方便的更新建筑、用地、道路、水域、植被等信息。CBERS-02B 卫星 HR 数据积极服务于 2008 奥运会场馆及周边交通设施建设，圆满完成了"中巴地球资源卫星数据服务于奥运场馆建设、中巴地球资源卫星三维可视化系统"的研制任务。

4.5.5 农业监测与估产

传统的农业监测与估产是采用人工区域调查方法，得到大面积农作物的总量和变化趋势，现今越来越多的农业监测与估产是利用 RS 与 GIS 相结合，依据光谱的差异性和卫星影像的波段组合，进行大面积的农作物分析监测。农业是国民经济的基础产业，保障世界的粮食安全和农业的可持续发展是全球性的永恒主题。长期以来，我国一直通过两种渠道监测和预报农业生产状况，一是按行政单元逐级统计汇总上报，二是通过遍布全国 800 多个县的农业调查队进行抽样统计。两种方式的时间周期长，前者受人为因素干扰严重、数据的准确性差，后者精度高，但地面工作量大，费用高。两种方式均难以动态地监测大范围的农作物长势与发展趋势（吴炳方，2001）。在 21 世纪，解决我国农业问题的重要途径就是利用 3S（RS、GPS、GIS）技术走数字农业的道路，这也是我国可持续发展的必由之路（张丽和张东旭，2009）。20 多年来，遥感技术在农业部门的应用也越来越广泛，完成了大量的基础性工作，取得了很大的进展，在农业资源调查与动态监测、生物产量估计、农业灾害预报与灾后评估等方面，取得了丰硕的成果（韩秀梅和张建民，2006）。利用卫星进行某一作物的生态分区，收集每一生态分区内历年该作物的产量以及有关的气象资料，建立产量模式，同时进行与卫星同步的高空、低空和地面光谱观测，然后根据卫星影像所提供的信息进行某一作物的产量估测。遥感卫星给作物产量预测和农业宏观管理提供了便捷的高科技手段。

4.5.6 湿地监测

湿地监测是通过对所属湿地的自然环境、生物多样性、经济效益以及其他特殊因素进行统计分析，进而做出相关的评价与措施保证湿地生态系统的稳定性的过程。湿地生态系统是全球最重要的生态系统之一，蕴藏着丰富的自然资源，被人们称为"地球之肾"。湿地生态系统具有过渡性、多样性、高生产力和脆弱性等特点。近年来，由于退耕还湖政策的实施，我国的湿地面积有所增加，湿地生态环境大有改观，这不仅优化了我国的自然生态环境，也促进了环境友好型社会的大力发展。在改善湿地环境的同时，还要维持湿地的生态环境，这就需要不间断地对湿地生态系统进行监测来保障已有湿地的健康。遥感卫星技术在湿地资源调查中的应用，大大降低了野外调查的劳动强度，而且提高了调查精度和调查成果质量。提高了调查成果的科学性和可比性，便于今后湿地资源的调查规划和动态监测（应顺东和金晓俊，2001）。

4.5.7 森林资源监测

森林资源监测是对森林资源的容量、分布状态及其质量进行定点定时的观测分析与评价，其目的是及时掌握森林资源的变化动态，预测森林资源的发展趋势，为林业管理提供理论依据。森林资源是国民经济的基础，在生态系统中也处于重要地位。随着我国经济的快速发展，对木材的需求量日益增加，森林面积锐减，造成大面积的水土流失和土地贫瘠，在国家政策的扶持下，林地面积锐减才得到有效控制。为保障我国森林资源的高效利用，控制滥砍滥伐现象，促进经济与环境和谐发展，必须采用有效的监测手段来实现对森林的管控，3S技术可以实现不分地域和时间段的信息采集，并进行信息的整合分析，得出评价结果。在贵州贵阳地区应用资源一号卫星数据进行了森林资源清查，如果没有国产数据的支持这些工作是难以开展的；位于西藏东南部的西藏林芝地区与印度交界的喜马拉雅山南麓，交通闭塞，人工调查难以实现，致使对该地区现有的森林资源状况难以清晰地把握。2001~2002年，国家林业局利用资源一号01卫星的数据首次对该地区的森林资源进行了"摸底"，取得了极为宝贵的第一手资料，使该地区的遥感卫星信息源得到保证，实现了对该地区森林资源的全面调查。

4.5.8 草地监测

草地监测是对各种类型的草地资源进行质量和覆盖度的调查分析，并对草地的环境条件进行连续的动态监测与评估，通过多时相调查方式，总结出草地变化的趋势，为农牧业与区域生态环境的协调发展提供有价值的技术指导。随着经济发展、人口增长、对粮食生产的需求不断增加，耕地面积逐渐扩大，对草地利用力度也不断加大，导致草地面积不断减少，草场质量不断下降，草地退化现象十分严重。近年来，草地退化、沙化、盐渍化等环境问题逐渐得到重视（刘珂等，2009）。为提高天然草原资源利用、管理、保护、建设等决策的科学性与可靠性，需要对现有草地资源数量、质量、分布、生产能力等现状重新评价。然而目前草地资源监测大都沿用传统的地面测产方法，需要专业技术人员进行长期的地面调查，存在测定周期长，费用高，不能及时反映大面积草地资源及生产力变化的问题。近年来，随着遥感技术、全球定位系统和地理信息系统的一体化发展，为在时空上进行快速、精确、大尺度草地资源信息采集、定位、分析提供了技术支持（杨俊基等，2009）。

4.5.9 水资源监测

水资源监测是对河流水、湖泊水、地下水、雨水、冰川等各种形态水资源的容量、水质和转变过程进行连续监测，掌握其变化规律，为生产建设和国民经济建设做出高效率的水资源分配方案提供有力参考。我国人均水资源占有量很少，解决吃水问题是当前面临的重大问题，而大多数的水源需要检测评价之后才能利用。我国有众多江河湖泊，地下存储水因地而异，采用传统方法的水资源监测过程是很复杂的，利用卫星影像可以很方便地提取出大面积的水域，结合不同波段，可以获取所需要的水质信息。对内陆淡水水域，重点监测的是大型河流湖泊，以 TM 为数据源，对影像进行大气校正，提取出水体，然后进行遥感反演，得到各种水体参数。利用遥感手段可以对水域进行连续监测，进而对不同的水域采取相应的管控措施，以避免水域污染与水质突变等事件的发生。在海洋方面，以资源一号 01 卫星数据产品为数据源，运用一般高潮线法，以监督分类所得结果为基础提取海岸线数据，并将它与有关资料叠合，可以清晰地看出黄河口地区海岸线的演变过程。通过资源一号卫星的数据产品与其他资料的融合应用，计算出了崇明岛全岛面积的变化情况；同时，利用资源一号卫星数据有效地监测了滩涂土地利用及海岸线变迁。

4.5.10 重大自然灾害监测

遥感卫星可以监测洪涝灾害、地震灾情监测、火灾等。洪涝灾害监测是利用遥感卫星对洪水灾害和雨涝灾害地区进行连续的定点观测。我国是洪涝灾害频繁的国家，历史上由于洪涝造成严重后果的例子数不胜数，洪涝灾害的治理不仅关系到人民的生命财产安全，还与国家的经济发展息息相关。20 世纪 60 年代发展起来的卫星遥感监测技术具有覆盖范围广、周期短、时效性强、且不受地面条件控制等特点，在洪涝灾害中得到越来越多的应用。由于单一的遥感数据源很难实现洪涝的有效检测，所以进行多源遥感数据融合，增强图像信息是遥感监测技术服务于防灾减灾的关键。洪涝灾情信息包括洪涝水体及社会经济损失信息，其中洪涝水体信息包括淹没范围、历时及淹没水深等内容（李加林等，2014）。地震灾情监测是对地震发生地区进行大面积连续监测，包括受灾范围、受灾严重程度的估算及对灾后环境的分析评价。遥感在四川汶川大地震灾害监测与评估中起到了灾情速报、救灾空间信息保障、次生灾害动态监测和灾区重建规划等作用（陶和平等，2008）。同时，四川汶川大地震给我国的遥感技术提出了新的要求：应加强空间基础设施建设，如全天时、全天候、高时间分辨率、高空间分辨率、高辐射分辨率、多种用途的对地观测系统；开展多源地震空间数据的综合研究，并建立多源遥感数据地震应用模型等。随着全球定位系统、地理信息系统和遥感技术的一体化研究，遥感的实时性和实用性将会有显著的提高，在地震等自然灾害方面的应用将会越来越广泛、深入（张俊娜，2009）。火灾监测是遥感卫星通过接收地面反射的电磁辐射并对其加以分析来判断地面是否发生火情。卫星遥感技术在监测大面积火灾方面具有宏观、快速的优势，利用卫星过境时获取的高分辨率遥感图像，可以掌握火灾发生的范围，对过火面积进行提取与统计，为相关部门提供科学依据（郭朝辉等，2010）。大兴安岭火灾监测，气象卫星发挥了巨大的作用，也极大地推动了我国利用卫星遥感技术监测火灾技术发展和业务的应用。目前，有多种遥感卫星都可以进行火情监测，如利用波长 $4\mu m$ 通道的 MODIS 数据、我国的环境减灾卫星以及各种气象卫星等。随着卫星遥感技术的发展，未来会有越来越多的卫星资源可以用于地面火灾的监测工作，提供种类更多、精度更多的监测成果，将会在森林及草原防火中发挥更大的作用。

复习思考题

1. 陆地资源卫星分为哪几类？
2. 简述陆地资源卫星主要应用在哪些方面。
3. 简述我国陆地资源卫星的优缺点。
4. 结合实际，试述陆地资源卫星的发展空间。
5. 若要监测某一地区 10 年间植被变化规律，请问可以提供哪种卫星图像及其波段组合？

第 5 章 海 洋 卫 星

5.1 海洋卫星的种类

20世纪中叶,航天和航空遥感技术逐渐应用于海洋探测。目前,运用遥感卫星技术,实现了对海表面温度、海表面盐度、海平面异常、海流、海表面风、海浪、海洋内波、悬浮物浓度、叶绿素浓度、色素浓度和水色等多种海洋要素的监测。因为能够获取长时间、大范围、近实时和近同步的监测资料,遥感卫星在海洋监测和研究中正在发挥越来越大的作用,所以海洋卫星受到各海洋国家的重视,近年来其技术得到迅速发展。由于海洋的环境与陆地、大气环境不同,它是占地球面积70.8%的不断运动着的水体,因而不仅光谱域特性不同,而且对空间域和时间域的要求也有明显差别。由于这些差别存在,导致了对遥感卫星器的技术特性和运行方式的要求也不同,对卫星轨道和姿态测定精度的要求也较高。海洋遥感卫星大体包括三大类:海洋水色卫星、海洋地形卫星和海洋动力环境卫星(表5.1)。

表 5.1 主要海洋卫星及其性能

卫星类别	主要用途	探测器	卫星要求	典型卫星
海洋水色卫星	探测叶绿素、悬浮泥沙、可溶有机物、海表温度(可选)、污染、海冰、海流	水色仪、CCD相机、中分辨率成像光谱仪	太阳同步轨道;降交点地方时间为中午,全球覆盖周期为2~3d;前后倾角可调;姿控测轨精度较高	SeaStar、MOS-1A、MOS-1B、KOSMOS、ROCSAT-1、IRS-P3、ADEOS
海洋地形卫星	探测海面高度、有效波高、海面风速、海洋重力场、冰面拓扑、大地水准面,潮汐洋流,大气水汽	雷达高度计、微波辐射计	太阳同步轨道;精密轨道测定,姿控精度高;全球覆盖周期1~2d	Geosat、Topex/Poseidon、GFO-1
海洋动力环境卫星	探测海洋风速和风向、海面高度、波高、波向和波谱、海洋重力场、大地水准面、海流潮汐、内波、海岸带水下地形、污染等	合成孔径雷达、微波散射计、雷达高度计、微波辐射计、红外辐射计	太阳同步轨道;全球覆盖周期1~2d,精密轨道测定,姿控精度高	QuickSCAT、ERS-1、ERS-2、ADEOS-1、JERS-1、Okean-1、ALMAZ-1、Radarsat

5.1.1 海洋水色卫星

海洋水色卫星是通过卫星装载的遥感设备对海洋水色要素进行探测,为海洋生物资源开发利用、海洋污染监测与防治、海岸带资源开发和海洋科学研究等提供科学依据和基础数据。海洋水色卫星的设计需要充分考虑海洋自身的特点以及海洋应用对海洋观测的要求。海洋水色卫星的特点主要有以下几点:

(1) 轨道：为了获得全球初级生产力的时空分布数据，实现全球定时观测，要求采用近极地太阳轨道；为了空间分布具有可对比性，要求轨道是圆形的；为了轨道东西两侧太阳照度相同，要求降交点地方时为正午。

(2) 卫星平台：由于海上无法设定地面控制点（ground control point，GCP），定位精度完全由轨控和姿控来保证。轨道可以由地面测控来保证，姿控精度应保证定位精度为1～3个像元。目前世界上水色卫星均采用三轴稳定方式，指向精度≤0.3°，测量精度≤0.1°。另外为了避开海面直射反射光入瞳，需要探测器沿轨前后倾斜（0°～±20°）扫描，倾角按一年四季太阳高度角变化而进行调整。

(3) 探测器：海洋水色探测器的性能要求主要是由波段设置、信噪比（signal/noise，S/N）、视场、量化级、辐射精度和偏振度等确定。为了满足水色探测的需要，水色探测器需要较陆地卫星和气象卫星更高的光谱分辨率；另外海洋的离水辐射率很低，因此要求仪器有很高的信噪比、量化级、辐射精度和偏振度等。目前国际技术水平为S/N为600～800，偏振度≤0.01，辐射精度为2%～5%。另外，为了使覆盖周期与浮游植物大量繁殖历时相匹配，目前国际上海洋水色卫星覆盖周期通常为2～3天。

海洋水色卫星的运用始于1978年美国NASA发射的Nimbus-7卫星，其上装载有传感器CZCS。这颗卫星一直工作到1986年，它首先揭示了全球性海区色素的时空分布和变化图。1997年9月美国又发射了海洋水色卫星SeaStar卫星，其上装载了水色传感器SeaWiFS。SeaStar具有低噪声、高灵敏度、合理波段配置和倾斜扫描等功能。1999年美国NASA又发射了EOS-Terra，其上搭载有MODIS，MODIS是当今国际上最先进的海洋水色卫星传感器之一。2005年5月4日美国又发射了Aqua（EOS-PM）卫星，其中也装载了MODIS。这样上午有Terra（EOS-AM）、中午有SeaStar、下午有Aqua（EOS-PM），一共3颗卫星可以获取不同时间的海洋水色信息，同时还能够弥补太阳耀斑造成的影响。美国计划自SeaStar卫星发射开始，进行20年时序全球海洋水色遥感资料的连续积累。1996年日本发射了装有海洋水色水温扫描仪OCTS的ADEOS-1卫星，遗憾的是这颗卫星只运行了10个月。2002年12月14日日本又成功发射ADEOS-1的后继卫星ADEOS-2，其上装载了全球成像仪（GLI），GLI的性能与MODIS的性能相类似。韩国在1999年12月20日发射KOMPSAT-1卫星，星上的海洋水色仪（OSMI）有6个波段，空间分辨率均为850m。印度在1996年3月21日发射IRS-P3卫星，该卫星具有海洋水色遥感器MOS。到目前为止，世界上已经发射的具有海洋水色遥感功能的主要卫星有20多颗，部分海洋水色卫星的性能指标见表5.2。

表5.2 部分海洋水色卫星的性能指标

卫星	国家	发射年月	轨道类型	高度/km	倾角/(°)	周期/d	发射窗口	姿控方式	质量/kg
SeaStar	美国	1987年8月	太阳同步	705	98.2	2	12：00AM	98.2	110
Terra	美国	1999年12月	太阳同步	705	98.2	1	10：30AM	3轴	5190
IRS-P3	印度	1996年3月	太阳同步	812	98.7	1	10：30AM	3轴	922
IRS-P4	印度	1999年5月	太阳同步	720	98.28	2	12：00AM	3轴	1050
ADEOS-2	日本	2002年12月	太阳同步	805	98.7	4		3轴	—

5.1.2 海洋地形卫星

海洋地形卫星主要是通过卫星上装载的雷达高度计对海洋地形进行探测，即探测海平面高度的空间分布。此外，还可探测海冰、有效波高、海面风速和海流等，它在地球物理、海洋大中尺度动力过程等学科研究上的科学价值以及海洋灾害预报和海底油气资源勘探开发方面的经济价值显而易见。最早的卫星高度计是装载在美国国家海洋-大气管理局的Geos-3（1975~1978年）和美国宇航局的高度计卫星Seasat-A（1978年）上。此后陆续发射的载有高度计的卫星有Geosat、Topex/Poseidon、ERS-1、ERS-2、Jason-1和ENVISAT等。最具代表性的是美国的"测地卫星"系列和"托佩克斯/海神"（Topex/Poseidon）系列卫星，它是目前最精确的海洋地形探测卫星。美国EOS计划中的Laser ALT-1和ALT-2也可用于精确测量。已发射的海洋地形卫星的性能指标见表5.3。

表5.3 已发射的海洋地形卫星的性能指标（钟陪武，2002）

卫星	国家	发射年月	轨道类型	高度/km	倾角/(°)	截距/km	回归周期/d	重复精度/km	姿控方式	质量/kg
Geosat	美国	1985年3月	太阳同步	800	108	150	17 (ERM)	±1~2	动力梯度	635
GFO-1	美国	1998年	太阳同步	880	108	150	17 (ERD)	±1	3轴	300
Topex/Poseidon	美法	1992年8月	太阳同步	1336	66	315	9.9156	±1	3轴	2400
Jason-1	美法	2001年12月	太阳同步	1336	66	315	9.9156	1	3轴	500

5.1.3 海洋动力环境卫星

海洋动力环境卫星是对海面风场、海面高度、浪场、流场以及温度场等协动力环境要素探测的卫星，有效载荷通常是微波散射计、微波辐射计、雷达高度计等，并具有多种模式和多种分辨率。发展海洋动力环境系列卫星的主要目的是：利用微波散射计监控全球海洋表面风场，得到全球海洋上的风矢量场和表面风应力数据，利用雷达高度计提供全球海洋地形数据，得到全球高分辨率的大洋环流、海洋大地水准面、重力场和极地冰盖的变异。

海洋动力环境卫星的特点是扫描范围大，便于探测大面积海洋动力环境要素。此外，还可以用于监测海冰的变化和海洋污染等，用于研究海洋生态系统的变化。欧空局于1991年7月和1995年4月相继发射的ERS-1和ERS-2在这类卫星中最具代表性。已发射的海洋动力环境卫星的性能指标见表5.4。

表5.4 已发射的海洋动力环境卫星的性能指标

卫星	研制单位	运行时间	轨道类型	高度/km	倾角/(°)	姿控方式	质量/kg	测高精度/cm
ERS-1	ESA	1991年7月~2000年8月	太阳同步	780	98.5	3轴	2400	10~15
ERS-2	ESA	1995年4月~2002年3月	太阳同步	780	98.5	3轴	2516	10~15
ENVISAT-1	ESA	2002年3月~2012年4月	太阳同步	800	98.5	3轴	8211	4.5

5.2 海洋卫星的特点

归纳起来,海洋卫星探测具有如下特点(刘良明,2005)。

(1) 全天候、全天时探测:对于海洋动力学过程探测,诸如海面风场、浪场、潮汐、风暴潮、内波、溢油、漂浮海冰等,由于这些过程时间变化尺度小,所以要求海洋卫星具有全天候、全天时探测能力。此外还要求卫星地面覆盖周期短,如半天或一天,甚至几小时。目前海洋动力环境卫星具有全天候、全天时探测能力,但地面覆盖周期较长。

(2) 半球或全球探测:为了研究海面拓扑结构、大气环流、厄尔尼诺现象、大洋洋底地形和极区海冰,以及冰盖等全球尺度现象,为了中长期海况预报和海平面上升因果关系的研究以及利用海洋水色要素——叶绿素浓度分布及变化来研究全球碳循环等,都要求海洋卫星具有半球乃至全球探测能力。

(3) 长期不间断监测:有些海洋现象时间变化尺度小,如海洋内波发生时间只有数小时或几天,海洋赤潮从发生到消退,短的也只有几天;溢油污染从发生到扩散,短的只有一两天;潮汐则在一天内有涨潮、落潮,风暴潮增水每时每刻都不同;热带风暴潮也是瞬息变化等等。为了捕捉这些现象,需要长期不间断监测。

(4) 定性定量探测:对于水平变化尺度大的海洋现象,或许定性探测就能满足。但大部分海洋探测要求定量探测,如海平面高度相对精度,目前可达1~3cm;海面风速风向精度可达2m/s和20°;有效浪高精度为0.5m;无云时的海面温度精度可达0.5℃;离水辐射率探测精度5%等。虽然这样的精度目前已是卫星探测技术的极限,但与海洋调查规范相比仍然偏低。

(5) 轨道定位精度高:为了海平面高度的高精度测量,海洋地形卫星轨道径向高度测定精度要求也十分高(如1m以内),与通常测定轨精度几百米相比,高出几个量级。目前采取星上GPS定位、地面全球激光测距和无线电全球测距网等多项措施来实现。

(6) 海洋水色探测器接收的是离水辐射率:该辐射率是经水体各类分子散射后离开水面的反射通量,其量级约为陆地的1/10,所以其灵敏度比陆地探测器要高10倍,为了保证精度,仪器的信噪比要求比较高。此外,若要兼顾海岸带测量或在有云时探测器不饱和时能正常工作,就要求探测器的动态范围要宽,数据量化精度要高,一般为10~12bit,印度遥感卫星IRS-P3上德国研制的海洋水色仪MOS量化等级为16bit。

(7) 探测海洋水色要素,需要细分波段:海洋卫星探测器波段多而狭窄,如5~10nm波段宽度;中心波长如412nm、443nm等都需要精确配准;而业务气象卫星和陆地卫星波段宽度为25~50nm,中心波长配准精度也较低。对于河口悬浮泥沙探测、赤潮探测和海岸带测绘等,不仅要求波段多而窄,而且要求地面分辨率高,如100~250m,这比海洋水色探测器分辨率(800~1100m)要高得多。

(8) 探测器配套性好:由于海洋运动过程是多种因素作用的综合过程,一个海洋探测变量是多个参变量的函数,很难由一个探测器测量众多参变量,因而需要多个探测器配合测量,如风生浪(即由风生成的波浪),其有效波高可由雷达高度计测得;波长与波向要用微波散射计或合成孔径雷达测量;波浪图像则靠合成孔径雷达获取;海面风速风向靠风散射计测得。又如极地海冰,其冰面高度可由雷达高度计给出,冰面积雪和纹理则要从合成孔径雷达图像得到,海冰聚集度和分类则由微波辐射计测量等。

5.3 主要海洋遥感卫星性能

从美国 1975 年发射第 1 颗海洋卫星 Geos-3 至今,卫星海洋探测的发展经历四个阶段。随着国际新一代对地观测系统的发展,遥感技术在海洋监测领域发挥着越来越大的作用,显示出广阔的应用前景和巨大的应用潜力。海洋卫星受到各海洋国家的重视,近年来其技术得到迅速发展。近年来国外主要发射的海洋卫星见附录 2。在这些卫星上装载有各种微波监测仪器、红外辐射计和海洋水色仪等,对海平面、海底地形地貌、波浪、风、水、流、海洋污染和初级生产力等要素进行监测。

卫星传感器能够测量在各个不同波段的海面反射、散射或自发辐射的电磁波能量,通过对携带信息的电磁波能量的分析,人们可以反演某些海洋物理量。传感器的遥感精度随着遥感卫星技术的发展不断提高,其丰富的海洋观测数据不但超过了百余年来船舶与浮标数据的总和,并且其精度目前正在接近、达到甚至超过现场观测数据的精度。目前海洋观测卫星所搭载的传感器及其用途见附录 3,下面将分别介绍一些专题海洋卫星的情况。

5.3.1 Seasat 卫星

Seasat(sea satellite)系列的第一颗卫星 Seasat-A 于 1978 年 6 月 28 日发射成功。Seasat 卫星主要测量洋面温度、海面风速和风向、有效波高、海洋潮汐、流场、极区海冰等水文要素,用于研究深海和大陆架海波模式,海岸区陆地水和海洋水的相互影响,以及海水、淡水、雪覆盖等。同时海洋卫星上的传感器 SAR 和 SMMR 还可用于陆地探测,得到陆地表面的信息,可以提供地表起伏、地质类型、土地类型、植物和环境等方面的数据。所以它也可以作为地面资源遥感数据分析中的一种十分有价值的参考资料。Seasat 卫星可以说是遥感技术用于海洋学研究的里程碑。Seasat 卫星的轨道参数见表 5.5。

表 5.5 Seasat 卫星的轨道参数

轨道平均高度/km	800
轨道倾角/(°)	108
重复周期/d	3~17
工作寿命/d	106
跨赤道间距/km	160~800
频率/GHz	135
升交点周期/min	100

Seasat 卫星上载有 5 种类型的海洋遥感探测器,分别为合成孔径雷达(SAR)、雷达高度计(ALT)、微波散射计(SASS)、多通道扫描微波辐射计(SMMR)和可见光红外辐射计(VIRR)。

5.3.2 SeaStar 卫星

美国海洋水色卫星 SeaStar 是国际上第二颗海洋水色专用卫星,于 1997 年 8 月 1 日发射成功,其上的 SeaWiFS 传感器是 SeaStar 卫星上唯一的科学应用的有效载荷。SeaWiFS 共有 8 个通道,前 6 个通道位于可见光范围,中心波长分别为 412nm、443nm、490nm、510nm、555nm、670nm。7、8 通道位于近红外,中心波长分别为 765nm 和 865nm。SeaWiFS 地面分辨率为 1.1km,刈幅宽度 1502~2801km,观测角沿轨迹方向倾角为 20°、0°、−20°,数据量化精度为 10bit。SeaWiFS 在 CZCS 基础上进行了改进和提高:①增加了光谱通道,即中心波长 412nm、490nm、865nm。412nm 针对于 II 类水域 DOM 的提取,490nm 与漫衰减系数相对应,865nm 用于精确的大气校正。②提高了辐射灵敏度,SeaWiFS 灵敏度约为 CZCS 的 2 倍。在 CZCS 反演算法中被忽略因子的影响，如多次散射、粗糙海面、臭氧层浓度变化、海表面大气压变化、海面白帽等，都在 SeaWiFS 反演算法中作了考虑。SeaStar 卫星的性能参数见表 5.6。

表 5.6　SeaStar 卫星的性能参数

轨道	太阳同步轨道	幅宽	2801km LAC/HRPT（58.3°） 1502km GAC（45°）
卫星高度/km	705	空间分辨率	1.1km LAC，4.5km GAC
过赤道时间	中午 10:20，降轨	实时数据库/(kbps)	665
轨道周期/min	99	数据量化精度/bit	10
重访时间/d	1		

5.3.3　Jason-1 卫星

Jason-1 卫星是使用 PROTEUS 平台的第一颗卫星，是由美国 NASA 和法国国家太空研究中心（CNES）合作的 Topex/Poseidon 海洋观测卫星的后续卫星。卫星于 1997 年 6 月开始在法国研制，于 2001 年 12 月发射。卫星重 500 kg。卫星轨道为圆形轨道，轨道倾角为 66°。轨道高度为 1336km。可以观测到全球无冰覆盖的海洋面。轨道重复周期为 10 天（精度为±1km），每 10 天可覆盖 95％的无冰海洋区域。Jason-1 的只有 1 台雷达高度计和 1 台微波辐射计；Jason-1 是小卫星，质量为 500kg。Jason-1 的技术参数见表 5.7。

表 5.7　Jason-1 的技术参数

卫星	国家	发射年月	轨道类型	高度/km	倾角/(°)	截距/km	回归周期/d	重复精度/km	姿控方式	质量/kg
Jason-1	美、法	2001 年 12 月	太阳同步	1336	66	315	9.9156	±1	3 轴	500

Jason-1 卫星有效载荷为：①Poseidon-2 雷达测高计（CNES Poseidon-2 altimeter，频率为 13.6Ghz 和 5.3Ghz）；②Jason 微波辐射计（NASA Jason microwave radiometer，JMR）以 3 种频率工作，用于测量沿着高度计观测路径上的水蒸气，以修正雷达测高计的脉冲延迟；③利用地面网站的 DORIS 定位仪；④GPS 接收机；⑤激光反射器等。Jason 卫星的雷达可测量海面高度的精度达到 2.5cm。Jason-1 卫星的目标为：在 21 世纪继续研究海表地形学，为全球海表地形学提供 5 年的观测数据。测量全球海平面变化和估计海洋的有效波高和风速，以改进外海潮汐模型，增加对大洋环流及其季节变化的了解以及改进气候预报（如对厄尔尼诺现象的预报）。Jason-1 卫星的海平面测量误差必须小于 4.2cm，最好是小于 2.5cm。数据率是波段为 613kbit/s。每 3h 有数据产品并且每 1h 进行数据接收。

5.3.4　ADEOS 卫星

高级对地观测卫星 ADEOS 是日本国家航天发展局（NASDA）发射的极轨卫星。它是日本发射的最大的卫星。ADEOS-1 于 1996 年 8 月发射成功。其上装载有来自 NASA、CNES、NOAA 和 NASDA 的探测器，其中 2 台海洋探测器，即海洋水色水温扫描仪（OCTS）和 NASA 提供的 Ku 波段主动式微波散射计（NSCAT），前者用于海洋水色探测，后者用于海面风场测量。另外还有先进的可见和近红外辐射计（advanced visible and near-infrared radiometer，AVNIR）、改进的大气分光计（improved limb atmospheric spectrometer，ILAS）、监测温室气体的干涉测量仪（interferometric monitor for greenhouse gases，IMG）、地表反射极化和方向的测量仪（polarization and directionality of the earth's reflectance，POLDER）、太空回射器（retroreflector in space，RIS）和 NASA 提供的臭氧总量成像光谱仪进行陆地、大气和海洋领域的遥感。遗憾的是，ADEOS-1 只工作了短短的 11 个月就因故障停止了工作。其后续卫星 ADEOS-2 于 2002 年 12 月 14 日发射升空。ADEOS-2 的载荷为：先进的微波扫描仪（advanced microwave scanning radiometer，AMSR）、全球成像仪（global imager，GLI）、海洋风场散射计（SeaWinds）、地球反射比的偏振化和指向性仪器（polarization and directionality of the earth's reflectances，POLDER）、改进型临边大气分光计（improved limb atmospheric spectrometer-II，ILAS-II）。ADEOS-2 卫星的技术参数见表 5.8。

表 5.8 ADEOS-2 卫星的参数

轨道	太阳同步近极地轨道	轨道倾角/(°)	98.7
卫星高度/km	804~806	幅宽/km	80
过赤道时间	10:30AM	空间分辨率/m	AVNIR：8/16
重访时间/d	4	设计寿命/年	3

5.3.5 Radarsat 雷达卫星系列

加拿大 Radarsat-1 于 1995 年 11 月发射入轨，遥感器为 SAR（C 波段，HH 极化），工作方式非常灵活，用户可根据需要选择入射角（20°~50°）、分辨率（100m），以及扫描带宽（45~500km）。在 Radarsat-1 使用期满时，它的工作将由与之类似的 Radarsat-2（分辨率为 3~100m）来接替。

5.3.6 海洋一号 A 卫星

海洋一号 A（HY-1A）卫星是一颗小卫星，于 2002 年 5 月 15 日 9 时 50 分在太原卫星发射中心发射，该卫星初入轨与 FY-1D 卫星一样达到 870km 高度，为了得到适合海洋探测的重复观测周期和保证可观察区域的日照度，按计划经过 7 次变轨后，于 5 月 27 日将卫星降轨到 798km，在轨测试表明，降交点地方时在 2 年内将向中午漂移 1h 10min。5 月 29 日按预定时间星载有效载荷开始进行对地观测，上午 9 时 50 分北京、三亚地面接收站成功获得了第一景海洋水色遥感图像，并验证了卫星及地面应用系统的各项功能。从此，我国的海洋卫星进入了业务化应用阶段，海洋卫星事业进入正常发展时期。HY-1A 卫星首次采用了小卫星技术，整星重量 368 kg，倾角 98.8°，远行轨道为太阳同步近圆形轨道，以可见光、红外波段传感器探测水色、水温为主，设计寿命为两年。其主要有效载荷为含有热红外波段的 10 波段水色扫描仪中国水色和温度传感器（chinese ocean color and temperature scanner，COCTS）和 4 波段 CCD 成像仪，它们的性能指标见表 5.9。与国际海洋水色卫星类比有明显特色，它更多地关注全球海洋和区域海洋相关要素。HY-1A 卫星定位于我国近海及海岸带环境监测，更适合中国近海赤潮、溢油、海冰等环境灾害监测和海陆相互作用区的大陆架、海岸带、河口、滩涂的动态测绘。受卫星体积、重量、能源的限制，HY-1A的观测区域只能实现境内实时和境外有限观测。实时观测区为渤海、黄海、东海、南海及海岸带区；境外区域采用星上记录、过境我国时回放接收。HY-1A的观测要素包括海水光学特性、叶绿素浓度、悬浮泥沙含量、可溶有机物、污染物、海表温度，以及海冰冰情、浅海地形、海流特征、海面上空气溶胶等。

表 5.9 HY-1A 卫星 COCTS 和 CCD 的技术指标

传感器	COCTS	CCD
扫描角/(°)	±40	±19
瞬时视场/mard	1.38	0.33
海面分辨率	1.1km	250m
刈幅宽度/km	1600	500
覆盖周期/d	3	7
量化等级/bit	10	12
通道数	10	4
光谱范围/nm	402～885	420～890

5.3.7 海洋一号 B 卫星

2007年4月11日上午11时27分，由我国自行研制的"海洋一号B"（HY-1B）卫星在山西太原卫星发射中心由长征二号丙火箭发射升空。经过797s飞行后，星箭成功分离，卫星进入距地球798km的太阳同步轨道。海洋一号（HY-1B）卫星是中国第一颗海洋卫星（HY-1A）的后续星，星上载有一台10波段的海洋水色扫描仪和一台4波段的海岸带成像仪。该卫星在HY-1A卫星基础上研制，其观测能力和探测精度进一步增强和提高。主要用于探测叶绿素、悬浮泥沙、可溶有机物及海洋表面温度等要素和进行海岸带动态变化监测，包括海面风场、海面高度、海浪、海流和温度监测，保证海洋一号卫星系列的连续业务运行。

5.3.8 海洋二号卫星

海洋二号卫星（HY-2）是我国第一颗海洋动力环境卫星，该卫星集主动、被动微波遥感器于一体，具有高精度测轨、定轨能力与全天候、全天时、全球探测能力。其主要使命是监测和调查海洋环境，获得包括海面风场、浪高、海流、海面温度等多种海洋动力环境参数，直接为灾害性海况预警预报提供实测数据，为海洋防灾减灾、海洋权益维护、海洋资源开发、海洋环境保护、海洋科学研究以及国防建设等提供支撑服务。海洋二号卫星工程研制于2007年1月获得了国防科工委、国家财政部的联合批复。该卫星由中国航天科技集团公司中国空间技术研究院研制，于2011年8月16日6时57分在太原卫星发射中心采用CZ-4B运载火箭发射成功。HY-2卫星装载雷达高度计、微波散射计、扫描微波辐射计和校正微波辐射计以及DORIS、双频GPS和激光测距仪。卫星轨道为太阳同步轨道，倾角99.34°。

5.4 海洋卫星的发展

卫星海洋探测的发展大致可分为四个阶段：第一阶段为探索试验阶段（1978年之前）；第二阶段为试验研究阶段（1978～1985年）；第三阶段为应用研究阶段（1985～1999年），在这一阶段世界上发射了多颗海洋卫星，如海洋地形卫星（Geosat、Geo-1、Topex/

Poseidon 等)、海洋动力环境卫星（ERS-1 和 ERS-2、Radarsat 等)、海洋水色卫星（SeaStar、ROCSAT、KOMPSAT 等)，发射的海洋观测卫星提高了时间分辨率和空间分辨率、性能更优越，并且星载传感器接收的空间光谱信息范围从可见光、红外覆盖到微波波段，推广了星载雷达技术和微波遥感技术，实现了三维观测；第四阶段为综合探测阶段（1999 年至今)。

1. 探索试验阶段（1978 年之前)

该阶段主要为载人飞船搭载试验和利用气象卫星、陆地卫星探测海洋。主要是以气象研究和陆地资源观测，或者是利用卫星进行海洋观测和海军监视，而并非进行海洋气象数据的收集。空间海洋观测始于 1957 年苏联发射第一颗人造地球卫星之前。美国发射的 TIROS-2 开始进行海温观测。1961 年美国执行水星计划，使得宇航员可以在高空观测海洋。尽管这些对地观测计划的初衷是以空间技术试验为主，但是也已经展现了卫星观测和研究海洋的潜力（Rao，1994)。1969 年 NASA 开始推动海洋观测计划，于 1975 年在 Goes-3 上搭载高度计，用于测量卫星到海面的距离，并且于 1973 年在 SKYLAB 航天器上证实了可见光和红外遥感对地球连续观测的潜力。在此基础上，NASA 研制了一系列高分辨率多光谱扫描仪，特别是装载在 Landsat 上的扫描仪沿用至今，它用于获取河口和沿海水域的海色及混浊度信息。1972～1976 年发射的 NOAA 卫星，装载了红外扫描辐射计和微波辐射计，除了用以探测大气温度、湿度廓线等，还用于估计海表面温度（徐建平，2000)。

这个阶段的主要特点是利用气象卫星、陆地卫星（包括其他空基平台）探测海洋。但气象卫星和陆地卫星具有自身的特点，不能完全代替海洋卫星，主要理由是：①气象卫星和陆地卫星的探测器是光学探测器，如 AVHRR（advanced very high resolution radiometer，甚高分辨率辐射仪)、TM、ETM+ 等，不能代替海洋动力环境卫星和海洋地形卫星，后者主要探测器是微波探测器。②虽然气象卫星和陆地卫星与海洋水色卫星上的主要探测器都用于光学探测器，但相互之间不能代替。主要原因有：波段配置不同，海洋水色仪要求波段较多且窄，存在较大差别；灵敏度和精确度不同，因为海洋水色参数要求定量测量，所以要求要高得多；观测方式不同，对于海洋水色卫星，为使轨道两侧太阳辐照度均匀，要求观测时间维持在正午。为了避开太阳耀光引起的镜面反射，要求观测时沿轨上下倾斜约 0°～20°可调（刘良明，2005)。

2. 试验研究阶段

在该阶段主要的海洋遥感探测卫星主要有美国发射的海洋卫星（Seasat)、雨云卫星七号（Nimbus-7)、TIROS-N、GEOS 卫星等。这个阶段卫星探测器主要反演的海洋要素包括：海表面温度、海洋水色及海冰等。海洋卫星（Seasat）是一颗海洋动力环境卫星，星上装载了 5 台探测器：合成孔径雷达（SAR)、雷达高度计（ALT)、微波散射计（SASS)、多通道扫描微波辐射计（SMMR）和可见光红外辐射计（VIRR)。其主要探测对象为海面风场、浪场、流场、海温、极区海冰、海平面高度、水陆分界等。雨云卫星 Nimbus-7 是一颗气象科学卫星，星上装载了 9 台遥感器，其中用于海洋探测的有 2 台，即海岸带水色扫描仪（CZCS）和多波段微波辐射计（SMMR)。其主要探测对象为海水叶绿素、悬浮泥沙、有色可溶有机物、海水污染、水质、海面温度、海冰等。1978 年 10 月 13 日发射成功的 TIROS-N 卫星，装载甚高分辨率辐射计 AVHRR 和 TIROS 业务化垂直探测器 TOVS，奠定了遥感卫星海表面温度进入气象、海洋业务化预报阶段的基础。

该阶段所发射的 3 颗卫星 Seasat、Nimbus-7 和 TIROS-N 是卫星海洋遥感观测的里程碑。特别是 Seasat 卫星的发射成功，这是第一个全球海洋动态（洋流、潮汐、热动态、大气—海洋界面动态等）及其他重要的物理特性探测卫星。在这个阶段尽管海洋遥感探测卫星及星载传感器较少，但是首次为全球海洋动态探测提供了专门探测工具，提供用户对定向风场、海浪波谱、海面温度等数据的连续、全天候、大范围使用，从而为调查和开发海洋资源及航海等提供依据（石汉青和王毅，2009）。

3. 应用研究阶段

1985~1999 年是海洋遥感卫星发展的应用研究和业务使用阶段，该阶段世界上发射了多颗海洋卫星，如海洋地形卫星 Geosat、Geosat-FO、Topex/Poseidon，海洋动力环境卫星 ERS-1、ERS-2、Radarsat、QuickSCAT 及海洋水色卫星 SeaStar、MOS-1A/1B、IRS-P3、ROCSAT-1 和 Ocean-01。除此以外，还在 NOAA、Landsat、GMS、JERS-1 等卫星上搭载海洋探测器，开展了卓有成效的应用研究。日本 Adeos-1 卫星上装载有 2 台海洋探测器，即海洋水色水温扫描仪（OCTS）和 NASA 提供的微波散射计（NSCAT），前者用于海洋水色探测，后者用于海面风场测量。在这些卫星上装载有各种微波监测仪器、红外辐射计和海洋水色仪等，对海平面、海底地形地貌、波浪、风、水、流、海洋污染和初级生产力等要素进行监测。这一阶段所发射的海洋观测卫星，与前两阶段相比，除了时间频率和空间分辨率有所提高，性能更优越，还具有一个显著的特点就是，星载传感器接收的空间光谱信息范围从可见光、红外覆盖到微波波段，推广到了星载雷达技术和微波遥感技术，实现了三维立体观测。

4. 综合探测阶段

目的是通过卫星及其他工具对地球进行更深入地研究，用以观测获得全球系统的定量变化目标，科学认识全球尺度范围内整个地球系统及其作用机理等，进而预测 10~100 年地球系统的变化及其对人类的影响。随着国际新一代对地观测系统的发展，遥感技术在海洋监测领域发挥着越来越大的作用，显示出广阔的应用前景和巨大的应用潜力。从 1999 年至今为海洋遥感综合探测阶段。1999 年 12 月 18 日，国际新一代对地观测卫星系统的第一颗卫星——Terra（EOS-AM1）卫星发射成功，标志着人类对地观测新里程的开始。第二颗极地轨道环境遥感卫星 Aqua（EOS-PM1）于 2002 年 5 月 4 日发射成功。Terra 和 Aqua 载有中等分辨率成像光谱仪 MODIS，其有 36 个波段，从可见光覆盖至热红外；其中有 9 个波段可用于水色遥感。与 SeaWiFS 相比，MODIS 更先进，被誉为第三代海洋水色（兼气象要素）传感器。Jason 计划是适应国际上建立全世界海洋观测体系、满足对于海洋和气候研究的需求提出的。Jason-2 已于 2008 年 6 月 20 日发射成功，是 CNES、EUMETSAT、NASA 和 NOAA 合作研制的海洋测高计划卫星（也即精确测定海洋地形），作为 TOPEX/POSEIDON 和 Jason-1 的后续卫星，它是研究全球海洋的重要观测平台（李景刚等，2010）。进入 20 世纪 90 年代末，随着小卫星技术的大力发展和成熟，用小卫星完成海洋水色的观测任务成为可能。我国海洋一号卫星（HY-1A）于 1998 年开始立项研制，于 2002 年 5 月 15 日和 FY-1D 一起发射，是中国第一颗自主研制和发射的用于海洋水色水温探测的卫星，该星为试验型业务卫星，结束了我国没有自主研发海洋卫星的历史。HY-1A 是一颗小卫星，有效载荷为 10 波段海洋水色成像仪（COCTS）和 4 波段 CCD 相机，COCTS 在频率和波段宽度的设计上类似于 SeaWiFS。卫星获取了大量海洋水色数据，在海洋环境监测、海洋环境预报和海洋减灾等方面发挥了重要作用。第二颗海洋水色卫星（HY-1B）

在 2007 年 4 月 11 日发射成功，9 月 3 日交付运行。HY-1B 是 HY-1A 的接替星，设计寿命 3 年，各项技术指标和功能较 HY-1A 都有较大提高，继续进行海洋水色环境的监测业务化试验。我国海洋动力环境卫星 HY-2 系列卫星搭载微波遥感器，全天候探测获取海面风场、海面高度和海表面温度，提高海洋预报的时效和精度，达到防灾减灾目的（石汉青和王毅，2009）。

从海洋需求角度出发，我国海洋卫星发展目标包括以下几个方面。

1. 逐步建立稳定运行的海洋卫星体系

根据规划，中国的海洋卫星将由海洋水色卫星系列、海洋动力环境卫星系列、海洋监视监测卫星系列组成。

（1）海洋水色卫星（HY-1）系列：以可见光、红外探测水色水温为主，其主要有效载荷为水色扫描仪、CCD 成像仪和中分辨率成像光谱仪，其探测要素包括叶绿素、悬浮泥沙、海温、污染物质等。

（2）海洋动力环境卫星（HY-2）系列：以微波探测全天候获取海面风场、海面高度和海温为主，其主要有效载荷为微波散射计、雷达高度计、微波辐射计等，其探测要素包括海面风场、海面高度、海面温度等。"十五"期间各项预研工作已全面启动。2001 年完成了卫星总体方案论证和星地同步高精度定轨技术方案论证。2003 年，在前期海洋动力环境卫星总体技术研究的基础上，HY-2 卫星四项关键技术预研项目，即 HY-2 卫星精密定轨技术研究、HY-2 卫星雷达高度计研究，HY-2 卫星微波散射计研究和 HY-2 卫星微波辐射计研究技术攻关工作已经全部完成，并且通过了国防科工委组织的验收。

（3）海洋监视监测卫星（HY-3）系列：海洋监视监测卫星，其主要有效载荷为合成孔径雷达，能够全天时、全天候、高空间分辨率地获取我国海洋经济专属区和近海的监视监测数据，为我国海洋权益维护、海洋减灾防灾、海洋环境保护、海域使用管理、执法监察提供强有力的技术支撑，从而提高我国对海洋经济专属区内突发事件的快速反应能力。2005 年，海洋卫星用户部门与航天研制部门组织开展 HY-3 卫星用户需求分析，初步提出了 HY-3 卫星平台、有效载荷要求和技术性能指标，确定了多极化、多工作模态合成孔径雷达为主载荷的发展思路。目前，国家卫星海洋应用中心正在与国内卫星平台、有效载荷部门联合进行总体设计，并进一步做好卫星用户需求分析工作。

2. 继续做好海洋卫星地面应用系统的建设

我国的第二颗海洋卫星 HY-1B 于 2007 年发射升空和入轨运行，HY-1B 是 HY-1A 的接替星。HY-1A 是试验卫星，在运行期间遥感卫星器的可靠性、姿态控制、工作寿命、能源供应、覆盖周期、全球探测等方面都暴露出一些问题，还存在许多值得改进的地方。经过总结和提高，HY-1B 改进了 HY-1A 的不足，设计寿命延长为 3 年。要在 HY-1A 已有经验的基础上，切实抓好 HY-1B 入轨运行后的水色资料应用研究，开发地面应用系统的功能，最大限度地挖掘卫星实时观测数据资源，并在应用中检验和发展地面应用系统。同时，要在已有海洋卫星地面应用系统和运行经验的基础上，新建牡丹江和北京海洋卫星地面站，扩建三亚海洋卫星地面站，建设南极、北极国家级卫星回放数据接收站，建设海上遥感卫星辐射校正与真实性检验场，支持系列海洋卫星的发射和应用。

3. 努力提升遥感卫星海洋应用水平

要充分利用现有的国内外卫星资源，包括海洋卫星和非专业海洋卫星，特别是微波遥感数据资源，深入开展卫星海洋应用研究，努力提升卫星海洋应用水平，并为后续海洋系列卫星的发射作技术准备。要在努力提高遥感器本身的测量精度基础上，加强遥感器的海上辐射定标和真实性检验技术与装备的研究，努力提高遥感器的定标精度和卫星资料处理精度，同时要加强海洋环境反演算法等应用基础研究。数值模拟与现场观测相结合，多源、多维、多时相海洋环境数据的融合和同化，能显著提高数据产品的质量和应用水平。

4. 加速卫星数据和数据产品的业务化应用

2003 年 5 月 9 日，国务院发布了《全国海洋经济发展规划纲要》（以下简称《规划纲要》）。这是贯彻落实"十六大"提出的"实施海洋开发"战略部署的重大举措。为实施海洋开发战略，落实《规划纲要》，实现建设海洋强国的宏伟目标，海洋卫星及卫星海洋应用必须尽快实现从"试验型"向"业务服务型"的转变。要用遥感卫星数据产品支持国家海洋经济的发展，先进的科学技术要形成先进的生产力，回报社会，产生效益。为此，要努力提升海洋遥感应用基础和技术能力，建立和健全长期、连续、稳定运行的海洋遥感卫星应用体系，达到产品多样化、数据标准化、应用定量化、运行业务化的要求，积极推进国家海洋环境立体监测系统的建设，逐步实现海洋监视监测现代化、科学化、信息化、全球化的目标。

5.5 海洋卫星应用

5.5.1 海洋渔业

海洋环境是海洋鱼类赖以生存和活动的必要条件，海洋环境因素的变动必然使海洋鱼类产生相应的响应行为。大洋渔场的分布与海温和叶绿素浓度的分布息息相关，海温和叶绿素指数是影响大洋鱼群的种类、分布范围和活动规律的重要因素之一，也是指导渔业部门进行渔业生产的重要信息。海洋渔场环境信息，对于指导海洋渔业的高效生产是不可缺少的，特别是在当今近海渔业资源逐渐减少的情况下，利用渔场环境实时信息指导远洋渔业生产，具有现实意义。长期以来，海洋渔业资源研究较多地依赖于常规海上现场观测调查，成本高、速度慢，而且难以实现大范围水域的同步采样测量，获取的数据不能满足对渔业资源进行实时管理的需要。现代空间信息技术特别是遥感技术的发展为海洋渔业资源的研究提供了新的技术手段和方法。Gauldie 等（1996）介绍了应用激光雷达，通过测量某些鱼卵在受到蓝绿激光激发时产生的拉曼散射和荧光，从而估算鱼卵的丰度。王文宇等（2003）则利用遥感数据探讨了柔鱼的空间分布与海表温度梯度、叶绿素浓度梯度的关系。遥感在估算鱼卵丰度，研究鱼类早期阶段的存活与分布变动对种群补充影响等方面也有很多应用。毛志华等（2005）利用 SeaWiFS 遥感资料对北太平洋渔场的叶绿素 a 浓度进行了反演，通过资料融合方法生成了叶绿素 a 浓度分布图。利用该图像可以对海洋渔业状况进行速报，从而指导海洋渔业捕捞。杨晓明等（2006）利用叶绿素浓度、海表温度与风场数据诊断了印度洋鸢乌贼渔场的溶解氧分布状况，进而对渔场的形成与消散进行了推测。与可见光、红外遥感不同，微波遥感不受雨云的干扰，能够实现全天候全天时遥感。因而也被应用到渔场渔情分析，微波遥感主要有海面高度遥感和合成孔径雷达遥感。Polovina 等（1999）利用 Topex-Poseidon 高度计资料采用平流扩散模型模拟了龙虾在夏威夷 4 个不同岛屿的仔鱼输送补充关系，从而探讨了北部岛屿龙虾资源未能恢复的原因。海流、涡旋和海底地形等与渔业有关的海洋环境信息在合成孔径雷达图像上具有不同图像特征，都可以应用到渔业遥感中。通过遥感调查，还可获取渔船分布、渔船类型、捕捞强度、栖息地环境等信息,从而为渔业的管理、资源的保护提供决策依据。遥感数据可以提高天气预报的准确率,为渔业提供气象保障。还可以通过对海洋污染、赤潮的有效监测,为海洋养殖业的安全提供保障。遥感数据与物理海洋模型的结合则有助于海洋要素场的预报和三维分布的反演,提高了遥感信息在海洋渔业上的应用价值。

5.5.2 海岸带监测

海岸带是陆地和海洋的交界地带,是以海岸为基线向海、陆辐射、扩散的过渡区。海岸带人口密集、资源丰富、开发程度较高,但生态环境又往往相对脆弱。我国的海岸线长达 $3.2 \times 10^4 \text{km}$(含岛屿岸线 $1.4 \times 10^4 \text{km}$),海岸带面积约 $2.85 \times 10^5 \text{km}^2$。随着我国沿海地区经济高速发展,海岸带区域的环境状况发生了显著变化。这些变化信息依靠常规的调查手段难以及时获取,而遥感卫星技术则能够为监测海岸带及毗连海域资源环境变化提供有效手段。利用遥感技术研究海岸带湿地景观的空间格局和动态变化,已经成为研究热点。海洋卫星利用高分辨率遥感数据对海岸线动态变化、河口悬浮泥沙分布、河口地区土地分类利用等进行监测,为研究区的海洋功能区划、海岸带管理、河口地区的资源利用提供了数据服务。遥感技术在海岸带资源环境监测中的应用展示了其巨大的应用潜力和常规监测方法所不具有的优势。利用遥感技术在海岸带资源环境监测方面的研究成果与实践经验也为海岸带资源环境管理提供了有益的经验。但由于海岸带水域属于二类水体,其光谱特性比较复杂,遥感信息受大气影响以及遥感数据处理技术不太成熟等因素的影响,目前应用遥感技术监测海岸带资源环境还存在着诸多问题。但随着传感器技术、高空间分辨率、高光谱分辨率和多极化遥感数据的发展,为利用遥感信息进行海岸带资源环境管理提供了数据保证。

5.5.3 海洋水温观测

风力、波浪、潮流等是塑造海洋环境的动力,利用 RS、GPS 等现代海洋观测技术,可以大范围、快速、准确、直接地获得海洋动力信息。首先是海面风场观测,遥感所获得的海面风数据,一般是距海面 20m 处的观测资料。这些资料有助于台风、大风预报和波浪预报。其次是海浪观测,可以通过合成孔径雷达(SAR)反演波浪方向谱(主要表现为主波对微尺度波动的调制),或者可以通过动力模式(海面风、海浪模式)来解决表面波场问题。第三是海流观测,海洋中的海流主要受风力、引潮力和密度分布不均匀所驱动,在旋转着的地球上,运动流体表面相对于水准面产生倾斜,而坡度的大小与流速成正比。测海流主要使用雷达高度计,先测海面坡度再算出地转流速,准确度约为 $\pm 20 \text{cm}$,而海流的位置误差约为几千米。目前已联合使用卫星定位装置、数据采集系统和海流浮标,取得了有价值的资料。第四是潮汐观测,海洋潮汐以准确的规律产生,在大洋上的变化幅度在 $0 \sim 1 \text{m}$。大洋和陆架潮汐的观测极为困难,而其观测结果却对研究沿岸潮汐和潮汐理论本身很有帮助。采用雷达高度计的精确测高法,可在 $\pm 25 \text{cm}$ 和 $\pm 25°$ 相角的范围内测定全日和半日周期的潮高。观测的间隔在大陆架上为 25km,在大洋中为 100km。通常要有近一年的时间才能完成全球潮汐观测。第五是水团观测,海洋水团的分类识别是个复杂问题,作为水团特征的不仅有海水的物理、化学结构,而且有动力学结构乃至生物学结构。因此,遥感观测水团的"窗口"包括红外、可见光和微波，而且必须经过综合分析和数据处理，得出各水团的配置，确定水团的边界（锋）以及分辨与中尺度涡相联系的冷核和暖核。其中红外遥感尤为重要，因为温度是水团研究中主要考虑的特征。多光谱遥感数据分析有助于判断水团初级生产力、污染甚至内波的情况。海表温度是重要的海洋动力环境参数，利用 HY-1A 卫星 COCTS 配备的两个红外通道可获取旬平均的海温数据，并应用于渔业生产和海温预报以及赤潮监测。

5.5.4 海洋水色遥感

海洋水色是海洋光化学、海洋生物作用、海气界面生物地球化学通量及对全球气候变化影响研究的重要内容。海洋水色遥感图像上，每一像元灰度值与海洋的离水辐射率相对应，能够反映与离水辐射率相关联的因素如叶绿素浓度、悬浮泥沙含量、可溶有机物含量、真光层厚度、油膜覆盖等信息，其中海面悬沙遥感是利用水色进行的对海面水体悬沙的探测，主要在悬沙含量较高的近海海域和河口区水域进行。由于近岸河口海域悬沙量较高，水体后向散射信息较强，因此，海面悬沙信息在遥感影像中能得到很好地反映；海面叶绿素遥感的机理是基于不同的浮游植物浓度有着不同的辐射光谱特性，在可见光（包括可见光、荧光）范围内，海面叶绿素在不同浓度下有其不同的特征光谱曲线，因而可以利用不同叶绿素浓度的水体的光谱特性来定量遥感海面叶绿素含量（谢文君和陈君，2001）。探测海洋水色的传感器为 CZCS，最早搭载在 Nimbus-7 上，目的是为了获取叶绿素浓度，此后 SeaWiFS 和日本的 OCTS 也都是用以提取水质信息的。

5.5.5 海洋水质监测

影响水质的主要因子有水中悬浮物、藻类（如叶绿素、类胡萝卜素）、化学物质（如营养物质、杀虫剂、金属）、溶解有机物、热释放物、病原体和油类物质等。在海岸带水质监测及水质状况识别中，基于地面监测的传统方法需要在水域布置大量的监测采样点。这种监测和分析方法受人力、物力和气候、水文条件的限制，且所采集的数据量少，难以长时间跟踪监测和分析。采用遥感技术对沿岸水域进行调查和进行水质监测具有实时、迅速、持久等特点。它能及时收集大量的信息，反映沿岸水域水质的变化，并且还能发现一些常规方法难以揭示的污染源和污染物迁移的特征。遥感技术能够监测水体污染是因为被污染水体具有不同于清洁水体的光谱特征，这些光谱特征体现在对特定波长的吸收或反射，而且这些光谱特征能够被遥感器捕获并在遥感图像中体现出来。能够通过遥感反演的水质参数包括悬浮颗粒物、水体透明度、叶绿素 a 浓度以及溶解性有机物和一些综合污染指标，如营养状态指数等。水体中悬浮泥沙的含量也是最重要的水质参数之一。悬浮物的含量、类型、悬浮颗粒大小、水底亮度及遥感器的观测角等都会影响悬浮泥沙的光谱反射率。在可见光及近红外波段范围，随悬浮物含量的增加，水体的反射率增加。悬浮物颗粒粒径越小，散射系数越大，相应的反射率越大。

5.5.6 海洋灾害监测

1. 赤潮

赤潮是指在一定的环境条件下，海洋中的浮游微藻、原生动物或细菌在短时间内突发性连锁暴增和聚集，导致海洋生态系统严重破坏或引起水色变化的灾害性海洋生态异常现象。

赤潮生物的爆发性繁殖和死亡会引起水质的严重退化和生态平衡破坏。赤潮频发正在成为我国沿海经济可持续发展的一个重要制约因素。赤潮的发生会对海洋水产养殖带来毁灭性的灾难并严重破坏海洋环境。遥感技术是一种利用电磁波辐射能间接探测目标物的技术，它依据赤潮水体的光学和温度特性，利用可见光和热红外遥感技术，直接发现和监测赤潮的发展区域和动态变化。由于赤潮发生时该海域叶绿素 a 浓度含量较非赤潮水域高，检测海面叶绿素 a 浓度异常高的区域就可以推断赤潮的发生区。赤潮水体的光谱特性是开展赤潮遥感探测的重要依据。赤潮发生时，浮游植物的过度繁殖会导致水体的光学信号发生改变。赤潮水体在 450nm 和 660nm 附近形成吸收峰，在 700nm 左右形成一个小的反射峰，该反射峰随叶绿素浓度的增加向长波方向移动（Ruddick et al., 2001），而非赤潮水体在 450nm、660nm 和 700nm 附近没有明显的吸收峰和反射峰。不同藻类赤潮引起的光谱反射峰位置和宽度也不同，这为遥感赤潮探测提供了依据。可见光多波段遥感技术正是利用赤潮水体和非赤潮水体光谱特性之间存在的差异来探测赤潮的。另外，适宜的温度（22~28℃）、盐度、风速、光照条件、水文气象因子等是形成赤潮的重要因素，这些因素可以作为赤潮遥感探测的参考依据。赤潮遥感卫星主要通过卫星遥感资料反演叶绿素浓度、水色、水温等因子进行监测，由于不同的传感器所对应的中心波长和波段宽度不同，所以，对于不同的传感器，赤潮监测算法存在较大差异。赤潮遥感监测技术的进展与传感器的发展进展密不可分（赵冬至，2003；楼琇林和黄韦艮，2003；曾银东，2006；马金峰等，2008）。我国科学家利用 HY-1A 卫星水色和海温遥感数据产品，2003 年监测到 4 月 25 日发生在秦皇岛附近海域的赤潮、7 月 1 日发生在天津大沽锚地附近的赤潮、8 月 11 日发生在渤海曹妃甸附近的赤潮和 9 月 18 日发生在长江口东北海区附近的赤潮，并及时以卫星赤潮通报的形式向当地海洋行政管理部门通报情况。

2. 溢油

海上或港口的石油污染是一种常见的水体污染。轮船的碰撞、翻船、海上油井和输油管道的破裂、海底油田开采泄漏等均可引发海上溢油。海上溢油往往造成海域大面积污染，使海洋、大气和海岸线的自然环境、生态资源受到损害，引起海洋生物的大量死亡与经济的巨大损失，而且严重危害人体健康。石油与海水在光谱特性上有许多差别，如油膜表面致密、平滑、反射率较水体高但发射率低于水体等特点，遥感通常是根据这些差别对溢油进行监测。油污染在紫外、可见光、近红外、微波图像上呈浅色调，在热红外图像上呈深色调，为不规则斑块状。遥感调查油污染不仅能发现已知污染区的范围和估算油污染的数量，而且可追踪污染物的来源和去向。因此许多学者对油污染遥感监测做了大量研究工作。何执兼等（1999）利用 SeaWiFS 资料进行了水体波谱测试与分析，建立了与水色卫星相应波段的 COD（chemical oxygen demand，化学需氧量）及油的质量浓度信息提取模型，并用此模型处理了 1998 年 6 月 30 日过境的水色卫星图像，成功获取了珠江口、大亚湾近岸 COD 及油分布的专题图。张永宁等（1999）分析了海上溢油波谱特征，提出遥感监测煤油、轻柴油、润滑油、重柴油和原油的最佳波段，并利用 AVHRR 和 TM 资料对 1995~1996 年两次海上溢油事故的油膜图像进行处理和解译，溢油图像与现场调查相吻合。光在水面反射具有明显的偏振效应。在偏振图像上，水面油膜比背景水面更亮。因此，可以利用在同一探测角油膜与背景水面反射光偏振特性的差异探测溢油范围及其厚度。利用油膜与水面垂直偏振分量的差异，可以提高油膜与水面之间的对比度，增强海面溢油的探测能力。目前常用的极化

SAR 影像探测海面油膜就是利用油膜与背景水面偏振（或极化）特性的差异。另外，某些特殊的雷达能探测和识别烃的荧光特性；热传感器通过海面和油对太阳光吸收和辐射的差异来鉴别油膜，能监测出油膜的厚度（周冠华等，2008）。

5.5.7 海冰监测

海冰是在特定地理环境下所形成的产物。我国的渤海和黄海北部等结冰海区在气候正常年份，成冰期约为 2~4 个月。每年冬季都出现海水冻结现象，形成大范围的海冰，对海区冬季的海上运输和工农业生产带来威胁，严重时甚至造成海冰灾害。然而，海冰盐度较低，接近淡水。从我国国情出发，开发海冰资源也是解决淡水资源短缺的重要途径。史培军等（2002）利用 NOAA/AVHRR 和 EOS/MODIS 数据对海冰进行了监测，首先使用 GIS 数据对陆地进行掩膜，然后利用海冰较海水有着更高的反射率，将海水信息分离出去，再对海冰进行分类，估算出 2000/2001 年冬季渤海海冰的资源储量。由于海水与海冰的电磁波特性差异很大，使得雷达波在海冰和海水中的传播有显著区别，在冰水接触面上形成强烈的雷达发射层，海冰部分表现出丰富的回波现象，而海水部分则呈现出强烈的衰减与吸收现象。因而有更多的 SAR 影像用于海冰观测，主要提取海冰的冰龄、厚度、分布、水冰边界、冰山高度等信息。HY-1A 卫星具有较强的海冰监测能力，2003 年 1 月~2 月上旬对我国渤海和黄海北部的海冰进行实时监测，向国家海洋环境预报中心和国家海洋局北海分局提供了海冰实时图像，以及反演生成的海冰厚度、海冰外缘线、海冰密集度和海冰温度等信息，为我国海冰预报工作提供了重要的基础数据源，使卫星监测海冰工作达到业务化水平。

5.5.8 海洋军事

海洋卫星在军事上主要利用微波雷达监测航空母舰、舰艇、油轮、客轮等。它能在全天候条件下监测海面，有效鉴别敌舰队形、航向和航速，准确确定其位置，能探测水下潜航中的核潜艇。跟踪低空飞行的巡航导弹，为作战指挥提供海上目标的动态情报，为武器系统提供超视距目标指示，也能为本国航船的安全航行提供海面状况和海洋特性等重要数据。同时，也能为水面舰船提供通信。

复习思考题

1. 国外海洋卫星类型有几类？
2. 请列举两颗中国海洋遥感卫星。
3. 海洋卫星的遥感传感器有哪些特点？
4. 请阐述海洋遥感卫星的应用领域。
5. 简述海洋遥感卫星与陆地资源卫星的区别？

第6章 气象卫星

6.1 气象卫星的特点

从外层空间对地球大气层进行气象观测的人造卫星称为气象卫星,气象卫星系统由气象观测专用系统和保障系统两部分组成。气象观测专用系统中的主要设备是多种气象遥感仪器,能接收和测量地球及大气层的可见光、红外与微波辐射,将它们转换成电信号传到地面。目前主要用的遥感仪器有成像仪和垂直探测器两类,成像仪选用的遥感光谱段在大气窗口区,用于透过大气层观测下面的云和地表状况;垂直探测仪选用的光谱波段位于大气吸收带及其边缘,利用大气在这些波段对光谱的吸收和反射与大气中某些组成成分的含量及温度有关的性质,反推大气微量组成成分的含量及大气温度的垂直分布。地面站将卫星送来的电信号复原绘成云层、地表和洋面图,经进一步处理,即可得出各种气象资料(常庆瑞等,2004)。

传统的气象观测都是从地面自下而上、局域地、间断地观测,而气象卫星的观测主要特点是从宇宙空间自上而下、连续不停地进行全球范围的观测。由于气象卫星先从宇宙空间用各种传感器接收来自地表和大气所发出和反射的各种电磁波能量,再对这些信息进行特殊的加工处理,从而得到表征地球和大气的物理状态的各种参数(如气压、温度、湿度、风向风速、雨量、反射率、射出长波辐射、植被指数等),故具有遥感特点,其资料必须经过处理和反演。这与以往的直接观测有很大的不同。一方面,由于从宇宙空间观测,距离远、观测范围大、视野广,这是过去的观测所无法相比的;另一方面,由于是从宇宙空间自上而下地进行观测,故先看到高云,再看到中低云,然后看到地表,看到的云也是先看到云顶的状态,这是与地面观测完全不同的;最后,由于卫星在不停地沿轨道运行,再加上地球的自转以及恒星沿近极地的轨道运行,这两种运动的结果就可以实现极轨卫星对全球范围的观测。此外,在赤道上空固定有4~5颗静止卫星进行对地的联合观测,同样也可以实现全球范围的观测。这是气象卫星观测的最大优点,因为这是任何传统观测都无法实现的(蒋尚城,2006)。

6.2 气象卫星的种类

6.2.1 极轨卫星和静止卫星

气象卫星按轨道类型基本上可分为极轨(低轨)卫星和静止(高轨)卫星两大类。

1. 极轨卫星

极轨卫星是在南北方向绕着近极地轨道运行的卫星,倾角为 $\alpha \approx 90°\pm 20°$。目前业务上所用的都是太阳同步轨道($\alpha > 90°$),高度为 $H=600\sim 1500\text{km}$(低轨),周期为 $T \approx 100\text{min}$。主要特点包括:①可以实现全球观测(但不同时);②适合于观测中高纬度(覆盖密,正形)地区,而对低纬度地区效果差(不能全部覆盖);③适于观测大尺度系统(时间分辨率低,2次/天),对生命史短促的中小尺度系统无法捕捉;④由于低轨观测高度低,水平分辨率高(1km)。

2. 静止卫星

静止卫星是在东西方向绕着地球赤道（轨道平面与赤道平面平行）、与地球自转一致、方向相同的卫星。卫星相对静止于地球赤道上某点的上空，故静止卫星又称为地球同步卫星。静止卫星的倾角 $\alpha = 0°$，高度 $H = 36000$ km（高轨），周期 $T = 24$ h。主要特点包括：①适于观测低纬度（正形）地区，而对高纬度地区由于斜视的影响畸变严重；②时间分辨率高（30min/次），适于观测中小尺度系统并可追踪云及水汽的运动而测得高中低空的风；③高度高，观测范围大，但水平分辨率不如极轨卫星。

显然，极轨卫星和静止卫星的优缺点是互补的，不能互相取代。

6.2.2 实验卫星和业务卫星

气象卫星按所承担的任务可分为实验卫星和业务卫星两种。

1. 实验卫星

实验卫星的任务是根据观测需要，由实验研究选择最合适的空间技术和遥感技术。如美国的 TIROS（television and infrared observational satellite，电视与红外观测卫星），Nimbus（云雨卫星）及原苏联的 Meteor-28（流星-28），Meteor-29，Meteor-30 等都是实验卫星。实验卫星的特点是承担任务多，仪器多，对姿态、重量能源及储存和处理能力要求都较高。

2. 业务卫星

业务卫星的任务是为天气、气候及环境的监测和预报业务提供资料，要求卫星姿态、探测器、资料处理都稳定可靠，主要探测器要有备份，以保证业务观测不致中断，如美国的 NOAA 卫星和 GOES、日本的 GMS、欧空局的 Meteosat、印度的 Insat、我国的 FY（风云）等均是业务卫星（蒋尚城，2006）。

6.3 主要气象卫星性能

自美国发射第一颗气象卫星以来，世界各国已发射 160 余颗气象卫星。气象卫星由试验到业务操作，再到进一步的试验和不断地改进，随着航天技术和空间遥感仪器水平的提高，卫星技术获得了惊人的发展。卫星的形体、控制系统、轨道形状、感应仪器以及资料处理和信息传递等都已被新的概念及装备所发展，气象卫星在经历了三代的更新以后又朝着更新的方向发展。气象卫星的业务范围也在不断地扩大，作为全球观测系统的气象卫星的出现为人类探测大气和对地球环境的监测开辟了一条全新的途径（蒋尚城，2006）。因此，世界上拥有气象卫星的国家和组织逐步增加，它们是美国、原苏联（现为俄罗斯、乌克兰）、日本、欧洲气象卫星组织、印度和中国。俄罗斯 1994 年 10 月发射其第一颗静止气象卫星；拥有极轨气象卫星的国家是美国、俄罗斯和中国。附录 4 列出了国外主要气象卫星的基本参数。

我国的气象卫星可以分为极轨卫星和静止卫星两大类。经过近 20 年的筹划和研制，1988 年 9 月 7 日，我国自行研制的第一颗极轨气象卫星风云一号 A 星发射成功，卫星图像清晰，层次丰富。1990 年 9 月 3 日发射成功的风云一号 B 星在轨正常运行了 5 个半月时间，后经抢救后又断续运行了一年多时间，其发送的卫星云图资料在气象业务中得到应用，并为气候研究积累了大量珍贵的历史资料。1999 年 5 月 10 日和 2002 年 5 月 15 日发射成功的风云一号 C 星和风云一号 D 星，遥感探测器的通道数量增加到 10 个，卫星运行状况和寿命均达到业务运行的水平,风云一号 C 星在轨业务运行 4 年 9 个月,风云一号 D 星至今业务运行,这两颗卫星在森林草原火灾、水灾、大雾、雪灾、沙尘暴等灾害和环境监测和国防建设方面发挥了非常重要的作用,同时也被世界气象组织纳入全球业务应用气象卫星序列之中。风云三号(FY-3)气象卫星是我国第二代极轨气象卫星,它是在 FY-1 气象卫星技术基础上的发展和提高,在功能和技术上向前跨进了一大步,具有质的变化,可进行三维大气探测,大幅度提高了全球资料获取能力,进一步提高了云区和地表特征遥感能力,能够获取全球、全天候、三维、定量、多光谱的大气、地表和海表特性参数。

我国静止气象卫星的发展历程较为坎坷。1994 年 4 月 7 日,风云二号 01 星在测试厂房发生爆炸;1997 年 6 月 10 日发射成功的风云二号 A 星在轨运行 10 个月后发生消旋系统故障;2002 年 6 月 25 日发射成功的风云二号 B 星在轨运行 8 个月后发生数据传输系统故障,经抢救后转入有限业务运行模式;后又发生扫描辐射计二扫不同步的故障,转入北半球有限运行模式。虽然风云二号 A 星和风云二号 B 星没有达到设计寿命,但是在其有限的运行时间里,在台风、暴雨等监测和预警中发挥了重要作用,同时为后续卫星的研制和改进积累了可贵的经验。2004 年 10 月 19 日和 2006 年 12 月 8 日发射成功的风云二号 C 星和 D 星,实现了我国静止气象卫星"双星观测、互为备份",并在主汛期实现了每 15min 获取一次云图,显著提高了我国静止气象卫星的观测能力。风云二号 C、风云二号 D 卫星业务运行以来,对西太平洋形成的 72 个台风,特别是登陆我国的 23 个台风进行了连续、准确地监测,在暴雨、大雾、南方低温雨雪冰冻灾害天气、沙尘暴和森林草原火灾等灾害监测预警中发挥了至关重要的作用(宏观和张文建,2008),FY-2E 和 03 批的 1 颗卫星 FY-2F,分别于 2008 年 12 月 23 日和 2012 年 1 月 13 日发射成功。表 6.1 列出了我国气象卫星一览表。

表 6.1 我国气象卫星一览表(宏观和张文建,2008)

类型	卫星名称	发射时间	性质	正常运行时间	主要载荷
极轨卫星	风云一号 A(FY-1A)	1988-09-07	试验	39d	5 通道可见光红外扫描辐射计、空间环境监测仪
	风云一号 B(FY-1B)	1990-09-03	试验	5 个半月	5 通道可见光红外扫描辐射计、空间环境监测仪
	风云一号 C(FY-1C)	1999-05-10	业务	4 年 9 个月	10 通道可见光红外扫描辐射计、空间环境监测仪
	风云一号 D(FY-1D)	2002-05-15	业务	至今运行	10 通道可见光红外扫描辐射计、空间环境监测仪
	风云三号 A(FY-3A)	2008-05-27	试验	在轨测试中	10 通道可见光红外扫描辐射计、红外分光计、中分辨率光谱成像仪、微波成像仪、微波温度计、微波湿度计、臭氧垂直探测器、臭氧总量探测器、地球辐射监测仪、太阳辐射监测仪、空间环境监测仪
	风云三号 B(FY-3B)	2010-11-05	业务	至今运行	10 通道可见光红外扫描辐射计、红外分光计、中分辨率光谱成像仪、微波成像仪、微波温度计、微波湿度计、臭氧垂直探测器、臭氧总量探测器、地球辐射监测仪、太阳辐射监测仪、空间环境监测仪
	风云三号 C(FY-3C)	2013-09-23	业务	至今运行	10 通道可见光红外扫描辐射计、红外分光计、中分辨率光谱成像仪、微波成像仪、微波温度计、微波湿度计、臭氧垂直探测器、臭氧总量探测器、地球辐射监测仪、太阳辐射监测仪、空间环境监测仪

续表

类型	卫星名称	发射时间	性质	正常运行时间	主要载荷
静止卫星	风云二号 A（FY-2A）	1997-06-10	试验	10 个月	3 通道可见光红外自旋扫描辐射计、空间环境监测仪
	风云二号 B（FY-2B）	2000-06-25	试验	8 个月	3 通道可见光红外自旋扫描辐射计、空间环境监测仪
	风云二号 C（FY-2C）	2004-10-19	业务	至今业务运行	5 通道可见光红外自旋扫描辐射计、空间环境监测仪
	风云二号 D（FY-2D）	2006-12-08	业务	至今业务运行	5 通道可见光红外自旋扫描辐射计、空间环境监测仪
	风云二号 E（FY-2E）	2008-12-23	业务	至今业务运行	5 通道可见光红外自旋扫描辐射计、空间环境监测仪
	风云二号 F（FY-2F）	2012-01-13	业务	至今业务运行	5 通道可见光红外自旋扫描辐射计、空间环境监测仪

6.3.1 极轨卫星——NOAA 系列卫星

1. 传感器

极轨卫星上的传感器有 HIRS/2（high-resolution infrared radiation sounder，高分辨率红外辐射探测仪）、SEM 空间环境监测器、SSU（stratosphere sounding unit，平流层探测装置）、MSU（microwave scanner unit，微波探测装置）、AVHRR 和 DCS 数据采集系统。美国 NOAA 极轨卫星从 1970 年 12 月第一颗发射以来，近 40 年连续发射了 19 颗，最新的 NOAA-19 在 2009 年 2 月发射升空。NOAA 卫星共经历了五代，目前使用较多的为第五代 NOAA 卫星，包括 NOAA-15～NOAA-18；作为备用的第四代星，包括 NOAA-9～NOAA-14。NOAA 是太阳同步极轨卫星，采用双星运行，同一地区每天可有四次过境机会。第五代传感器采用改进型甚高分辨率辐射仪（AVHRR-3）和先进 TIROS 业务垂直探测器（ATOVS），包括高分辨率红外辐射探测仪（HIRS-3）、先进的 A 型微波探测装置（AMSU-A）和先进的 B 型微波探测装置（AMSU-B）。AVHRR-3 探测器扫描角为 $\pm 55.4°$，相当于探测地面 2800km 宽的带状区域，两条轨道可以覆盖我国大部分国土，三条轨道可完全覆盖我国全部国土。AVHRR 的星下点分辨率为 1.1km。由于扫描角大，图像边缘部分变形较大，实际上最有用的部分在 $\pm 15°$ 范围内（15°处地面分辨率为 1.5km），这个范围的成像周期为 6d。

为了用于洲级及全球范围的研究，AVHRR 数据经常被重采样形成空间分辨率更低的数据。目前有两种全球尺度的 AVHRR 数据：NOAA 全球覆盖数据和 NOAA 全球植被指数数据（Kidwell，1990）。GAC 是通过对原始 AVHRR 数据进行重采样而生成，空间分辨率为 4km，由 5 个 AVHRR 的原始波段组成，没有经过投影变换；GVI 是对 GAC 数据的进一步采样而得到，空间分辨率为 15km 或更低。此外，为了减少云的影响，GVI 是由连续 7 天图像中 NDVI 值最大的像元所组成。美国国家海洋与大气管理局（NOAA）从 1982 年起就生产 GVI 数据。NOAA 极轨气象卫星 AVHRR 具有从可见光到热红外的 5 个探测通道，如表 6.2 所示。

表 6.2 NOAA/AVHRR 通道（蒋尚城，2006）

卫星通道	1	2	3	4	5
NOAA 极轨气象卫星 AVHRR/μm	0.58～0.68	0.725～1.0	3.55～3.93	10.3～11.3	11.4～12.4

2. NOAA-19 卫星

NOAA-19 在发射前定名为 NOAA-N′、NOAA-N Prime，是美国国家海洋与大气管理局极地运行环境卫星（polar operational environmental satellites，POES）系列人造气象卫星中的最后一颗，于 2009 年 2 月 6 日发射升空。卫星搭载了一系列为气候与天气预测提供数据的仪器。与系列之前的卫星一样，NOAA-19 提供了云与地表特征的全球图像和大气温度与湿度的垂直分布数据，以应用于天气与海洋的数值预测模型中，除此之外，还有臭氧在上层大气与近地太空中的分布数据，这是海洋、航空、发电、农业等领域所需的重要信息。NOAA-19 携带先进的甚高分辨率辐射计、高分辨率红外辐射探测仪（HIRS-4）、先进微波探测器（AMSU-A），设计使用寿命为 3 年，太阳后向散射紫外光谱辐射计（the solar backscatter ultraviolet spectral radiometer，SBUV）设计使用两年，微波湿度计（microwave humidity sounder，MHS）设计使用寿命 5 年。NOAA-19 卫星轨道参数见表 6.3。

表 6.3 NOAA-19 卫星轨道参数

参考坐标系	地心轨道
轨道类型	太阳同步轨道
半长轴/km	7231.45
离心率	0.001527
倾角/(°)	98.94
远拱点/km	871
近拱点/km	849
周期/min	102.00

6.3.2 极轨卫星——EOS 卫星

1. 传感器

地球观测系统 EOS 是美国对全球陆地、海洋和大气进行综合观测的系统。它包括两颗分别是上午、下午过赤道的太阳同步轨道卫星 EOS-AM、EOS-PM、海色卫星 EOS-COLOR、气溶胶卫星 EOS-AERO、测高卫星 EOS-ALT 和化学卫星 EOS-CHEM，共 6 种。第一颗 EOS-AM 卫星已于 1999 年 12 月发射成功，它是 EOS 的上午卫星，在太阳同步轨道上，降交点地方时为 10:30，载有改进的星载热辐射和反射辐射仪（ASTER）、云与地球辐射能量系统（cloud and the Earth's radiant energy system，CERES）、中分辨率成像光谱仪（MODIS）、多角度成像光谱辐射计（MISR）、对流层污染测量仪（MOPITT）等先进仪器。EOS-PM 是 EOS 的下午卫星，太阳同步轨道，降交点地方时为 13:30；除有 MODIS 及 CERES 外，还载有大气红外探测器（AIRS）、AMSU、微波湿度探测器（MHS）、先进的微波扫描仪（AMSR）。它与 EOS-AM 一起构成一天 4 次观测，同时获取地球大气、陆地、海洋、冰川雪盖等各种环境信息，对突发性、快速变化的自然灾害有很强的实时监测能力。EOS-PM 已于 2002 年 5 月发射，9 月投入业务使用（蒋尚城，2006）。在 Aura 卫星上共搭载了 4 个对地观测仪：高分辨率动态临边探测器（HRDLS）、微波临边探测器（MLS）、对流层放射光谱仪（TES）、臭氧监测仪（OMI）。

1) MODIS

MODIS 是 EOS 卫星系列上最主要、空间覆盖范围最广、成像通道最多的仪器。它有 36 个光谱通道同时观测，从而大大增强了对地球系统的观测能力和对地表类型的识别能力；扫描观测宽度达 2330km，最高空间分辨率可达 250m，大大增强了对地球大范围区域细致观测的能力，其基本参数见附录 5。在应用 EOS-MODIS 的 3 通道（$0.459\sim0.479\mu m$）、4

通道（0.545～0.565μm）、1 通道（0.62～0.67μm）分别具有 500m 和 250m 的几何分辨率，并与自然色蓝、绿、红三原色的波长极为相近，可以合成具有类似自然色的真彩色图像。图像可以清晰地显示地形地貌、不同类别的农田、森林植被、水网、城镇等信息。经过适当的采样，采用计算机监督分类可以获得较好的植被分布图，使用多时相数据的合成能在树种的识别上有所突破（蒋岳新和闫厚，2003）。

2）MISR

MISR 传感器的全称为多角度成像光谱仪，搭载在 Terra 卫星上，于 1999 年 12 月升空。MISR 是目前唯一提供多角度、连续、高空间分辨率的传感器。其主要功能是全球多角度地形地物数据的获取。MISR 使用 9 个 CCD 相机从 9 个不同角度观测地球，每个角度都有 4 个通道（共 36 个通道），可以提供全球图像、地表反照率、气溶胶和植物特征等产品，空间分辨率可由指令控制选择为 240m、480m、960m～1.92km。

3）OMI

OMI 是 NASA 于 2004 年 7 月 15 日发射的 Aura 地球观测系统卫星上携带的 4 个传感器之一。OMI 由荷兰和芬兰与 NASA 合作制造，是 GOME（global ozone monitoring experiment，全球臭氧监测仪）和 SCIAMACHY 的继承仪器，轨道扫描幅宽为 2600km，空间分辨率是 13km×24km，1d 覆盖全球一次，性能参数如表 6.4 所示，OMI 有三个通道，波长覆盖范围为 270～500nm，平均光谱分辨率为 0.5m。该传感器主要监测大气中的臭氧柱浓度和廓线、气溶胶、云、表面紫外辐射，还有其他的痕量气体，如 NO_2、SO_2、HCHO 等。OMI 产品等级分为：Level 1B、Level 2、Level 2G、Level 3。特别指出的是，OMI 区分多种气溶胶类型，如烟雾、粉尘、硫酸盐等，OMI 二级（L2）气溶胶产品为 OMAERO 和 OMAERUV，产品包含气溶胶光学厚度、单次散射反照率、气溶胶指数等数据集。

表 6.4 OMI 的性能参数

项目	参数
可见光/nm	350～500
紫外光（UV1）/nm	207～314
紫外光（UV2）/nm	306～380
光谱分辨率/nm	1.0～0.45
光谱采样点个数/个	2～3
视场扫描角/(°)	114
瞬时视场/km	3
功率/W	66
物理尺寸/(cm×cm×cm)	50×40×35

2. EOS-Aura

Aura 卫星于 2004 年 7 月发射升空，轨道平面与地球赤道平面成约 82°夹角。是由多个国家的航空航天局共同研制的科学探测卫星，是继 Terra 和 Aqua（搭载有 MODIS 传感器）后的又一颗重要的对地观测系统（EOS）卫星。其主要任务是开展对地球臭氧层、空气质量和气候变化的观测和研究。Aura 是近极地、太阳同步轨道卫星，设计寿命为 6 年，围绕地球一圈约为 100min 左右，重复观测周期为 16d。轨道斜角为 98.2°，过境时间为当地13:45，一天绕地飞行 14 或 15 圈（表 6.5）。

表 6.5 Aura 轨道参数

项目	参数
轨道高度/km	太阳同步，705
倾斜角/(°)	98.2

续表

项目	参数
过境时间	13:45PM
日轨道数/圈	14/15
重复周期/d	16
发射时间	2004年7月15日
运载火箭	德尔塔级火箭
轨道周期/min	98.8
重量/kg	3000
展开前体积（m×m×m）	2.7×2.28×6.91
星载传感器数据量/个	4
星载传感器名称	HIRDLS、MLS、OMI、TES
遥测	S波段
数据下行	X波段（MHz）
总供电功率/W	4600
卫星设计寿命/年	6

6.3.3 中国的极轨卫星——风云三号

1. 传感器

2008年5月27日11时02分，我国首颗新一代极轨气象卫星风云三号在太原卫星发射中心发射升空。这颗装载10余种先进探测仪器的卫星升空后，将使中国气象观测能力得到质的飞跃。2010年11月5日2时37分，我国在太原卫星发射中心用"长征四号丙"运载火箭，成功将我国第二颗"风云三号"气象卫星送入太空。北京时间2013年9月23日11时许，中国在太原卫星发射中心用"长征四号丙"运载火箭，将第三颗"风云三号"气象卫星成功发射升空，卫星顺利进入预定轨道。"风云三号"卫星的发射质量为2353 kg，飞行尺寸为4460mm×10000mm×3790mm，轨道高度为836.4km，近极地太阳同步轨道，倾角为98.753°。其姿态控制稳定度优于0.004°/s，指向精度优于0.3°，姿态测量精度优于0.05°。为实现全球、全天候、定量三维遥感的探测目标，FY-3卫星配置了10通道可见光红外扫描辐射计、20通道红外分光计、20通道中分辨率成像光谱仪、微波辐射计、微波成像仪、紫外臭氧探测仪、地球辐射收支仪和空间环境监测器8种11台探测仪器。

2. FY-3C

风云三号03星（FY-3C）于2013年9月23日上午11时07分在太原卫星发射中心用长征四号丙运载火箭发射。星上搭载了12台遥感仪器，包括可见光红外扫描辐射计、红外分光计、微波温度计、微波湿度计、微波成像仪、中分辨率光谱成像仪、紫外臭氧垂直探测仪、紫外臭氧总量探测仪、地球辐射探测仪、太阳辐射测量仪、空间环境监测仪器包和全球导航卫星掩星探测仪。其中，微波温度计和微波湿度计升级为Ⅱ型，进一步提高了空间探测精度。全球导航卫星掩星探测仪为新增载荷，提升了全球大气三维和垂直探测能力。与风云三号02星FY-3B共同组网进一步强化我国极轨气象卫星上午、下午星组网观测的业务布局，我国全球观测数据的时间分辨率从12h提高到6h。风云三号卫星观测资料和产品的主要用户包括气象、海洋、农业、林业、环保、水利、交通、航空、军事等，广泛应用于天气预报、气候预测、灾害监测、环境监测、军事活动气象保障、航天发射保障等重要领域，特别在台风、暴雨、大雾、沙尘暴、森林草原火灾等监测预警中发挥重要作用，增强了我国防灾减灾和应对气候变化能力，为各级政府提供了准确的决策信息。

6.3.4 中国的静止卫星——风云二号

1. 传感器

中国研制了静止轨道气象卫星，并于1997年6月10日发射了第一颗试验型静止轨道气象卫星——风云二号A星（FY-2A）。该卫星是中国第一颗地球静止轨道遥感卫星。风云二号A星载有可见光、红外和水汽三通道扫描辐射计，S频段数传和云图广播转发器，UHF/S频段数据收集转发器和空间环境监测器。它能实时获取中国及其周边地区可见光、红外云图和水汽分布图，收集并转发气象、海洋和水文等环境监测资料，播发数字展宽云图、S波段天气图、低分辨率云图、监测空间环境。卫星每半小时获取一幅覆盖1/3地球的全景原始云图。用可见光通道能获得白天的云层和地表反射的太阳辐射信息，用红外通道可得到昼夜云层各地表发射的红外辐射信息，水汽通道能提供对流层中、上部大气中水汽分布的情况。风云二号A星的投入运行，标志着中国气象卫星进入一个新阶段，使中国成为世界上第五个拥有静止轨道气象卫星的国家，也是世界上第三个同时拥有极轨气象卫星和静止轨道气象卫星的国家。2000年6月25日，与风云二号A星相同的风云二号B星（图6.1）也顺利发射。

图6.1 风云二号B星第一幅可见光图像　　　图6.2 风云二号C星第一幅彩色合成图像

中国第一颗业务型地球静止轨道气象卫星风云2号C星于2004年10月19日由长征三号A火箭发射成功。该卫星质量为1.38t，技术性能有多项改进，达到国际新一代同类气象卫星的水平。风云二号C星是一颗业务运行星，它的成功运行标志着中国地球静止轨道气象卫星由试验阶段进入业务运行阶段。这是一个质的飞跃。这样的功能在风云二号A星和

B星上是无法实现的。目前全国共有3000多个台站接收、使用风云二号C星的云图信息，全世界有20多个国家接收、使用风云二号C星（图6.2）的资料。这对风云二号C星的可靠性提出了巨大的考验。

2006年12月8日，风云二号D星成功发射。它是风云二号C星业务应用的在轨备份与接替星，入轨后与风云二号C星共同实现了双星立体观测，同时也极大地缩短了出图时间，由原来的30min缩短到15min，提高了使用效率，也为卫星在轨连续、稳定运行和为北京奥运会提供准确、及时的气象服务打下了坚实的基础。风云二号D星具有双重使命，既可以作为风云二号C星的在轨备份星，也可根据需要与其配合进行双星同步立体业务观测，实现中国静止轨道气象双星业务观测系统建设目标，增强卫星在轨连续、稳定运行的可靠性。

2008年12月23日08时54分04秒，我国自主研制的第三颗业务静止气象卫星——风云二号E星在西昌卫星发射中心由长征三号甲运载火箭成功发射升空。风云二号E星的成功发射，为我国静止轨道气象卫星增添了新的一员，对于确保我国静止气象卫星观测业务的连续稳定运行具有重要意义。

2012年1月13日8时56分，风云二号F星在西昌卫星发射中心成功发射。风云二号F星是风云二号03批3颗卫星中的首发星，星载两个主要载荷为扫描辐射计和空间环境监测器。扫描辐射计包括1个可见光和4个红外通道，可以实现非汛期每小时、汛期每半小时获取覆盖地球表面约1/3的全圆盘图像。同时，风云二号F星还具备更加灵活的、高时间分辨率的特定区域扫描能力，能够针对台风、强对流等灾害性天气进行重点观测，将在我国气象灾害监测预警、防灾减灾工作中发挥重要作用。空间环境监测器实现对太阳X射线、高能质子、高能电子和高能重粒子流量的多能段监测，用于开展空间天气监测、预报和预警业务。

静止气象卫星定点于地球某经度位置赤道上空，可连续、重复不断地对整个地球圆盘或某感兴趣区域进行成像观测，因此其对天气预报，特别是对中、小尺度、生命史短的灾害天气的动态监测最为有效。FY-2静止气象卫星的3个定点位置分别为东经86.5°、东经105°和东经123.5°，3颗静止气象卫星可观测东非、东欧、印度洋及整个西太平洋地区，而同时又覆盖中国大陆，可满足我国气象和灾害监测的需求。目前，FY-2C、FY-2D星分别定点于东经105°和东经86.5°，FY-2E星发射后将定点在东经123.5°。这样，3颗星可在轨互为备份和实现组网观测。

2. FY-2F

FY-2F是风云二号（03批）卫星中的第一颗卫星，已于2012年上半年发射。风云二号气象卫星（FY-2）是我国自行研制的第一代地球静止轨道气象卫星，与极地轨道气象卫星相辅相成，构成我国气象卫星应用体系。FY-2F是第四颗业务卫星，作用是获取白天可见光云图、昼夜红外云图和水汽分布图，进行天气图传真广播，收集气象、水文和海洋等数据收集平台的气象监测数据，供国内外气象资料利用站接收利用；监测太阳活动和卫星所处轨道的空间环境，为卫星工程和空间环境科学研究提供监测数据。

6.4　气象卫星的发展

1954年美国利用火箭拍摄云图的成功，引发了人们利用卫星作为平台进行大气探测的设想。自1961年4月1日，美国第一颗气象试验卫星泰罗斯一号（TIROS-1）发射成功，开创了人类将卫星应用于气象科学的先河,从此气象卫星技术不断发展。

从20世纪60年代初到1978年前后近20年时间,是气象卫星初期技术发展、试验和试用阶段,这一时期主要是美国和原苏联大量发射气象卫星,在空间遥感技术、图像资料处理与应用等方面做了大量研究和试验,卫星性能得到不断改进和提高。

从1978年到90年代中期,是气象卫星技术成熟和推广应用阶段。在此期间,气象卫星性能不断提高,取得了稳步发展,建立了由5颗静止气象卫星和2颗极轨气象卫星组成的全球观测网,美国、日本、欧空局和中国等建立了由大型计算机构成的地面资料接收处理系统;全球100多个国家建立了各种不同规模的气象卫星数据接收利用站。气象卫星和地面资料接收处理系统与地面资料接收利用站一起组成全球业务应用系统,日夜不停地监视着全球大气和环境的变化。气象卫星在天气预报,特别是在灾害性天气预报中发挥了巨大作用;大气探测资料已在数值预报中得到应用;气象卫星的应用领域扩大到包括气候和全球环境变化研究等许多方面。

从90年代中期至今,气象卫星进入比较成熟的业务应用阶段,在全球、全天候、多光谱、高分辨率、高精度定量遥感和数据反演技术等方面取得了新的进展,可实现对地综合观测(孟执中和李卿,2003)。

近60年来,气象卫星及其应运而生的卫星气象学得到了迅速发展。气象卫星由单一的低轨道发展到低、高两层轨道,由自旋稳定方式发展到三轴稳定方式,由单纯的气象观测发展到多科学的综合监测,建立了全球气象卫星观测系统,成为天气预报业务和大气科学及其相关学科领域重大科研活动中不可缺少的一种观测手段;气象卫星的探测能力,由最初只能以电视摄像方式获取白天低分辨率云图逐步发展到用扫描辐射仪和分光计获取昼夜高低分辨率云图和大气要素以及环境参数的定量资料,发展到可见光、红外和微波遥感技术紧密结合、取长补短的阶段;气象卫星已不再为一、两个国家所拥有,已经形成多国间合作的世界性气象卫星网络,正在向着实用化、规范化、国际化的方向发展(汪勤模,1988)。

我国早在20世纪70年代就开始发展气象卫星,截至目前已发射了八颗气象卫星,分别实现了极轨卫星和静止卫星的业务化运行,是继美国和苏联之后世界上第三个自行研制、发射太阳同步轨道(极地轨道)和地球同步轨道(静止轨道)气象卫星的国家。

第一代极轨气象卫星风云一号(FY-1)于1988年和1990年分别发射了A、B两颗试验卫星。经重大改进后,1999年和2002年分别发射了C、D两颗业务应用卫星,在轨运行寿命均已超过5年。新一代极轨气象卫星风云三号(FY-3)也已发射。星上装载8种探测仪器,其探测谱段覆盖了从微波到紫外光。FY-3卫星的观测能力和技术水平与美国新一代极轨气象卫星——"国家极轨业务环境卫星系统"(NPOESS)及欧洲的"气象业务卫星"(Metop)相近或相当。我国的风云二号(FY-2)静止气象卫星系列,从1997年至今已发射4颗。前两颗A、B星作为试验试用卫星,为建立我国稳定运行的业务应用系统起到了重要作用。在A、B星的基础上,C星对主要探测仪器多通道扫描辐射计和卫星的可靠性作了重大改进,于2004年10月成功发射,自2005年1月起投入了连续稳定的业务运行。其应用系统同时开发出了20多种业务产品,为广大用户提供服务。2006年12月状态相同的D星发射成功,使我国的静止业务气象卫星实现了在轨备份和双星组网运行。我国还将继续发射多颗FY-2卫星,以确保静止气象卫星长期、稳定、连续地进行业务运行,并与新一代静止气象卫星完成在轨业务衔接。

从当今世界各国在轨运行的气象卫星和未来的发展计划来看，主要发展趋势如下。

(1) 提高探测仪器性能。探测仪器决定了气象探测的成败和优劣，因此它是重要部件，各国将探测仪器的改进都放在首位，主要是提高分辨率。提高地面分辨率，可改善小尺度灾害天气预报的地域精度；提高光谱分辨率，可增加遥感信息并改善垂直分辨率；提高时间分辨率，可对天气现象的细微变化和小尺度、短寿命的剧烈天气变化进行有效观测；提高温度分辨率，可促进对地表、海洋和云层温度测量精度的提高，增加遥感仪器通道数目。通道划分越来越细以利于区分不同的遥感对象。对于垂直探测器来说，通道越多，垂直分辨率也就越高，可增强垂直探测能力。大气温度、湿度的垂直分布是天气数值预报和提高中长期预报精度的必要数据。因此在静止气象卫星上增加红外和微波垂直探测仪器是必然的；为了获取更多的地球大气和周围环境的信息，需要增加新型探测仪器，采用新的遥感波段，发展主动遥感。

(2) 数据传输数字化。目前气象卫星播发两种资料：一种是高分辨率数字资料，另一种是低分辨率模拟资料（主要是模拟云图）。为了改善传输质量，国际气象卫星协调组织（Coordination Group for Meteorological Satellites，CGMS）和各个气象卫星拥有国，一致同意将现有的气象卫星低分辨率模拟云图（WEFAX）数字化，以提高云图数据传输质量。静止气象卫星以低速率信息传输（LRIT）取代 WEFAX，极轨气象卫星将以低分辨率图像传输取代 APT。LRPT 传输的内容为低分辨率数字云图，而 LRIT 的内容则要广的多。除了云图之外，还有其他数字资料，如数字天气预报产品、高空观测和台风预报等。

(3) 卫星采用三轴姿态稳定。静止气象卫星姿态稳定方式与观测功能密切相关，美国、日本的新一代静止气象卫星都采用三轴姿态稳定。采用三轴姿态稳定可使对地观测的时间利用率从 5% 提高到 100%。同时使红外探测灵敏度大幅提高；数据传输码速率下降，信道带宽窄，设备简化；垂直探测和成像可同时进行。缩短观测时间，观测区域二维灵活可控，观测频次也随之增加，地面定位精度提高。但是，三轴姿态稳定技术难度较大，卫星成本高，运行难度和代价也高。

(4) 研制专用卫星。目前由极轨和静止两种轨道气象卫星组成的气象卫星全球观测系统，已被实践证明是有效可行的。因此，这两个系列的气象卫星还会不断改进和发展。但是随着应用领域的不断拓宽以及应用水平的继续深入。如今的气象卫星观测系统已经不能满足需求，此外，为了实现能够进行某些专项探测活动的设想，对未来气象卫星观测系统提出了更新更高的要求-及时、迅速地增加若干低成本的装载单一观测仪器的专用卫星和小卫星星座。

(5) 其他方面。增强星上数据分发功能，静止气象卫星还承担着气象数据分发的功能，因此，尽量提高气象数据分发的速率也是各国追求的目标。积极推进一星多用技术，一个卫星平台可分为不同应用系统共用是一种经济的方法，同时，各应用部门在卫星、发射和运行等方面可节省大量经费，而且资料可以互相对照补充。增强星上数据存储功能，发展大容量、高可靠性的存储器及数据压缩技术对于数据的记录和回放是非常重要的（王晓海，2006）。

6.5 气象卫星应用

从空间遥感地球大气，解决了气象观测中长期无法解决的海洋、沙漠和高山等人烟稀少地区的观测资料获得问题、观测资料空间分布的均匀性问题以及观测结果的同一性问题。它还具有实时性强、时间分辨率高，图像资料具有直观、生动等优点（阳春，1995）。因此，气象卫星的应用领域越来越广泛，主要包括天气预报、大气环境监测、灾害监测三大方面。

6.5.1 天气预报

气象卫星已成为各国每天预报天气的主要资料来源，气象卫星提供的预报天气的资料已成为人们日常生活和国民经济中不可缺少的工具。同时，气象卫星也成为气象学家、环境学家、地球学家以及科学教育工作者的得力助手。尽管目前的天气预报还不能达到百分之百的准确率，但气象卫星至少已成为一个国家观测气候变化的一种手段。除上述各类学科专家们需要气象卫星资料外，农业、航空航海业、建筑、石油工业、船舶工业等各行各业都离不开气象卫星。因此，气象卫星对气象观测和整个气象事业的发展具有划时代意义（阳春，1995）。

1. 观测雾与层云

气象卫星的可见光图像通常被用于识别和监测雾与层云的消散，而其红外图像则用来在夜间观测雾和层云的形成。利用气象卫星的动画图像有助于了解雾和层云的变化以及对雾和层云进行区分。雾在山地区域通常表现为一种独特的树枝状分布，这可以很容易地在卫星可见光图像上识别出来。然而如果雾没有被限制在山谷中，它的形态就与其他的云极相似，因而不易识别。分析人员必须对云图的一些特征进行仔细观察才能把雾和层云从其他云中区分开来。

2. 观测风

在数值预报的研究中，需要大量的全球初始风场资料，因而全球大气风场资料的观测对于数值预报来说是一个十分重要的信息源。卫星观测的风是指利用间隔为半小时或一小时的连续几幅静止气象卫星图像追踪图像上目标图像块的位移，并估算目标图像块所代表的云或水汽特征所在的高度层次，从而获得这些层次上风的大小和方向。自1966年美国NASA发射的第一颗静止卫星ATS-1后很快证明，这些静止卫星的图像动画能观测到云和天气系统的移动和变化。根据测量云或水汽的运动所得到的风的定量估算已成为卫星资料的重要产品。目前美国的GOES、欧空局的Meteosat、日本的GMS、印度的Insat以及中国的FY等静止气象卫星都有测风产品，组成了卫星测风的大范围覆盖区，并通过世界电传系统向全球发布一天两次的卫星观测风记录，大大弥补了测站稀少地区常规测风资料的不足，为数值预报模式的输入提供了宝贵的风资料来源，这无疑是对全球风场资料的有益补充。迄今为止，卫星测风分为三类，即云迹风、水汽风和洋面风（蒋尚城，2006）。

3. 降水的评估

降水的异常对人类生态环境的发展以及地球水分循环的能量平衡都具有极其重要的影响。另外，热带地区的对流降水及其所伴随的大量潜热释放是全球大气环流的主要驱动力之一。要诊断全球气候系统的变化，必须仔细监测热带降水的变化。降水对于大气环流、气候诊断以及气候模式的检验和全球变化的研究有重要意义。

6.5.2 大气环境监测

大气环境是指人类和生物赖以生存的大气所具有的物理、化学和生物学特性。大气环境遥感主要监测对象是大气中的臭氧、CO_2、SO_2、甲烷等与大气环境质量和全球环境变化密切相关的大气可变组分,以及气溶胶、有害气体、沙尘暴等大气杂质。由于这些物理量的成分较小,且波谱特征较为简单,所以监测较为困难,特别是臭氧、CO_2、SO_2、甲烷等大气可变组分。但是由于监测对象在紫外、可见光、红外波段的吸收特性和对不同波段太阳辐射的差异,综合利用常规的可见光、紫外等高光谱遥感,仍然可以较好地实现对大气环境的遥感监测和分析。

1. 二氧化硫遥感监测

二氧化硫（SO_2）是空气环境质量的指示参数和环境变化研究中的核心参数之一,该气体主要来源于火山喷发的自然排放和化石燃料燃烧的人为排放。一般来说,大气中二氧化硫质量浓度达到 $1.4mg/m^3$ 时,对人体健康已有潜在危害;质量浓度在 $0.3mg/m^3$ 时,可损坏农作物。二氧化硫气体的浓度较小,且聚集高度主要集中在平流层和对流层的底部,遥感监测较为困难,对卫星传感器的性能要求也较高。截至目前,二氧化硫遥感探测器主要是紫外或红外高光谱传感器。首台卫星传感器为 1978 年 10 月 25 日美国 NASA 发射的 Nimbus-7 卫星上所搭载的臭氧总量观测仪（Total Ozone Mapping Spectrometer, TOMS）,但是该传感器只能够探测到火山喷发所形成的高浓度二氧化硫气体。直到 1996 年 7 月 2 日,美国 NASA 发射的地球观测卫星 EP（Earth Probe）上搭载的 TOMS/EP 传感器才实现了对人为排放二氧化硫的探测。随后,1995 年 5 月,欧空局（ESA）发射的 ERS-2 卫星所搭载的全球臭氧监测仪（GOME）、2002 年 3 月 ESA 发射的 ENVISAT-1 卫星所搭载得扫描成像吸收光谱大气制图仪（SCIAMACHY）、2004 年 NASA 发射的 Aura 卫星所搭载的微波临边探测仪（MLS）和臭氧监测仪（OMI）在技术和性能上有较大的进步和改善,特别是 OMI 传感器。OMI 以推扫方式观测可见光和紫外波段太阳后向散射辐射,采用 740 个通道实现高光谱对地观测成像,数据产品包括臭氧、NO_2 和 SO_2 等气体的柱总量、气溶胶与云参量、UV-B 通量和臭氧廓线。

2. 氮氧化物遥感监测

氮氧化物包括多种化合物,如一氧化二氮（N_2O）、一氧化氮（NO）、二氧化氮（NO_2）、三氧化二氮（N_2O_3）、四氧化二氮（N_2O_4）和五氧化二氮（N_2O_5）等。除二氧化氮以外,其他氮氧化物均极不稳定,遇光、湿或热变成二氧化氮及一氧化氮,一氧化氮又变为二氧化氮。大气环境中的氮氧化物主要是一氧化氮和二氧化氮等几种气体混合物,并以二氧化氮为主。就全球来看,空气中的氮氧化物主要来源于天然源,但城市大气中的氮氧化物大多来自于燃料燃烧,即人为源,如汽车等流动源、工业窑炉等固定源。

由于 NO_2 是氮氧化物的主体,所以目前遥感监测中主要是针对二氧化氮监测开展的。二氧化氮在波长 $0.215\mu m$ 附近、$0.3 \sim 0.57\mu m$ 和 $5.8\mu m$ 附近具有较强的吸收特征,其中在 $0.3 \sim 0.57\mu m$ 的吸收特征最为显著。而在 $5.8\mu m$ 附近,由于与水汽吸收带处在同一范围,所以一般不用来监测二氧化氮。根据二氧化氮在 $0.3 \sim 0.57\mu m$ 强吸收的波谱特征,目前设计且可以用来进行二氧化氮定量反演的传感器有 GOME、MOPPIT、TOMS、OMISAGE Ⅱ、SAGE Ⅲ、SBUV-2、SCIAMACHY、TES 等。OMI 仪器是目前应用最为广泛的二氧化氮遥感探测器之一,已经被广泛应用于二氧化氮全球变化、全球分布特征、重要大气环境事件的监测及影响分析。

3. 气溶胶遥感监测

气溶胶,又称气体分散体系,是由固体或液体小质点分散并悬浮在气体介质中形成的胶体分散体系。常见的雾、烟、霾、轻雾（霭）、微尘和烟雾等，都是天然的或人为的原因造成的大气气溶胶。气溶胶按其来源可分为一次气溶胶（以微粒形式直接从发生源进入大气）和二次气溶胶（在大气中由一次污染物转化而生成）两种。它们可以来自被风扬起的细灰和微尘、海水溅沫蒸发而成的盐粒、火山爆发的散落物以及森林燃烧的烟尘等天然源，也可以来自化石和非化石燃料的燃烧、交通运输以及各种工业排放的烟尘等人为源。自 20 世纪 70 年代中期，人类开始利用遥感技术进行气溶胶监测以来，随着遥感技术的不断发展，气溶胶遥感监测已经成为气溶胶监测的主流技术之一，并且许多遥感系统均设计有气溶胶监测所需要的波段，如 GEOS 计划、EOS 计划、ADEOS 计划、和 ENVISAT-1 计划。AVHRR 和 MODIS 遥感系统可以直接提供空间分辨率分别为 5km 或 10km 的气溶胶产品，被广泛地应用于气溶胶监测领域。

4. 臭氧遥感监测

臭氧在常温下是一种有特殊臭味的蓝色气体。大气层中的臭氧气体主要存在于距地球表面 20km 高度同温层下部的臭氧层中。臭氧层可吸收对太阳辐射中对人体有害的短波紫外线，阻止其辐射到地球表面，是地球上一切生命免受过量太阳紫外辐射伤害的天然屏障，对人类的生存和健康、生态环境等具有重要作用。臭氧层除了屏蔽大量太阳辐射中的紫外辐射外，还参与了大气环流。臭氧的减少，不仅直接给地球上的生命带来严重威胁，而且使地球大气低层变暖、高层变冷，加重温室效应，从而导致地球气候和大气形式的更大变化。通过监测，近年来的全球臭氧总量开始呈现下降趋势，且这种趋势正在加剧，因此维护臭氧层的平衡已成为一个全球性的环境问题。臭氧的吸收光谱特征趋势是利用遥感技术进行臭氧含量监测的依据，通过测量吸收谱线的强度，还可以得到臭氧的浓度。臭氧的吸收线分布在电磁波谱的若干谱区，因此有许多的技术方法测量臭氧。

5. 温室气体遥感监测

目前，实施温室气体（二氧化碳、甲烷等）遥感监测计划的国家主要有美国和日本，美国的计划名称为极轨碳观测卫星（orbiting carbon observatory, OCO），于 2009 年 2 月 24 日发射失败。日本则在 2009 年 1 月 23 日用一枚 H2A 火箭将世界首颗温室气体观测卫星"IBUKI（呼吸）"号发射升空。卫星长为 2m，宽为 1.8m，高为 3.7m，发射重量约 1.75t。卫星将在近地点高度约 667km、远地点高度约 683km 的太阳同步准回归轨道上运行，用高精度的传感器观测地球上二氧化碳等温室气体的浓度，并已经成功应用到温室气体二氧化碳和甲烷气体的监测。

6.5.3 灾害监测

灾害主要包括自然灾害（自然变异为主因产生并表现为自然态的灾害，如地震、海啸、飓风、洪灾等）、人为灾害（人为影响为主因产生并表现为人为态，如火灾等）、自然人为灾害（由于自然变异引起但却表现为人为态的灾害，如太阳活动峰年发生和传染病大流行）、人为自然灾害（人为影响为主因但表现为自然态，如过度采伐森林引起的水土流失、过量开采地下水引起的地面沉陷等）。防灾减灾是当前全球面临的重要问题，特别是近年来发生在东南亚的海啸灾害、发生在中国的两次强地震、中国西南干旱以及南部地区的洪涝灾害等，更是再次对人类防灾减灾的能力提出了严峻的挑战。灾害前获取孕灾因子并预测灾害发生的时间与范围，灾害过程中实时监测灾害演变趋势与规律以辅助救灾减灾，灾害结束后获取灾区信息以辅助灾区重建与救济等都要求准确、动态的灾情信息。灾害遥感的主要原理在于：灾害往往发生在一定的空间，因此地表空间呈现出明显的结构变化；灾害往往是一个动态，因此灾区处于快速变化之中（包括范围扩展和灾害程度变化）；不同受灾程度往往会表现出不同地表覆盖的光谱特征，因此能够在光谱维得到体现；孕灾因子往往可以通过遥感影像直接或间接地进行提取解译。因此灾害遥感可以从时间、空间和光谱三维开展，既可以提取灾害的背景信息，还可以提取灾害的态势信息，同时能够进行动态的灾害分析（杜培军等，2007）。利用气象卫星进行自然灾害的监测具有实时、准确、方便的特点，应用范围已扩展到整个地球环境的监测、预报和服务领域，取得了显著的经济效益和社会效益。因此，气象卫星对防灾、减灾工作有划时代贡献。如利用 NOAA 卫星、我国 FY-2 气象卫星、CBERS 资源卫星等平台数据对气象灾害进行监测预报及预警。而且，随着遥感图像的空间分辨率、光谱分辨率和时间分辨率在不断提高，为自然灾害的监测提供了极好的数据源。

1. 旱情监测

干旱是指由于水分的收支或者供求不平衡形成的水分短缺现象。在自然界，一般有两种类型的干旱。一类是由气候特性、海陆分布、地形等出现的区域干旱区，在干旱区内，可以由水分短缺状况或降水量的多少划分为绝对干旱、半干旱、半湿润等类型。另一类干旱是由诸如气候变化等因子形成的随机性异常水分短缺现象，称为短期干旱。这类干旱可以发生在任何区域的任何季节，在多数情况下所说的干旱指这类干旱（徐向阳，2006）。据统计，每年因干旱造成的全球经济损失高达 $60\times10^8\sim80\times10^8$ 美元，远远超过其他气象灾害。目前，干旱灾害作为影响水资源安全的主要因素，成为影响世界发展的严重不稳定因素和影响国民经济可接续发展的瓶颈因素。因此，干旱灾害已成为全世界各国亟须解决和共同关心的主题。由于影响因素复杂，涉及面广，干旱灾害仍然是迄今为止认识最不深入的自然灾害之一。中国季风气候明显，年际间季风的不稳定性和境内由于地形等因素造成的水热分布不均导致了中国干旱灾害的频繁发生。随着社会经济的发展和人民生活水平的提高，干旱缺水的问题会越来越突出（张继权和李宁，2007）。干旱的卫星监测是 20 世纪 90 年代才开拓的遥感应用新领域，属于遥感卫星应用中难度最大的课题之一。主要困难在于没有专门的遥感通道，也没有一年四季普遍适用的方法，各种方法中没有统一的标准。干旱作为世界最关心的自然灾害之一，已经有多种方法对其进行实时的监测。

2. 台风（飓风、热带风暴）监测

一般把发展强烈的热带气旋称为台风，而热带气旋是形成在热带或副热带洋面上，是有组织的对流和确定的气旋性地面风环流的非锋面性的天气尺度系统。在全球的热带气旋生成区中，西北太平洋产生台风的频率最高，占全球总数的 36%，同时西北太平洋中的台风强度也是全球最强的。中国位于西北太平洋沿岸，是世界上少数几个遭受台风影响最为严重的国家之一，不仅沿海地带时常受到台风袭击，而且大多数内陆省份也会直接或者间接受到台风的影响。从中国大陆台风活动影响范围来看，主要集中在广大沿海省份。改革开放30多年来，沿海地区的社会经济得到了飞速发展，人口和社会财富高度集中，成为抵抗台风灾害最为脆弱的地区，使沿海自然灾害的损失不断增加。卫星云图可作为气象工作者研究、分析、预报台风最有效的工具之一。我们已经使用气象卫星资料判断热带低气压是否会发展成为台风并确定台风位置、估计台风强度以及预报台风登陆地点和产生的强降水等。气象部门在气象卫星资料支持下，确定 6 级以上大风范围、强降水等，预报无一遗漏，准确及时。在减少工农业生产损失、保护人民生命财产安全方面，带来了巨大的经济效益。2007年10月初第16号台风"罗莎"，挟风裹雨一路扑向中国东南沿海，受台风正面袭击的福建、浙江两省761万人受灾。强暴雨导致杭州西湖至少有15条景区道路严重积水，白堤水位几乎与堤岸齐平。面对凶猛台风，闽浙两省在短时间内迅速组织危险区域人员150万人转移。没有造成人员死亡，显示了中国应对极端气候事件的能力（张祥根，2009）。

3. 沙尘暴监测

沙尘暴是一种气象灾害，也是突发性的灾害，它是环境恶化的征兆。沙尘暴是沙暴和尘暴两者兼有的总称。沙尘过程影响范围大，持续时间长，对社会生产和人民生活造成了严重影响。但是，由于沙尘的时空分布和强度变化很不均匀，常规观测几乎无法获取其三维时变信息，遥感便成为监测沙尘天气最为有效的手段。气象卫星覆盖范围广，观测频次稳定，从气象遥感卫星资料中提取沙尘天气的各种物理参数，不仅有助于加深我们对沙尘天气发生、发展和传播过程的理解，而且能够为沙尘天气的预报以及综合治理方案提供科学依据。随着遥感技术在沙尘暴监测领域应用的不断深入和成熟，人们已经开发了许多沙尘暴遥感监测方法。在电磁波穿过由不同大小粒径的沙尘颗粒构成的沙尘层时，沙尘颗粒会强烈地吸收地表、太阳或其他辐射源发出的电磁波，同时在沙尘表面发生反射、散射、发射等现象。随着沙尘强度的不同，传感探测器的各通道所记录的电磁辐射信息表现出了波谱特征的差异。这种具有差异的辐射特征主要是由沙尘粒子的粒径、形状、质地等物理、化学特征而共同决定的。在沙尘暴遥感研究中，沙尘颗粒形状一般被假设为球形。

4. 火灾监测

利用遥感技术监测火灾在国外始于20世纪60年代初期的航空热红外探测，但目前大都是利用对地观测卫星对火灾进行监测，主要集中在对森林火灾的监测。通常用于林火监测的主要有热红外数据、TM数据、MODIS和NOAA/AVHRR气象卫星数据。火灾监测实际上是对卫星观测到的下垫面高温目标的识别。地面高温目标通常由卫星携带的扫描辐射仪观测的资料经过一定的加工处理得到。但并非所有的热点都是火点，为排除这些异常热点和固定热源的信息，在综合利用各通道卫星资料的同时，往往需要加入一些其他辅助信息，如地理信息数据，以确定下垫面的类型，提高火灾监测评估的正确性和可靠性（杜培军等，2007）。识别火点的方法主要分为人工和计算机识别两种。不管是哪种方法，首先都是在遥感图像上附加土地利用信息，即对森林、草原区的图像像元进行识别。

5. 冰雪盖监测

冰雪圈是气候系统的重要组成之一，全年平均面积约占全球面积的11.6%。它在气候系统中的作用主要在于对太阳辐射的高反射率和很低的热传导性形成了低温层，同时它又是地球上最大的淡水储存库（占全球淡水总量的85%），因而对地面及气温的影响和在辐射平衡、热力平衡及水分平衡中都起重要作用。

1）卫星监测海冰

卫星监测海冰比监测其他气候变化更容易，例如可以根据冰和海水的反射率之差用可见光辐射监测。用可见光监测海冰主要有两个问题：一是在冰和大气之间有云时会模糊冰的视场；二是可见光图像需要太阳光，但在极夜地区则因没有阳光而无法观测。利用微波辐射完全可以避免上述问题。利用微波辐射可以不受云的干扰，可全天候观测海冰，一般卫星是用被动微波辐射仪监测海冰（蒋尚城，2006）。

2) 卫星监测雪盖

雪的地面观测已有很长的历史,但受地面测站分布的限制,利用卫星观测可以得到全球的雪盖资料。卫星监测雪盖长期利用可见光和红外辐射仪,但随着微波技术的发展,已逐渐转向微波观测。

A. 可见光和红外观测雪盖

可见光和红外观测雪盖,其高反射率和低温很容易把雪盖和周围的地表区分开,所以卫星对于雪盖的观测早在20世纪60年代就开始了。但是,可见光和红外观测雪盖的最大障碍就是云的干扰,消除云的影响是卫星观测雪盖的首要问题。尽管云与雪盖的反照率差别不大以及低云和雪盖的温度比较接近,造成了可见光与红外观测雪盖的困难,但云和雪之间存在以下差别:云移动且随时间变化大,雪盖固定且变化小;云与周围温度相比低得多,而雪与周围温度相比差不多;云与雪在不同波段光谱特性上也有差异。

B. 微波观测雪盖

可见光与红外观测雪盖的主要缺点是受云的影响,同时只能判识观测点是否有雪存在,而无法得到雪深的资料,因而也无法得到可融化的雪水量。微波观测不仅不受云的影响判识雪盖的存在,同时还能得到雪深资料,从而进一步得到可融化的雪水量资料。在覆盖有中等厚度的雪的地区,卫星收到的陆地上的辐射大部分不是来自于雪本身,而是其下的地表。当地面发射的辐射向上输送时,受到雪粒散射而削弱,雪越深,削弱越大,卫星收到的辐射就越小。因此,用单一通道的微波观测就能粗略估算雪的深度,但是用单通道观测雪深受到许多其他因子的影响。对于同一微波通道,不同温度下地表发射的辐射不同;另外,雪的散射也不完全决定于雪的深度,它还受雪盖的密度和粒子大小的影响,这些复杂因子的作用都会造成估算雪深的误差。用多通道的微波观测可以部分消除这些因子的影响,提高对雪深观测的精度。雪对低频的散射小于它对高频的散射,且差值与雪深成正比(蒋尚城,2006)。

复习思考题

1. 说明气象卫星的类型及其各自特点。
2. 请列举几个国外气象卫星。
3. 简述气象卫星的应用。
4. 简述气象卫星的发展趋势。

第7章 卫星遥感原理

7.1 卫星遥感的物理基础

7.1.1 电磁波谱

电磁波是由振源发出的电磁振荡并在空气中传播,是通过电场和磁场之间相互联系传播的,是电磁场的运动形态,最先由麦克斯韦于1865年根据电磁学理论预言其存在,赫兹则于1888年第一次从实验上予以证实。电磁波的特性包括:①电磁波是横波。②在真空中以光速传播。③电磁波具有波粒二象性:电磁波在传播过程中,主要表现为波动性;在与物质相互作用时,主要表现为粒子性。④波粒二象性的程度与电磁波的波长有关:波长越短,辐射的粒子性越明显;波长越长,辐射的波动性越明显。

遥感卫星所用的电磁波谱,特别是在微波部分,非常拥挤,从而限制了遥感观测频率位置和带宽。电磁波谱的使用分配情况为:10^5 Hz附近频率范围,调幅(amplitude modulation,AM)无线电波长在千米级,并未用在遥感卫星中;$10^7 \sim 10^8$ Hz更高频率范围,包含调频(frequency modulation,FM)、电视和移动电话波段;$10^9 \sim 10^{11}$ Hz(1~100 GHz)频率范围,包含被动、主动微波遥感和大量商业、军用的通信和地面雷达业务;$10^{13} \sim 10^{14}$ Hz频率范围是红外波段;10^{15} Hz附近频率范围是狭窄的可见光波段。更高的频率区域则是紫外(ultraviolet,UV)波段(李小文等,2008)。

将各种电磁波在真空中的波长按其长短,依次排列制成图表。在电磁波谱中,波长最长的是无线电波,其按波长可分为长波、中波、短波和微波;波长最短的是γ射线。遥感常用的电磁波波段包括紫外线(0.01~0.4μm,碳酸盐岩分布、水面油污染)、可见光(0.4~0.76μm,鉴别物质特征的主要波段,是遥感最常用的波段)、红外线(0.76~1000μm,近红外0.76~3.0μm;中红外3.0~6.0μm;远红外6.0~15.0μm;超远红外15~1000μm。其中,近红外又称为光红外或反射红外,中红外和远红外又称为热红外)和微波(1mm~1m,全天候遥感,有主动与被动之分,具有穿透能力,发展潜力大)。

可见光与红外波长在0.4~20μm,在遥感中使用广泛,但易受云和大气的干扰。表7.1给出了在可见光与红外波段内及其邻近波长的术语和缩写。可见光波谱位于0.4~0.7μm,并且近似分成以下色段:400~440nm,紫色;440~500nm,蓝色;500~550nm,绿色;550~590nm,黄色;590~630nm,橙色;630~700nm,红色。紫外带的波长比可见光短。为完整起见,表7.1中列出对于生物很重要的UV-B辐射的波长范围。近红外波长比可见光长,与可见光相似,主要是反射太阳辐射。热红外包括主要由地球表面热辐射构成的信号,可用来反演地表温度。表7.2为微波频率分区与命名(李小文等,2008)。

表 7.1 从紫外到红外的光谱分区（李小文等，2008）

名称	缩写	波长范围	典型卫星波段归属
紫外	UV	10~400nm	
紫外-B	UV-B	280~320nm	
可见光	V 或 VIS	400~700nm	Landsat/TM
近红外	NIR	0.7~3.5μm	SPOT/HRV
可见近红外	VNIR	0.4~3.5μm	CBERS-1
热红外	TIR	3.5~20.0μm	Landsat/TM
可见/红外	VIR	0.4~20.0μm	Terra/MODIS

表 7.2 微波频率分区与命名（李小文等，2008）

名称	频率/GHz	波长	各种微波卫星
P	0.225~0.390	76.9~133.00cm	
L	0.390~1.55	19.35~76.90cm	SIR-A/ SIR-B/Seasat-1/JERS-1
S	1.55~4.20	7.14~19.35cm	ALMAZ-1/ ALMAZ-1B
C	4.20~5.75	5.22~7.14cm	ERS-1Radarsat-1/Lacrosse
X	5.75~10.9	2.75~5.22cm	ALMAZ-1B/Lacrosse
Ku	10.9~22.0	1.36~2.75cm	
Ka	22.0~36.0	8.33~13.60mm	
Q	36.0~46.0	6.52~8.33mm	
V	46.0~56.0	5.36~6.52mm	
W	56.0~100	3.0~5.36mm	

7.1.2 电磁辐射的本质

通常对电磁波的发射、吸收、反射和透射现象称为电磁辐射。任何物体都可以是辐射源，遥感卫星常见的电磁辐射源包括自然辐射源和人工辐射源。自然辐射源是被动式遥感的辐射源，如太阳、地球和大气。人工辐射源是主动式遥感的辐射源，如微波雷达和激光雷达。利用卫星平台上的传感器探测物体，定量记录目标物体的电磁辐射，实际上是对目标物体辐射能量的测定与分析。电磁辐射是自然界中以"场"的形式存在的一种物质。现代物理学的研究证明，电磁辐射具有两重性：波动性与粒子性。电磁辐射是振源发出的电磁场在空间的传播。电磁学理论指出：在空间某区域有变化电场，那么在其邻近区域内将引起变化磁场；同样，有变化磁场也会在其邻近区域内引起变化电场。它们相互激发形成统一的电磁场，变化的电场与磁场的交替产生，使电磁场传播到很远的区域。电磁场在空间以一定速度由近及远的传播过程，实质上就是电磁辐射，它具有波动的特性。近代物理学研究证明：电磁辐射本身是一种很小的物质微粒，电磁辐射过程就是具有质量的粒子的运动过程，这种运动在时空上是一种不连续的随机性运动，它携带一定的能量，即这些微粒不能连续地吸收或发射辐射能，只能不连续地、一份份地吸收或发射，这种情况称作能量的量子化。量子化的最小单位是光子,光子具有一定的能量和动量,而能量与动量都是粒子的属性,能量分布的量子化是粒子的基本特征。因此,光子也是一种基本粒子。

电磁辐射具有明显的波粒二象性,连续的波动性和不连续的粒子性是相互排斥,相互对立的,但两者又是相互联系并在一定条件下可以互相转化的;可以说波是粒子流的统计平均,粒子是波的量子化,在传播过程中以波动性为主,遵守波动规律,当与物质作用时又以粒子性为主。电磁辐射波长的大小影响波粒二象性的表现,波长较长、能量较小时波动性明显;波长较短,能量较大时粒子性显著(常庆瑞等,2004)。

7.1.3 电磁辐射定律

电磁波发射遵循一定的物理定律,如普朗克热辐射定律、斯特藩-玻耳兹曼定律、维恩位移定律、基尔霍夫定律等。发射率是以黑体辐射作为参照标准。黑体是在任何温度下,对各种波长的电磁辐射的吸收系数等于1(100%)的物体。它是一个假设的理想辐射体。黑体的热辐射称为黑体辐射。

1. 普朗克(Planck)辐射定律

对于黑体辐射源,普朗克成功地给出了其辐射出射度(W)与温度(T)、波长(λ)的关系,普朗克定律可表示为

$$W_\lambda(\lambda, T) = \frac{2\pi hc^2}{\lambda^5} \cdot \frac{1}{e^{ch/\lambda kT} - 1} \tag{7.1}$$

式中,h 为普朗克常数,取值 6.626×10^{-34} J·s;k 为斯特藩-玻耳兹曼常数,取值 1.3806×10^{-23} J/K;c 为光速,2.998×10^8 m/s;λ 为波长,m;T 为热力学温度,K。

该定律表示出了黑体辐射通量密度与温度的关系以及按波长分布的规律。黑体辐射的三个特性为:①辐射通量密度随波长连续变化,每条频谱曲线只有一个最大值。②温度越高,辐射通量密度越大,不同温度的曲线不同。③随着温度的升高,辐射最大值所对应的波长向短波方向移动。

2. 斯特藩-玻耳兹曼(Stefan-Boltzmann)定律

任一物体辐射能量的大小是物体表面温度的函数。斯特藩-玻耳兹曼定律表达了物体的这一性质。此定律将黑体的总辐射出射度与温度的定量关系表示为

$$W_0 = \int_0^\infty \frac{2\pi hc^2}{\lambda^5} \cdot \frac{1}{e^{ch/\lambda kT}-1} d\lambda = \sigma T^4 \tag{7.2}$$

式中,W_0 为黑体表面发射的总能量,即总辐射出射度,w/m²;σ 为斯特藩-玻耳兹曼常数,取值 5.6697×10^{-8},W/(m²·K⁴);T 为发射体的热力学温度,即黑体温度,K。

式(7.2)表明,黑体总辐射通量随温度的增加而迅速增加,它与温度的四次方成正比。因此,温度的微小变化,就会引起辐射通量密度很大的变化。此定律是红外装置测定温度的理论基础。当黑体温度增高1倍时,其总辐射出射度将增为原来的16倍。在这里我们仅强调黑体的发射能量是温度的函数。

3. 维恩(Wien)位移定律

维恩位移定律,描述了物体辐射的峰值波长与温度的定量关系,可表示为

$$\lambda_{\max} = A/T \tag{7.3}$$

式中，λ_{max}为辐射强度最大的波长，μm；A 为常数，取值为 $2898\mu m/K$；T 为热力学温度，K。

式（7.3）表明，黑体最大辐射强度所对应的波长 λ_{max} 与黑体的绝对温度 T 成反比，即随着温度的升高，辐射最大值对应的峰值波长向短波方向移动。如当对一块铁加热时，我们可以观察到随着铁块的逐渐变热，铁块的颜色也从暗红→橙→黄→白色向短波变化的现象。此定律反映出随着黑体温度的升高（或降低），黑体最大辐射峰值波长 λ_{max} 向短波（或长波）方向变化（赵英时等，2003）。

4. 基尔霍夫定律

在一定温度下，地物单位面积上的辐射通量 W 和吸收率之比，对于任何物体都是一个常数，并等于该温度下同面积黑体辐射通量 $W_{黑}$。

$$\begin{cases} \dfrac{W}{\alpha} = W_{黑} \\ \varepsilon = \dfrac{W}{W_{黑}} \\ \varepsilon = \alpha \end{cases} \quad (7.4)$$

在给定的温度下，物体的发射率＝吸收率（同一波段）；吸收率越大，发射率也越大。

$$W = \varepsilon \sigma T^4 \quad (7.5)$$

地物的热辐射强度与温度的四次方成正比，所以，地物微小的温度差异就会引起红外辐射能量的明显变化。这种特征构成了红外遥感的理论基础。

7.1.4 电磁辐射的类型

遥感卫星辐射源分为主动式和被动式辐射两种。主动式由传感器向观测目标发射电磁波，被动式辐射由传感器接收来自观测目标的电磁辐射［太阳辐射源—观测目标（大气与地表）—传感器］。

1. 主动式辐射

主动式遥感指遥感器自身发射电磁波，使用人工辐射源先向目标发射电磁辐射，然后接收和记录目标物反射或散射回来的电磁波的遥感（常庆瑞等，2004）。这个过程需要它主动发射已知的信号，再接收这些信号与地面相互作用后的回波反射信号，并对这两种信号的探测频率和极化位移等进行比较，生成地表的图像。主动遥感在于它自身提供能源而不依赖太阳和地球辐射，其特点是传感器系统自身发射微波辐射，并接收从目标反射或散射回来的电磁波。最具代表性的主动遥感器为成像雷达（赵英时等，2003）。主动式遥感的辐射源为雷达，分为微波雷达和激光雷达。

2. 被动式辐射

太阳是遥感的主要电磁辐射源。太阳辐射在近紫外到中红外这一波段内，能量最集中、最稳定，强度变化最小。太阳辐射是可见光和近红外的主要辐射源。太阳中心温度为 $15 \times 10^6 K$，表面温度约 6000K，辐射的总功率为 $3.826 \times 10^{26} W$，表面的辐射出射度为 $6.284 \times 10^7 W/m^2$。太阳的辐射波谱从 X 射线一直延伸到无线电波，是综合波谱。太阳辐射的大部分能量集中在近紫外到中红外（$0.31 \sim 5.6 \mu m$）范围内，占全部能量的 97.62%，其中可见光能量占 43.5%、近红外能量占 36.8%。在此光谱范围内太阳辐射的强度变化很小，可以当做很稳定的辐射源；X射线、γ射线、远紫外及微波波段的太阳辐射能小于1%，由于受太阳黑子及耀斑的影响，强度变化很大，它们主要影响地球电离层或通信。到达地球大气外界的太阳辐射，约30%被云层和其他大气成分反射返回太空；约有17%的太阳能入射辐射被地球吸收；还有22%被散射并成为漫射辐射到达地球表面。因此，在进入地球外界的太阳辐射中仅有31%作为直射太阳辐射到达地球表面（杜培军等，2007）。

地球辐射指地球发出的电磁波辐射，分为短波辐射（0.3~2.5μm）和长波辐射（6μm以上）。地球短波辐射以地球表面对太阳的反射为主，地球自身的热辐射可忽略不计。地球长波辐射只考虑地表物体自身的热辐射，在这个区域内太阳辐射的影响极小。介于两者之间的中红外波段（2.5~6μm），均受太阳辐射和热辐射的影响，不能忽略。对于地球的短波辐射的反射辐射而言，其辐射亮度与太阳辐照度及地物反射率有关。被地表吸收的太阳辐射能，又重新被地表辐射。从维恩位移定律可知，比太阳冷得多的地球必然进行更长波段的辐射。太阳在6000K时最大辐射强度为0.48μm（可见光绿波段），地球在300K时最大辐射强度在10μm附近（远红外波段）。

7.1.5 卫星遥感的五个过程

卫星遥感包括电磁波辐射过程、传感器与观测目标作用过程、电磁波辐射到电子信号作用过程、遥感图像生成过程和遥感图像信息处理与解译过程，遥感过程示意图如图7.1所示。

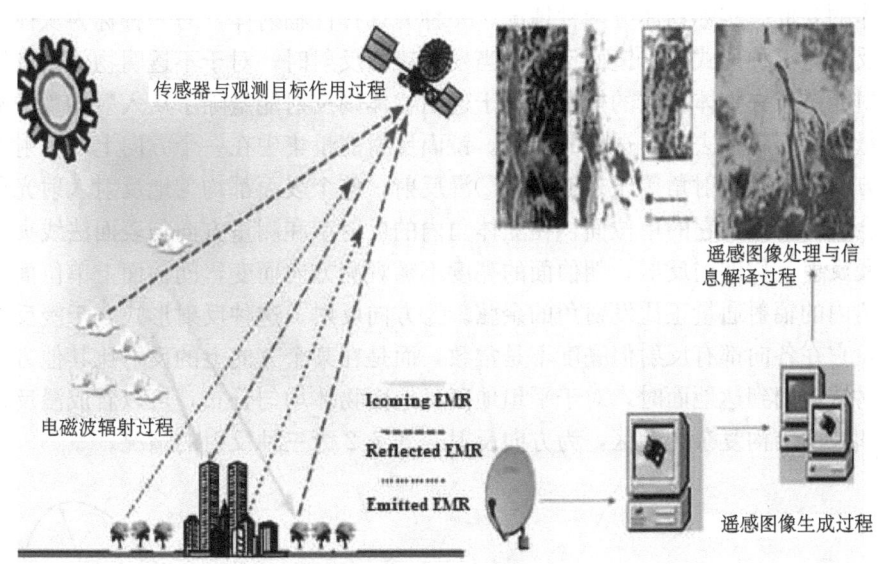

图7.1 遥感过程示意图

1. 电磁波辐射过程

1) 主动辐射过程

主动辐射过程由微波遥感器发出探测用的微波照射被测目标物体，与被测目标物体相互作用，发生反射、散射或穿透一定深度，然后接收被测目标物体散射（或反射）回来的微波信号，通过检测、分析回波信号来确定目标物体的各种特性（杜培军等，2007）。雷达是一种主动微波遥感仪器，是用无线电波探测物体并测定与物体的距离。这个过程需要它主动发射已知的微波信号，再接收这些信号与地面相互作用后的回波反射信号，并对这两种信号的探测频率和极化位移等进行比较，生成地表的数字图像或模拟图像（赵英时等，2003）。主动微波传感器记录的有关目标和背景的图像或数据，与目标、背景的发射率无关，也与日照变化无关，图像较稳定、清晰、易识别。如果合理地选择频率、极化方式和波束照射角，可获得较好的遥感效果（常庆瑞等，2004）。

2）被动辐射过程

被动式遥感系统则利用地球环境中的自然辐射源，这里，自然辐射源主要是指太阳。多数传感器都是接收太阳的辐射，特别是可见光、红外波段。地球也可以作为辐射源，探测地球辐射主要使用热红外波段。对于太阳、地球这些自然物体的研究，由于它们的复杂性，常常是首先研究其理想状态，然后再根据实际情况作一些修正或近似。对辐射源的辐射规律研究首先从绝对黑体这一理想模型开始。如果一个物体对于任何波长的电磁波辐射，都全部吸收，则这个物体是绝对黑体。实验表明，当电磁波入射到一个不透明的物体上，在物体上只出现对电磁波的反射现象和吸收现象，对于绝对黑体而言，一定满足吸收率 $\alpha(\lambda, T)$ 为1，反射率为 $\rho(\lambda, T)$ 为0，与物体的温度和电磁波波长无关。黑色的烟煤，因其吸收系数接近99%，被认为是最接近绝对黑体的自然物质；太阳也被看做接近黑体辐射的辐射源，因为绝对黑体可以达到最大的发射（彭望琭等，2002）。

实际物体的辐射不同于绝对黑体的辐射，在相同的温度之下，实际物体的辐射通量密度比绝对黑体的要低。实际物体分两种情况，一种为选择性辐射体，另一种称为灰体。物体对电磁波的反射有三种形式：①镜面反射。当发生镜面反射时，对于不透明物体，其反射的能量等于入射能量减去物体吸收的能量；对于透明物体则反射能量除了从入射能量中减去物体吸收的能量外，还应减去物体透射的能量。镜面反射能量集中在一个方向上，反射方向可根据入射的方向求取，反射角等于入射角。②漫反射。整个表面都均匀地反射入射光称为漫反射。对于全漫反射体，它的单位面积在立体角内的反射率和测量方向与表面法线夹角的余弦成正比。漫反射又称朗伯反射，朗伯面的亮度不随观测方向而变，朗伯面上单位面积在每个单位立体角内的辐射通量正比发射角的余弦。③方向反射。这种反射形式介于漫反射和镜面反射之间，它在各向都有反射但亮度不是常数，而是在某个方向上的反射比其他方向强。当电磁波辐射从空间到达地面时，对于平坦地区且地面物体均匀分布，可以看成漫反射；对于地形起伏和地面结构复杂的地区，为方向反射。图7.2为三种反射的情况。

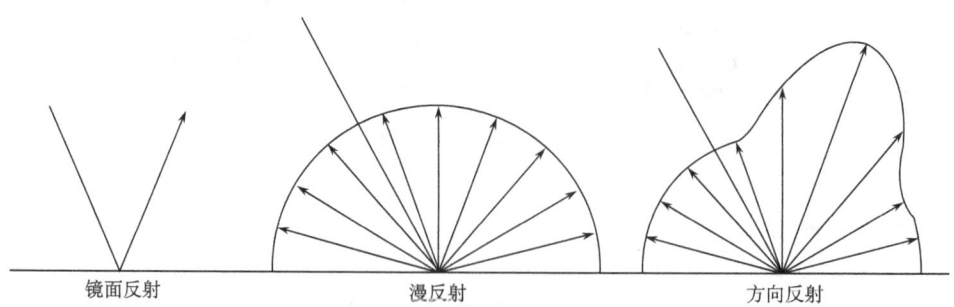

图7.2 反射的三种形式（孙家抦等，1997）

2. 传感器与观测目标作用过程

所有用于遥感的辐射均通过地球的大气层。大气在现代遥感技术中处于特殊地位，它既是遥感的对象，又是从空间遥感地面时电磁辐射必须通过的介质。太阳辐射通过地球大气照射到地面，经过与地面物体的作用又反射回大气，再经过大气到达传感器。大气物质与太阳辐射相互作用，是太阳辐射衰减的重要原因。因此，电磁辐射与大气的相互作用对遥感影响很大（常庆瑞等，2004）。

1) 大气窗口

透射是指电磁辐射与介质作用后，产生的次级辐射和部分原入射辐射穿过该介质，到达另一种介质的现象或过程，一般用透射率 τ 来表示透射能力，τ＝透射能量/入射能量。电磁辐射经大气输送时，由于大气的散射和吸收，其辐射能受到强烈衰减，如太阳辐射中的可见光经过大气时，其吸收率 $\alpha=14\%$，散射率 $\gamma=23\%$，所以透过大气到达地面的只有 $\tau=63\%$。

大气窗口是指通过大气而较少被反射、吸收或散射的透射率较高的电磁辐射波段，即能量较易透过的波段叫做大气窗口。换句话说，就是电磁辐射在大气中传输损耗很小，能透过大气的电磁波。在可见光-红外区段，常用的大气窗口为 $0.3\sim1.3\mu m$、$1.5\sim1.8\mu m$、$2.0\sim2.6\mu m$、$3.0\sim4.2\mu m$、$4.3\sim5.0\mu m$、$8\sim10\mu m$、$10.5\sim14\mu m$。在微波区段，主要采用的大气窗口为 8mm 附近和频率低于 20 GHz 的波段。

对大气透射的研究，有非常重要的意义：为传感器寻找最佳通道，给辐射校正提供基本资料。如对地面物体进行遥感时，一定要选用"大气窗口"，否则物体的电磁波信息到达不了传感器；而要对大气遥感，则应选择衰减系数大的波段才能收集到有关大气成分、云高、气压分布和温度等方面的信息（常庆瑞等，2004）。

2) 大气衰减

太阳辐射的衰减过程为：①30％被云层反射、散射回；②19％被大气吸收；③51％到达地面。电磁波在大气中传播时，因大气的吸收和散射作用，使强度减弱，即存在大气衰减。由此而引起的光线强度的衰减叫做消光。在可见光波段，吸收作用小，消光主要是由散射引起的。大气衰减的数值取决于大气状况及电磁波的波长（赵英时等，2003）。为消除由大气的吸收、散射等引起失真的辐射校正称作大气校正。大气校正是遥感图像辐射校正的主要内容，是获得地表真实反射率必不可少的一步。大气对遥感图像的影响与波长、时间、地点、大气条件、大气厚度、太阳高度角等因素有关，因此，大气校正是相当复杂的。按照校正的过程，大气校正方法可以分为直接大气校正方法和间接大气校正方法。直接大气校正是指根据大气状况对遥感图像测量值进行调整，以消除大气影响。间接大气校正指对一些遥感常用函数进行重新定义，形成新的函数形式，以减少对大气的依赖（尹占娥等，2008）。

A. 大气散射

散射是指电磁辐射与结构不均匀的物体作用后，产生的次级辐射无干涉抵消，而是向各个方向传播的现象，它实质是反射、折射和衍射的综合反映。散射主要发生在可见光波段，其性质和强度取决于大气中分子或微粒的半径 r 与被散射光的波长 λ 二者之间的相互对比关系。散射能力的大小常用散射系数来表达。散射现象可分为以下三类。

（1）瑞利散射。当 $r\ll\lambda$ 时，发生的散射称为瑞利散射，它的散射强度与入射辐射的波长的四次方成反比，即

$$\gamma \propto \frac{1}{\lambda^4} \propto \nu^4 (\lambda \gg r) \tag{7.6}$$

由式（7.6）可知，入射辐射的波长越短，散射能力越强。由于大气分子的半径是 10^{-4} μm 量级的，可见光波长为 10^{-1} μm 量级的，符合 $r \ll \lambda$，因此大气分子的散射属此，故瑞利散射又称分子散射。在晴天，空气对波长短的蓝光散射强，天空是蓝色，而黎明和黄昏时，太阳辐射穿过大气的路程长，蓝绿光已被散射殆尽，只剩下黄红光，所以阳光呈黄红色。

（2）米氏散射。当 $\lambda = r$ 时，发生的散射称米氏散射，其散射程度约与波长的二次方成反比，即

$$\gamma \propto \frac{1}{\lambda^2} \propto \nu^2 (\lambda = r) \tag{7.7}$$

（3）粗粒散射。当 $\lambda \ll r$ 时，发生的散射称粗粒散射，其散射强度与波长无关，是非选择性散射。大气中的液、固态水和固体杂质 $r > 1$ μm，都大于可见光的波长（$\lambda < r$），因此它们对可见光散射出的辐射呈白色，如云、雾等呈白色即是这个原因（常庆瑞等，2004）。

B. 大气吸收

吸收电磁辐射是物质的普通性质，是指电磁辐射与物体作用后，转化为物体的内能。根据吸收的强弱和随波长的变化，吸收分为两种：①一般吸收，在电磁辐射的整个波段内都有吸收，且吸收率随波长的变化几乎不变的吸收；②选择吸收，在一些波段上吸收很大，而一些波段上吸收很少，即吸收率随波长的变化有急剧变化的吸收。任何物质对电磁辐射的吸收都是由这两种吸收组成，如石英在可见光范围内为一般吸收，在红外波段为选择吸收。

电磁辐射通过介质时，由于介质的吸收作用，强度必然减弱，减弱程度用朗伯定律表示。大气中有许多对电磁辐射具有吸收性的物质，它们选择吸收电磁辐射的某些波段，主要的吸收物质和吸收波段如图 7.3 所示。由图 7.3 可知：①水汽对电磁辐射的吸收最为显著，其吸收带集中在中红外波段。水汽是吸收太阳辐射能量最强的介质，到处都是吸收带，主要的吸收带处在红外和可见光的红光部分。因此，水对红外遥感有极大的影响。②臭氧吸收集

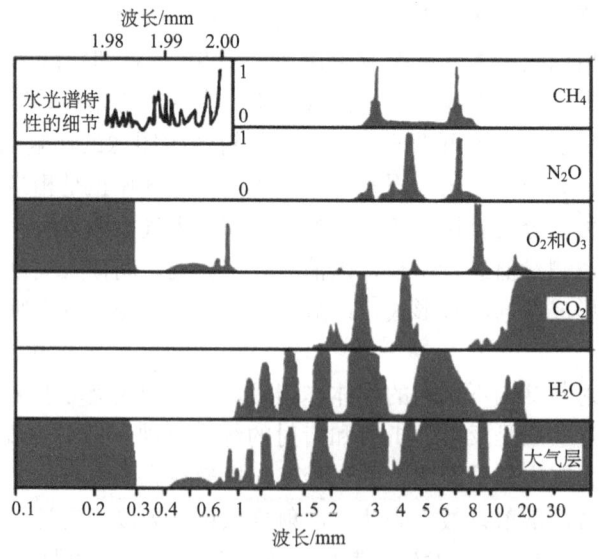

图 7.3 大气组分的吸收光谱（常庆瑞等，2004）

中在紫外波段，对波长 0.3μm 以下的波段全部吸收，在 9.6μm 附近有一个很窄的弱吸收带。③氧气对电磁辐射的吸收发生在小于 0.2μm、0.69μm、0.76μm 几处，但都很弱，这就是高空遥感很少使用紫外波段的原因。④CO_2 对电磁辐射的吸收主要发生在大于 2μm 的红外波段，量少，吸收作用主要在红外区内，可以忽略不计。此外，尘埃、N_2O、CH_2、CO 等也对电磁辐射有所吸收。

3. 电磁波辐射到电子信号作用过程

电磁波辐射到电子信号作用过程见图 7.4。首先，收集器收集或接收目标物发射或反射的电磁辐射能，并把它进行聚焦，然后送往探测系统。扫描仪用各种形式的反射镜以扫描方式收集电磁波，采用抛物面聚光。然后利用探测器进行能量转换、测量和记录接收到的电磁辐射能。接下来，利用处理器将探测器得到的化学能或电能等信息进行加工处理，即进行信号的放大、增强或调制。最后，把接收到的各种电磁波信息用适当方式输出，亦即提供原始的资料、数据（常庆瑞等，2004）。

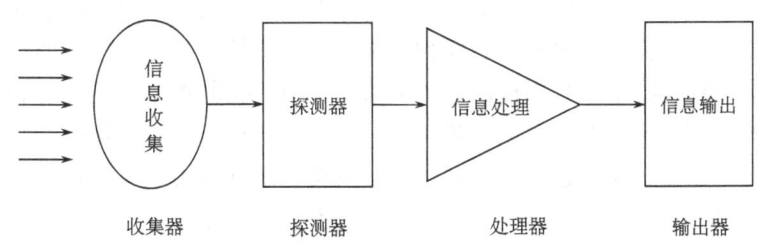

图 7.4　电磁波辐射到电子信号作用过程

扫描仪的输出信号是电信号，便于传送、记录、分析和处理，并可经过处理转换成影像或磁带。扫描仪的工作波谱范围宽，扫描是逐点、逐行地以时序方式获取的二维图像，其感测的过程是可逆的，即探测器在感测过程中并不消耗能量。扫描仪所获得的数据是定量的辐射量数据，便于校正；可同时收集几个不同波段通道的数据资料。扫描仪可应用于红外波段的成像，也可用于从近紫外到红外范围内的多波段扫描成像。在红外扫描仪基础上发展起来的多光谱扫描仪，其波长范围已超出了红外波段，包括电磁波谱中的紫外、可见光和红外三个部分。多光谱扫描仪根据大气窗口和地物目标的波谱特性，用分光系统把扫描仪的光学系统所接收的电磁辐射分成若干波段，目前已有 4 个波段到 24 个波段的扫描仪。

4. 遥感图像生成过程

遥感平台与传感器系统按照控制中心的指令进行工作，主要接收来自地面上各种地物的电磁波信号，同时收集各地面数据收集站发送的信息，将这两种信息发回地面数据接收站。以地面站为核心，地面接收器接收卫星发射回来的电子信号，将电子信号处理为图像。控制中心是整个系统的核心，负责监测遥感的工作状况，并及时向平台与传感器发送各种指令，以指挥它们的工作。地面遥测数据收集站是无人工作站，它分布在高山、荒漠和边远地带，自动收集各种环境数据，并将这些数据发送给卫星。跟踪站负责监测卫星的运行。数据接收站是各种遥感信息和数据的接收中心。数据中继卫星负责保证全球数据的实时传输。

遥感卫星采用视频传输方式回收信息，需要地面接收站接收数据。遥感数据的地面接收站主要接收卫星发送下来的遥感图像信息及卫星姿态、星历参数等，将这些信息记录在高密度数字磁带上，然后送往数据处理中心处理成可提供用户使用的胶片和数字磁带等。发射卫星的国家除了在本土建立接收站以外，还根据本国和其他有关国家的需要，在其他国家建立接收站。那些接收站的主要任务仅仅是接收遥感图像信息。本土上的接收站除了这项任务外，还担负发送控制中心的指令，以指挥星体的运行和星上设备的工作，同时接收卫星发回的有关星上设备工作状态的遥测数据和地面遥测数据收集站发送给卫星的数据，因此责任更重大。每个接收站都有一个跟踪卫星的大型天线，天线的旋转形成了跟踪卫星的一个张角（图7.5），这个张角确定了跟踪卫星的最大范围，在这个范围内，卫星发送的信息它都能接收，超过这个范围就接收不到任何信息。这个范围通常用接收直径或接收半径表示。很明显，当张角越大，星体轨道高度越高时，接收半径就越大。一般陆地卫星接收站的天线张角为±85°，当卫星飞行高度为700km时，其接收半径为2000km左右，在这个范围内卫星所获取的图像信息都能直接发送给地面接收站。为了获取这个范围以外的图像信息，就必须建立新的接收站，这样一来就需要考虑接收站的合理布局和数量。但是不可能在地球表面均匀地布设接收站。所以需要在卫星上装载宽频磁带机，记录接收站视场以外的地表信息以延时发送，即在卫星飞越接收站接收半径以内的地域上空时，将其他地区的信息和接收半径范围内的信息一起发回。美国陆地卫星最初装有两台宽频磁带机，以克服接收站数量与分布的局限，但磁带机有时也会丢失信息，后来利用中继卫星，全部改为实时发送方式。接收站除了接收本国卫星发回的信息，还可以经过其他国家的允许，每年交纳一定费用接收其国家卫星发送的图像信息（常庆瑞等，2004）。

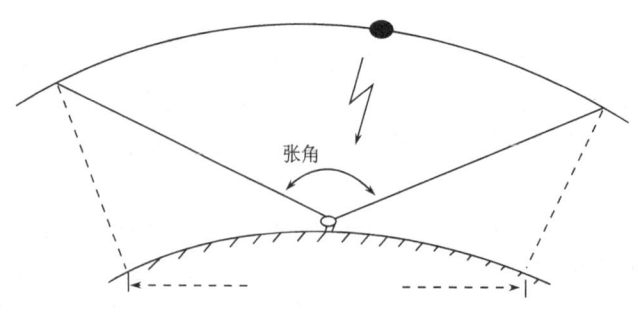

图7.5 接收站范围（常庆瑞等，2004）

5. 遥感图像信息处理与解译过程

任何遥感系统获得的原始图像数据均是三维地表景观的二维投影显示，存在着不同程度、不同性质的几何形态畸变和辐射量的失真等现象，要实现遥感应用，必须对原始遥感影像进行多种处理以实现用户目标。遥感传感器获取信息并传输到地表后，信息要经过两个层次的处理，首先在接收端进行必要的系统处理，如几何粗校正、辐射校正后，然后进行面向用户的多种处理。遥感图像处理的目的和内容主要包括三个方面：①对接收系统获得的遥感信号进行处理和记录，回放出原始遥感图像，对图像中存在的畸变及失真现象，根据成像机理与相应的构像方程数学模型进行补偿和校正，统称为图像生成回放、图像恢复或校正处理。②根据人眼的视觉原理和观察事物的特点对遥感图像进行各种变换和增强，以改善和提高遥感图像中反映地物目标特性的视觉效果与可识别性，统称为遥感图像的变换和增强处理。③对原始遥感图像所反映的地物目标波谱特性进行反演、统计和分析解译，提取出地物目标类别及其空间分布等信息，统称为遥感图像特征信息分析提取与识别分类处理（杜培军等，2007）。

1）预处理过程

A. 辐射纠正

传感器在获取信息过程中受到大气分子、气溶胶和云粒子等大气成分吸收与散射的影响，使其获取的遥感信息中带有一定的非目标地物的成像信息，数据预处理的精度达不到定量分析的要求，消除这些大气影响的处理过程称为大气校正（亓雪勇和田庆久，2005）。大气辐射校正的目的就是将传感器的测量值转换为地物真实的反射信息。

地面辐射校正是遥感影像辐射校正的主要内容，是获得地表真实反射率的必不可少的一步。地形对光学遥感卫星影像数据辐射亮度的影响是非常显著的，太阳光线和地表作用以后再反射到传感器的太阳光的辐射亮度和地面倾斜度有关。遥感卫星传感器接收辐射能量包括地面目标接收到的辐射能量，以及遥感传感器接收到的来自地面目标的反射能量。地形不仅影响地面所接收的辐射能量，同时，地形的变化也会改变太阳辐射源、地面目标和遥感卫星传感器三者所构成的几何结构，而这种几何结构决定着地面目标在遥感卫星传感器方向上反射辐射能量的多少（徐庆玲，2008）。常用的校正模型有：余弦校正模型、C校正模型、经验统计校正模型、Minnaert校正模型。

B. 几何纠正

遥感成像时，由于飞行器姿态、高度、速度、地球自转等因素造成图像相对于地面目标而发生几何畸变，畸变表现为像元相对于地面目标实际位置发生积压、扭曲、伸展和偏移等，针对畸变进行的误差校正称几何校正。几何校正的一般步骤为：选取地面控制点、选取校正变换函数、选取灰度值重采样模型。一般工作流程如图7.6所示。

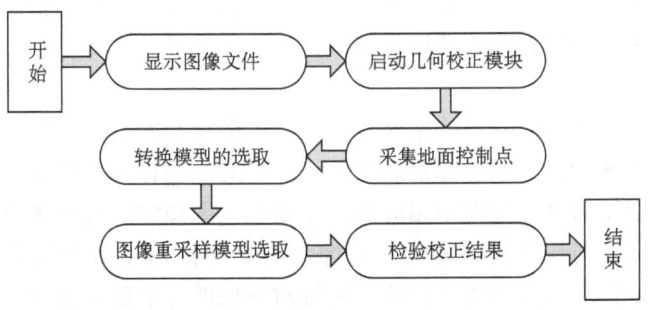

图7.6　图像几何校正一般流程

C. 正射纠正

卫星影像在成像的过程中，受到透视投影、摄影轴倾斜、大气折光、地球曲率及地形起伏等诸多因素影响，致使影像中各像点产生不同程度的几何变形而失真。影像的正射校正借助于数字高程模型（digital elevation model，DEM），对影像中每个像元进行地形变形的校正，使影像符合正射投影的要求。正射校正是将中心投影的影像通过数字校正形成正射投影的过程，其原理为：将影像化为很多微小的区域，根据有关的参数利用相应的构像方程式或按一定的数学模型用控制点解算，然后利用DEM对原始影像进行校正，求得解算模型使其转换为正射影像。

由于充分利用了 DEM 数据,故能够改正因地形起伏而引起的像点位移(徐凌等,2004)。

正射校正的方法很多,主要有物理模型和经验模型两种(栾庆祖等,2007)。物理模型以共线方程为代表,建立在严格的物理推导基础上,因此需要已知传感器的轨道参数和姿态参数等较难获取的参数才获得较高的精度;经验模型应用灵活,只要有足够数量的控制点以及该地区的 DEM 数据就可以进行正射校正,但是其精度往往受到 DEM 精度和控制点精度的影响。本书利用航空影像结合该地区的 DEM 数据,进行正射校正,一般工作流程如图 7.7 所示。

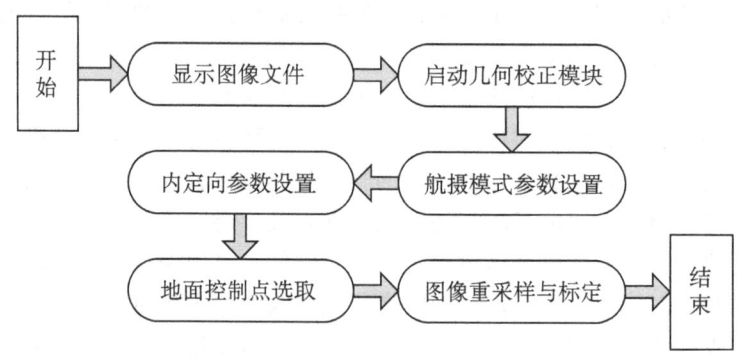

图 7.7　航空影像正射校正一般流程

2)数字图像处理

A. 图像增强

图像增强是数字图像处理最基本的方法之一,图像增强是将原来不清晰的图像变清晰或将原来不够突出的特定图像信息和特征显现出来的图像处理方法。即采用一系列技术改善图像的视觉效果,提高图像的清晰度,将图像转换成一种更适合于人或机器进行解译和分析处理的形式。目前常用的遥感图像增强处理方法有:彩色合成、亮度变换、直方图变换、密度分割、亮度颠倒、图像间运算、邻域增强处理、多波段压缩处理等。

B. 图像变换

图像空间变换是数字图像处理的重要技术之一,图像空间变换是将目标图像中的像素点坐标经过变换,得到基于原图像的像素点坐标;然后对该坐标点的像素值运用插值算法计算得到一个新的像素值作为目标图像中相应点的像素值。图像空间变换侧重于图像的空间特征或频率。图像光谱变换对应于每个像元,与像元的空间排列和结构无关,因此又称为点操作。图像光谱变换是针对目标物的光谱特征通过对图像的亮度值的改变,来增强或减弱一些特征的信息。

C. 图像融合

随着遥感技术的发展,为了充分利用多传感器、多分辨率、多波段的遥感数据以及非遥感数据自身的特点,将多种遥感及非遥感的数据结合起来,取长补短,发挥各自的优势,有助于更全面地反映地物目标,提高信息解译及分析能力。多源信息融合是指将不同类型信息源的信息进行融合(图 7.8)。主要包括:像素级融合、特征级融合、决策级融合、天地多源信息融合。

D. 图像镶嵌

当研究区超出单幅遥感图像所覆盖的范围时,通常需将两幅以上的图像拼接起来,生成

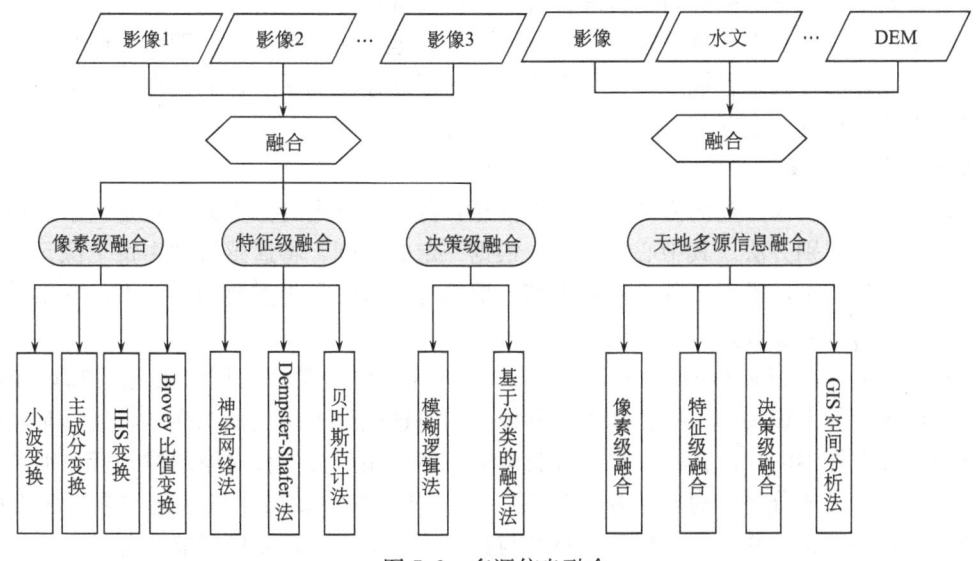

图 7.8 多源信息融合

更大幅面的图像,这个过程就是图像镶嵌。进行图像拼接时,需要确定一幅参考图像,参考图像将作为输出拼接图像的基准,决定拼接图像的对比度匹配,以及输出图像的地图投影、像元大小和数据类型。为了便于图像拼接,一般均要保证相邻图幅间有一定的重复覆盖度(严泰来等,2008)。

E. 图像裁剪

根据研究工作范围对图像进行分幅裁剪,可以将图像分幅裁剪分为两种类型:规则分幅裁剪和不规则分幅裁剪。规则分幅裁剪是指裁剪图像的边界范围是一个矩形,通过左上角和右下角两点的坐标,就可以确定图像的裁剪位置。不规则分幅裁剪是指裁剪图像的边界范围是任意多边形,无法通过左上角和右下角两点的坐标确定裁剪位置,而必须事先生成一个完整的闭合多边形区域(党安荣,2003)。

3) 解译过程

A. 目视解译获取

目视解译是一种传统的解译方法,也是一种人工提取信息的方法,使用眼睛目视观察(可借助一些光学仪器),凭借解译人员的知识、经验和掌握的相关资料,通过大脑分析、推理和判断,提取有用的信息。长期以来,目视解译是地学专家获取区域地学信息的主要手段。

目视解译是利用图像的影像特征(色调或色彩,即波谱特征)和空间特征(形状、大小、阴影、纹理、图形、位置和布局),与多种非遥感信息资料相组合,运用生物地学相关规律,进行由此及彼、由表及里、去伪存真的综合分析和逻辑推理的思维过程。

长期以来,目视解译是地学专家获得区域地学信息的主要手段。正如陈述彭先生所说,"目视解译不是遥感应用的初级阶段,或者是可有可无的,相反,它是遥感应用中无可替代的组成部分,它将与地学分析方法长期共存、相辅相成"。由于综合利用了地物的色调或色彩、形状、大小、阴影、纹理、图案、位置和布局等影像特征知识,以及有关地物的专家知识,并结合其他非遥感数据资料进行综合分析和逻辑推理,目视解译能达到较高的专题信息提取的精度,尤其是在提取具有较强纹理结构特征的地物时更是如此。即使在计算机自动分类技术日渐成熟的今天,目视解译仍是重要的获取遥感信息的手段,而且自动分类的结果也需要专业人员的目视鉴定。

B. 自动解译获取

用计算机遥感图像分类的方法获取地物信息,其中最常用的分类方法就是基于地物光谱特征的统计模式识别方法。其中心思想是,根据一定的规则,将遥感影像中每个像元按其光谱特征进行统计分析,进而划分为不同类别。根据分类方法是否需要训练样本,可将分类方法分为监督分类和非监督分类两大类别。

监督分类方法(supervised classification)又称为训练分类法,即参考先验知识和辅助信息,在遥感图像上识别出一些已知类别的像元,将这些样本构成训练样本,通过对训练样本的学习并提取样本的统计特征,得到分类模板,然后用分类模板对原图像进行识别具有相似特征的像元,完成分类(梅安新等,2001)。在对研究区域比较了解或已掌握更多先验知识的情况下,为了将这些有用的辅助信息参与到遥感分类中,需要使用监督分类方法。监督分类方法中最主要的是分类模板的建立,而分类模板的精确与否又依靠训练样本的精度,因此训练样本的选取直接影响着分类结果的可靠性。分类模板的建立是一个循环过程:选择样本、建立分类模板、执行分类、分类结果评价、修改模板、再次分类,如此反复,直到分类结果满意为止。监督分类简单实用,但在处理分类前必须确定好已知地物样本的分类特征及其参数,这是分类成败的关键。已知样本分类特征及其参数的确定要有代表性,要有足够的样本(或像元)作为统计的基础。此外,由于环境的变化及其复杂性,以及干扰因素的多样性和随机性,由训练场地已知样本所获得的分类特征及其参数,只能代表一定时间和具体地域的情况,不能无条件地推广。若

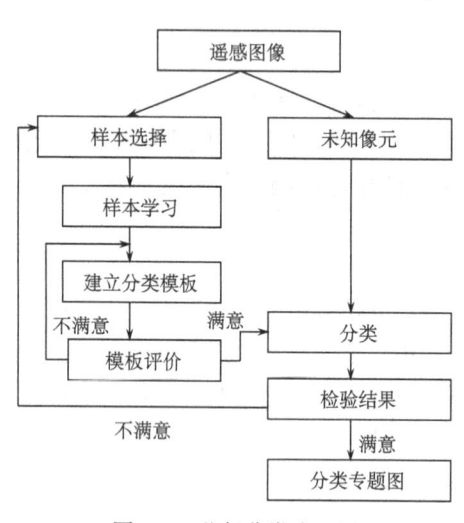

图 7.9 监督分类流程图

地区情况或环境条件变化,应该另选训练场地,以免造成较大的误差或误判。总体流程如图 7.9 所示。

非监督分类方法是在没有先验类别(训练场地)作为样本的条件下,即事先不知道类别特征,主要根据像元间相似度的大小进行归类合并(将相似度大的像元归为一类)的方法(赵英时等,2003)。非监督分类方法不需要掌握研究区域内有关成像地物的任何先验知识,仅仅依靠图像上不同地物类别之间的光谱差异来进行地物特征提取和识别,将初始地物分为若干光谱类别,最后将分出的若干光谱类别与实际地物类型一一对应,完成分类过程。因此,执行非监督分类方法的前提是假设遥感图像上相同的地物在同等成像条件下具有相同的光谱特征。非监督分类又称边学习边分类法。它直接对输入的数字图像像元数值(亮度值)进行统计运算处理,分别将每个像元归纳到由图像各波段构成的多维空间中的集群中,达到分类识别的目的。例如,一幅 TM 图像有六个波段(不包括 TM6 波段),图像中的每个像元

即由这六个波段（TM1、TM2、TM3、TM4、TM5、TM7）构成的六维空间中一个确定的点与之对应。由于同一类型的地物有着相近似的光谱特性，这样相同性质的像元点就汇集在空间中的一定范围的区域内，形成点的集群。不同类型的地物，则在空间中的不同地域形成集群。非监督分类过程实际上是一个聚类集群的过程，根据遥感图像上像元的光谱特性（灰度值），采用一定的聚类算法，将像元聚集到一些初始类别中。随着遥感技术的发展，产生了很多种聚类算法。总体流程如图 7.10 所示。

7.1.6 卫星遥感的四种分辨率

遥感影像记录着目标地物反射、发射的电磁波经过与大气相互作用后到达遥感传感器的强度，这一强度是遥感探测目标的信息载体。通过遥感影像可以获得目标地物的大小、形状及空间分布等特征和目

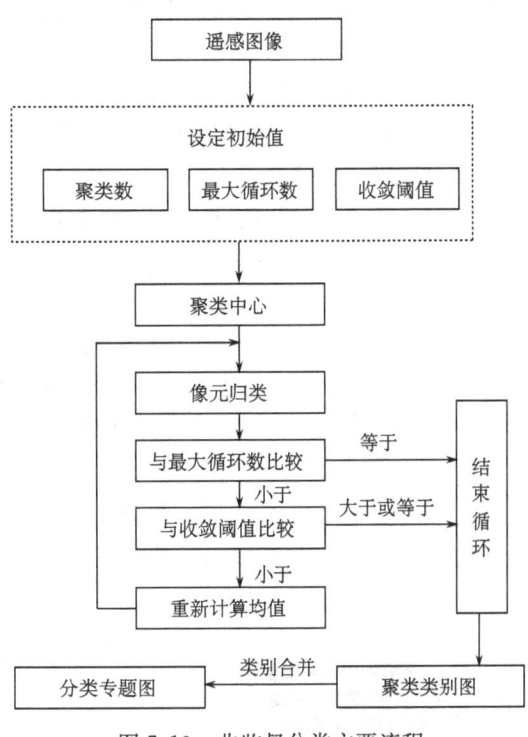

图 7.10　非监督分类主要流程

标地物的属性特征以及目标地物的变化动态特征。遥感数据的多源性（即多平台、多波段、多视场、多时相、多角度、多极化等）使我们可以认为遥感影像是一种"多维的"数据。因此一幅遥感影像质量可以用几何特征、物理特征和时间特征来度量和描述，这三个特征的表现参数即为空间分辨率、光谱分辨率、辐射分辨率以及时间分辨率，其中前三种分辨率共同决定从遥感影像上可以识别地物、提取地物信息能力的大小，而时间分辨率决定着遥感影像表达地物形态变化能力的优劣。

1. 空间分辨率

空间分辨率是指遥感影像表达地面目标空间几何信息的性能。空间分辨率又称为几何分辨率。需要注意的是，这里的"分辨"与人们习惯上理解的"分辨"有本质的区别。通常人们理解的"分辨"是指能够将各种地物从影像上识别出来，"分辨"与"识别"等同。但是能否真正将具体某种地物从影像上识别出来，并不完全取决于影像表示地面目标空间几何信息的性能，还要取决于其他性能，其中影像表示地面目标明暗、色彩信息的性能就是决定能否从影像识别出某种地物的一个重要因素。例如，要在田间识别禾苗与杂草，仅靠几何信息的提取是不够的，还要看其色调等其他信息。在这里，遥感的"空间分辨率"专指遥感影像表示地面目标空间几何信息的性能，要与能否进行地物的识别严格区分开来。空间分辨率在遥感中不同的场合有不同的具体定义。遥感影像一般可分为两种：模拟影像与数字影像。前者一般是由模拟摄像机将地物影像聚焦投影在感光胶卷上获取；后者一般由 CCD 相机对地物扫描，将地面目标的各个微分单元分别投射到阵列式传感器的一个个子单元上，并分别加以记录其瞬时光通量从而形成影像像元，然后将阵列各单元数据集合起来最终生成影像。模拟影像与数字影像由于成像机理不同，空间分辨率的定义各不相同。

(1) 对于模拟影像,如常规航空摄影影像,其空间分辨率定义为在影像上的单位距离内能够最小表示的地物的线条数,单位为"线对/mm",通常称作"像片地面分辨率",即影像上的 1mm 内最多可表示的"线对"数目。这里的"线对"是指地面反差足够大的、相邻的两个线状地物。模拟影像的空间分辨率取决于胶卷感光物质颗粒的大小,镜头屈光线性度、光导系统特性等综合因素,在这里用的单位为"线对/m",通常称作"像片综合分辨率",即地面上 1m 内最多可表示的"线对"数目。像片地面分辨率与像片综合分辨率的关系为

$$R_{地} = \frac{R_{综} \cdot f}{H} = R_{综} \cdot \frac{1}{M} \tag{7.8}$$

式中,$R_{地}$ 为像片地面分辨率;$R_{综}$ 为像片综合分辨率;f 为镜头焦距;H 为摄影高度;M 为像片比例尺的分母。$R_{地}$ 还可以改化为像素所对应的地面尺寸,换算后的数值表示在像片上所能分辨出的两个目标的实际最小距离,具体见图 7.11。这里用到了遥感像片的比例尺同航高及摄像镜头焦距的关系:

$$1 : M = f : H \tag{7.9}$$

像片综合分辨率可以表达为

$$\frac{1}{R_{综}^2} = \frac{1}{R_{胶}^2} + \frac{1}{R_{镜}^2} + \frac{1}{R_{路}^2} + \cdots \tag{7.10}$$

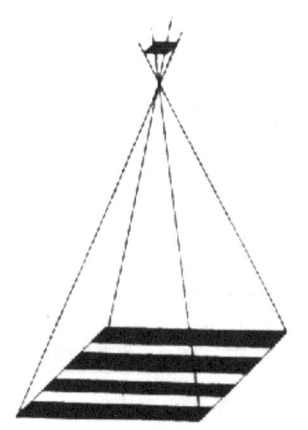

图 7.11 像片地面分辨率原理示意图(严泰来等,2008)

式中,$R_{综}$ 为像片产品上影像的综合分辨率;$R_{胶}$ 为感光胶片的分辨率;$R_{镜}$ 为镜头分辨率;$R_{路}$ 为镜头光导传输误差对分辨率的影响而折合的分辨率。此式是这样考虑的:由像片综合分辨率 $R_{综}$ 的定义可看出,将 $R_{综}$ 取其倒数,则为影像上一个线对的地面实际宽度,如果将 $R_{综}$ 倒数平方,实际就是影像上一个像元的地面实际面积,这个面积实际由三部分组合而成,即 $R_{胶}$ 的倒数、$R_{镜}$ 的倒数以及 $R_{路}$ 的倒数分别平方构成。这里感光胶片分辨率贡献最大,镜头分辨率次之,镜头光导传输分辨率最小。

(2) 对于遥感卫星影像,空间分辨率是指遥感影像卫星星下点处的一个像元对应地面单元的尺度。在可见光-多光谱遥感中是等立体角扫描成像,即遥感影像上的每一个像元对应地面单元与传感器构成的立体角是一个固定值。由于各地面单元处在与传感器的不同方位,因而不同地点的地面单元的实际面积是不等的,星下点处像元对应地面单元的面积最小,空间分辨率最高,而影像横向两侧地面单元的面积最大,空间分辨率最低。以 NOAA/AVHRR 影像为例,星下点像元对应地面像元尺度是 1.1km×1.1km,而扫描带两端像元对应地面单元尺度是 4.2km×2.4km。

(3) 对于影像几何分析,又常使用"角分辨率"的概念,其定义为成像系统对置于最小可分辨距离的两物体所成的张角,通常用弧度表示,其数学关系式为

$$R_a = \frac{L}{r} \tag{7.11}$$

式中,R_a 为角分辨率,rad;L 为弧长;r 为半径。

遥感实际工作中,常将此概念引申一步,改用立体角表示。这样,将式(7.11)中的 L

改为 A，即地面单元的面积（单位为 m^2），r 改为 D 的平方，即传感器到地面的距离，在遥感卫星中即为卫星到地面星下点的距离。需要注意的是，式（7.11）得到的是弧度制下的角分辨率，有时利用弧度制与 360°制的数学关系可以将其转换为 360°制下的角分辨率。在不考虑大气影响、正常扫描等理想条件下，在一景可见光-多光谱遥感影像上位于各处的各个像元的角分辨率应当是相等的。

空间分辨率是影响遥感影像信息数量和质量的主要因素，它直接传递地物的空间结构信息、位置信息，不同空间分辨率的影像有着不同的用处。例如，NOAA/AVHRR 空间分辨率 1.1km 的数据可以用于分析大气环流、气候与气象、资源环境等信息类别；而 Landsat/TM 空间分辨率为 30m 的数据可以对土地覆盖、地质结构信息、作物长势等进行分析。

2. 光谱分辨率

光谱分辨率是指传感器在接收目标地物辐射的光谱时能分辨的最小的波长间隔，或是对两个不同辐射源的光线波长的分辨能力，它是机载和星载遥感传感器的一项重要性能指标。通常它以波段宽度来表征，对于可见光-多光谱遥感，单位为 μm；对于微波，单位为 cm。不同波长的电磁波与物体的相互作用有很大的差异，也就是物体在不同波段的光谱反射特征差异很大。为了降低同谱异物的现象，准确识别各种地物，人们致力于提高光谱分辨率。人们可以根据识别特定地物的需求，选择适合的波段，以便将目标地物识别出来。这种特定的光谱波段称作该地物的特征波段。地物种类繁多，为了区分各种地物，不致在影像识别中相互混淆，人们自然希望地物的特征光谱越窄越好。但是需要看到，在实际工作中提高光谱分辨率在技术上有相当的困难。从普朗克辐射定律可以看出，传感器从辐射源截取辐射能量的波长区间越窄，可能获取的辐射能量就越小。能够获取的辐射能量小到一定程度，传感器就不能获取与识别这一信息，因为这一极其微小的能量会被"淹没"于多种噪声能量之中。遥感提高光谱分辨率受到传感器抑制噪声的性能、对微小辐射能量的"感受"敏感程度的挑战。因此，光谱分辨率并不能无限制地提高。在传感器对微小辐射能量的"感受"敏感程度一定的条件下，如果要提高光谱分辨率，只有放宽几何分辨率，用更大一点的地面单元面积提供辐射能量集合量使传感器能够感受到表征一定信息的辐射能量的存在。

对于同一档次的遥感传感器，在整个工作波长区域，传感器的光谱分辨率并不是一致的，以 Landsat-5/TM 遥感传感器为例，第 1 波段（$0.45 \sim 0.52\mu m$），光谱分辨率（波段宽度）为 $0.07\mu m$；第 2 波段（$0.52 \sim 0.60\mu m$），光谱分辨率为 $0.08\mu m$；第 4 波段（$0.76 \sim 0.90\mu m$），光谱分辨率为 $0.14\mu m$；工作波长逐渐变长，光谱分辨率还要变低。这是因为阳光的能量在可见光光谱区域，辐射光通量密度较大，而红外光谱区域，辐射光通量密度较小，对于同档次的传感器，同样辐射能的"感受"敏感度低，因此，在红外光谱区域，只有放宽光谱分辨率。

3. 辐射分辨率

辐射分辨率是指传感器感知测试元件在接受光谱辐射信号时能分辨的最小辐射能量差，或是指对两个不同的辐射源的辐射能量的分辨能力，它是机载和星载红外及多波段遥感器的另一项重要性能指标。一般用灰度的分级数来表示，即最暗-最亮灰度值（亮度值）间分级的数目——量化级数。能分辨的辐射能量差越小，辐射分辨率就越高。在一定动态范围内，辐射分辨率越高，表明图像上可分辨的灰度级数越多，图像的可检测能力就越强。例如

Landsat/MSS，起初以 6 bit（级数范围 0～63）记录反射辐射值，经数据处理把其中 3 个波段扩展到 7 bit（级数范围 0～127）；而 Landsat-4/TM 和 Landsat-5/TM 的 7 个波段中的 6 个波段在 30m×30m 的空间分辨率内。其数据的记录以 8 bit（级数范围 0～255），显然 TM 比 MSS 的辐射分辨率有了提高，图像的可检测能力得到增强。

遥感影像辐射分辨率对于最小反射阳光的地物，要求有足够大的地面单元面积将这些能量积累起来，才能够使传感器有所"感受"。对于一定的辐射分辨率，即传感器对辐射能量"感受"的敏感度固定，只有要求有更大的地面单元面积以感受单位地物面积更小的反射阳光的能量。这样看来，辐射分辨率与空间分辨率、光谱分辨率与空间分辨率都是相互制约、相互矛盾的，其原因在于传感器对于辐射能量"感受"敏感程度总是有限的。

4. 时间分辨率

时间分辨率是指遥感传感器对同一目标地物进行重复探测时相邻两次探测的时间间隔。注意，这里的遥感传感器通常是指同一类型的传感器，并非限定一个传感器。以气象卫星 NOAA 为例，天顶有几颗卫星同时在飞行，每颗卫星都载有同一种传感器，这时的时间分辨率并非是指同一卫星、同一个遥感传感器对同一目标地物进行重复探测的时间。时间分辨率一般取决于遥感卫星的技术参数，它是由卫星飞行的轨道高度、轨道倾角、运行周期等参数决定的，除此之外，还与传感器的设计等因素有关。时间分辨率能够提供地物动态变化的信息，可以对地物的变化进行监测。时间分辨率一般可分为以下几种。

（1）超短（短）周期时间分辨率：以小时为单位，主要是反映 1 天内的变化，例如气象卫星，对大气、海洋、物理变化进行监测的卫星；对自然灾害（地震、火山爆发、森林火灾）和污染源监测的卫星。

（2）中周期时间分辨率：以天为单位，可以观测月、旬、年内的变化。主要用在观测植物动态变化的规律，进行作物估产，农林牧等再生资源的调查，旱涝灾害监测，气象学、大气、海洋动力学分析等方面。Landsat、SPOT、ERS 等都属于中周期时间分辨率。

（3）长时间分辨率：以年为单位，主要反映长时间间隔内的地物变化规律。如湖泊消长、河道迁移、海岸进退、城市扩展、灾情调查、资源变化等自然界现象的变化。

时间分辨率在遥感应用中有很重要的意义，利用时间分辨率不但可以进行动态监测和预报，如森林火灾监测、水灾监测、植被监测、土地利用和土地覆盖变化监测，而且通过监测可以发现地物运动的规律，总结出地物演化模型或规律为实践服务，如通过对城市延拓扩展的监测，可以进一步研究城市发展的趋势；通过对南极冰山的监测，可以预测海洋水面在未来的时间内上升或下降的趋势，并可以进一步的分析出现这种现象的原因（严泰来等，2008）。

7.2 卫星遥感的传感器分类与组成

7.2.1 卫星遥感传感器的分类

卫星遥感传感器是获取遥感数据的关键设备。地物发射或反射的电磁波信息，通过传感器收集、量测并记录在胶片或磁带上．然后进行光学或计算机处理，最终才能得到可供进行几何定位和图像解译的遥感图像。因为地物对不同波段电磁波的发射和反射特性大不相同，并且电磁波随着波长的变化其性质有很大的差异，因而接收电磁波辐射的传感器种类繁多，大致有如下几种类型（表 7.3）：

表 7.3 传感器类型

分类依据	类型	特色卫星
按工作波段	光学传感器	Landsat
	微波传感器	Seasat
按工作方式	主动式传感器	Radarsat
	被动式传感器	Terra
按数据记录	成像方式传感器	SPOT
	非成像方式传感器	FY-3

(1) 按传感器工作的波段可分为光学传感器和微波传感器。从可见光到红外区的光学波段的传感器统称光学传感器，微波领域的传感器统称为微波传感器。

(2) 按工作方式可分为主动式传感器和被动式传感器。被动式传感器接收目标自身的热辐射或反射的太阳辐射，如各种摄像机、扫描仪、辐射计等；主动式传感器能向目标发射强大的电磁波，然后接收目标反射的回波，主要指各种形式的雷达，其工作波段集中在微波区。主动方式中的非扫描、非图像方式与被动方式中的非扫描、非图像方式一样，它们不进行扫描，只是取得飞行平台下目标物的点或线的信息。雷达高度计就属于这种方式，扫描方式是对与飞行平台的行进方向成直角的方向上进行扫描，从而得到地表的二维图像，其代表有合成孔径雷达等。

(3) 按数据记录可分为成像方式传感器和非成像方式传感器两大类。非成像方式传感器记录的是地物的一些物理参数；在成像系统中，按成像原理又可分为摄影成像、扫描成像等类型（彭望琭等，2002）。

7.2.2 卫星遥感传感器的组成

传感器主要由收集器、探测器、处理器和输出器等四部分组成，如图 7.12 所示。其中各部分的主要功能为：①收集器，收集来自目标地物的电磁波能量。具体的元件如透镜组、反射镜组、天线等。对于多波段，还需要进行分光处理，即把光分解成不同波长的波段范围。②探测器，将收集的辐射能转变成化学能或电能。具体的元器件如感光胶片、光电管、光敏和热敏探测元件、共振腔谐振器等。③处理器，对收集的信号进行处理。如显影、定影、信号放大、变换、校正和编码等。具体的处理器类型有摄影处理装置和电子处理装置。④输出器，输出获得的图像、数据。输出器类型有扫描晒像仪、阴极射线管、电视显像管、磁带记录仪、彩色喷墨仪等（尹占娥等，2008）。

多光谱扫描仪主要由两个部分组成：机械扫描装置和分光装置。多光谱扫描仪是由扫描镜收集地面目标的电磁辐射，通过聚光系统把收集到的电磁辐射会聚成光束，然后通过分光装置分成不同波长的电磁波。不同波长的电磁波分别被一组探测器中的不同探测器所接收，经过信号放大，然后记录在磁带上，或通过电光转换后记录在胶片上。用多光谱扫描仪可记录地物在不同波段的信息，因此不仅可根据扫描影像的形态和结构识别地物，且可用不同波段的差别区分地物，为遥感数据的分析与识别提供了非常有利的条件。它常用于收集植被、土壤、地质、水文和环境监测等方面的遥感信息。

多光谱扫描仪是遥感卫星技术中采用最多的传感器类型。Landsat-1、Landsat-2 上携带

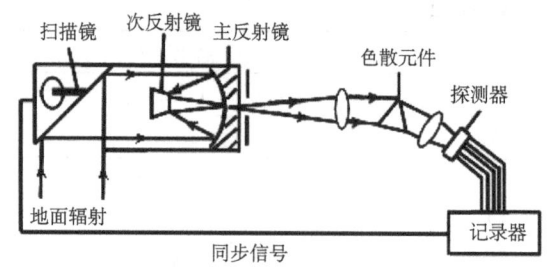

图 7.12 传感器的组成（尹占娥等，2008）

的 MSS 多光谱扫描仪有 4 个波段；在 Landsat-3 上的 MSS 增加了一个 $10.4\sim12.6\mu m$ 的热红外波段；Landsat-4、Landsat-5 上携带的传感器是一个高级的多波段扫描型的地球资源遥感仪器——TM，与 MSS 多波段扫描仪的性能相比，它具有更高的空间分辨率，更好的波谱选择性及几何保真度，更高的辐射准确度和分辨率；Landsat-7 上携带的传感器是 ETM+，其性能得到进一步的改进（彭望琭等，2002）。

7.3 卫星遥感的成像原理

7.3.1 摄影成像原理

对同一地区，在同一瞬间摄取多个波段影像的摄影机称为多光谱摄影机。采用多光谱摄影的目的，是充分利用地物在不同光谱区，有不同的反射特征，来增加获取目标的信息量，以便提高影像的判读和识别能力。在一般摄影方法的基础上，对摄影机和胶片加以改进，再选用合适的滤光片，即可实现多光谱摄影。其方法如下。

1. 多镜头型多光谱摄影机

多镜头型多光谱摄影机是由多个物镜构成的摄影机。有时直接将多个单镜头摄影机组合在一起构成多光谱摄影机。这种摄影机要实现多光谱摄影，还必须选配相应的滤光片与不同光谱感光特性的胶片组合，使各镜头在底片上成像的光谱，限制在规定的各自的波段内。多光谱摄影时，滤光片和胶片组合的方法有两种。一种是根据设计的多光谱波段，选用相应的光谱滤光片，并选用合适的胶片去进行多光谱摄影。利用这种型式的多光谱摄影机摄影时，还必须做到以下几点：①快门的同步性要好；②各物镜的光轴必须严格平行；③由于不同波长的光，聚焦后的实际焦面位置不同，须校正摄影机使各成像面在成像最清晰的位置上；④由于不同波段的光照度不同，再加上胶片的光谱感光度不同，因此各波段的最佳光谱曝光时间须经试验后确定。

美国发射的"天空实验室"载人宇宙飞船上安置了一架 S-190A 多光谱摄影机，它由六架像幅为 70mm，焦距为 162.4mm 的摄影机组成。六个摄影机波段的分配如表 7.4 所示。

表 7.4 S-190A 多光谱摄影机波段分配、胶片类型和分辨率（孙家抦等，1997）

摄影机	波段/μm	胶片类型	地面分辨率/m
1 (c)	0.7～0.8	黑白红外	145
2 (d)	0.8～0.9	黑白红外	145
3 (f)	0.5～0.88	彩色红外	145
4 (e)	0.4～0.7	标准彩色	85
5 (b)	0.6～0.7	黑白	60
6 (a)	0.5～0.6	黑白	60

每张像片所摄面积为 163×163km²。比例尺约为 1：2850000。摄影机可以单拍，也可自动连续拍摄。拍摄的时间间隔可以在 2 秒到 20 秒间选择。像幅与像幅之间的重叠度有时高达 90％，可供立体观察。

2. 单镜头分光束多光谱摄影机

利用单镜头摄影机进行多光谱摄影也有两种方法。

一种是在物镜后面加一些分光装置，使光束分离。这种摄影机利用半透明的平面镜，将光线分解成三个光束，分别通过红、绿、蓝三个滤光片，在底片上曝光成像。分光束的数量还可增多，如五分光束摄影机、六分光束摄影机等。同样，需选取不同光谱段的滤光片和相应的摄影感光负片。这种摄影机不存在各波段间的轴线校准误差，也不存在快门的同步问题。但光束分离后能量损失太大，尤其是各波段的能量消耗不等（分光束装置对各波段吸收不同），会影响影像质量。

另一种方法是利用响应不同波段的多感光层胶片进行多光谱摄影。胶片经摄影处理后，得到的是一张合成了的多光谱像片。这就是大家所熟悉的彩色摄影和红外彩色摄影。三层感光层分别对三个光谱段的电磁波响应，因此可以看成是多光谱摄影。但由于它们涂布在一张片基上，因此直接得到一张合成的多光谱像片。红外彩色片三层感光层分别对红外、绿和红光感光后，染色剂使红外感光层受光处变成青色，感红层变成品红色，感绿层变成黄色。红外负片中没有黄色滤光层，三层感光层对黄色光都敏感，因此在摄影时必须加黄色滤光片（如果不加黄色滤光片，经彩色摄影处理后的负片则呈黑白负片）（孙家抦等，1997）。

7.3.2 扫描成像原理

扫描成像类型的传感器是逐点逐行地以时序方式获取二维图像，有两种主要的形式：一是对物面扫描的成像仪，它的特点是对地面直接扫描成像，这类仪器如红外扫描仪、多光谱扫描仪、成像光谱仪、自旋和步进式成像仪及多频段频谱仪等；二是瞬间在像面上先形成一条线图像，甚至是一幅二维影像，然后对影像进行扫描成像，这类仪器有线阵列 CCD 推扫式成像仪，电视摄像机等。

1. 光学机械扫描系统

1）成像原理

光学机械扫描系统，利用平台的行进和旋转扫描镜对与平台行进的垂直方向的地面（物平面）进行扫描，获得二维遥感数据，故又称为物面扫描系统。光-机扫描系统是由扫描系统（旋转扫描镜）、聚焦系统（反射镜组）、分光系统（棱镜、光栅）、检测系统（探测元件-光电转换系统、放大器）、记录系统（磁带记录仪）等组成。主要用分离的探测器和扫描镜工作。图 7.13 显示一个 5 通道光机扫描仪的成像过程。入射光束通过一个二色镜分离成可见光与红外能量。可见光部分再通过棱镜进一步分离为三个子波段，同时红外能量分为两个子波段。分离后的五个较窄波段（或通道）的光分别感应相应的探测器产生不同的电信号，并被放大和记录在多波段磁带记录仪上。

从光-机系统的成像过程可知，光-机扫描是行扫描，每条扫描线均有一个投影中心，所得的影像是多中心投影影像。影像的飞行方向和扫描方向的比例尺是不一致的。在一条扫描线上，因中心投影及地面起伏会产生像点位移，且离投影中心越远，像点位移量越大。这构成了光-机扫描影像最基本的几何特征。

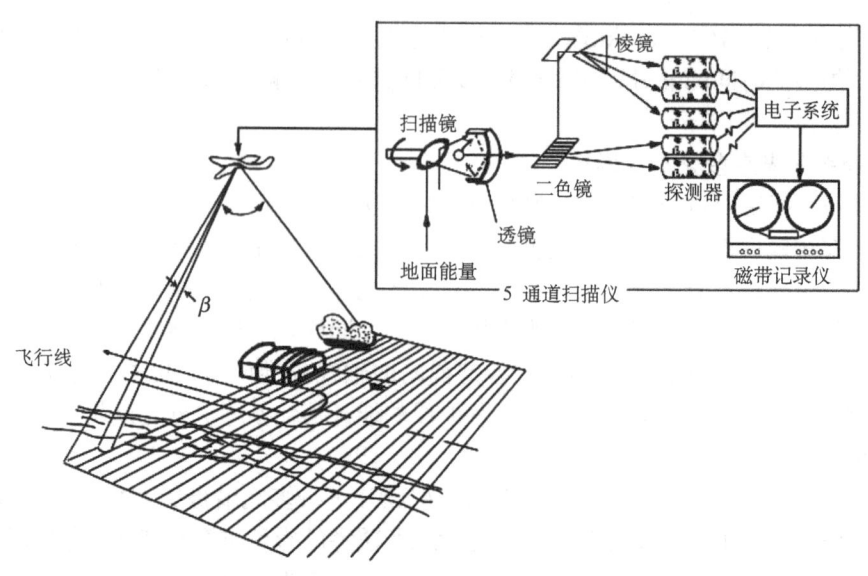

图7.13 光机扫描仪的成像原理（赵英时等，2003）

2）Landsat/TM

TM为专题制图仪，是一种改进型的多光谱扫描仪。其空间、光谱、辐射性能均比MSS有明显提高，因而数据质量提高、数据量增加。TM选用可见光-近红外（0.5～12.5μm）谱段，共分7个谱段。TM较MSS波段增多，波带变窄，针对性更强，并增加了蓝波段和短波红外波段，大大扩大了它在生物学、地质学、水文学等方面的应用，同时，更利于根据不同应用目的，选择多种数据组合处理有效地提取不同的专题信息。TM的扫描角为15.4°，TM的可见光-短波红外（TM1～TM5、TM7）波段的空间分辨率为30m；TM6热红外波段的空间分辨率为120m。一幅陆地卫星图像的地面覆盖（即扫描总宽度）为185km×185km。时间分辨率即重复覆盖周期Landsat-4、Landsat-5、Landsat-7为16天。TM的扫描镜可以在往返两个方向上进行扫描和获取数据，可以降低扫描速率，缩短停顿时间，改善信噪比、提高辐射精度，所以TM的辐射分辨率提高到256个量级。一景TM图像的总数据量增加至230Mbit。即每个反射波段16个探测器，6个反射波段共96个探测器，再加上热辐射波段4个探测器，则任一瞬间有100个探测器感应地表的辐射亮度。6400像元/行×5984行×6+1600像元/行×1496行×1=230Mbit。TM与MSS相比，改进了姿态控制系统，使平台稳定性改善，同时，因扫描方式变化，扫描镜摆动速度降低，以及探测器直接处于焦平面上，系统的光学效率得以改善等，使TM信息平面位置几何精度提高，更利于图像配准和制图，可用于1∶10万，甚至1∶5万的专题图。

对于不同的应用目的，不同的研究对象，其最有意义的特征变量是不同的。如土地资源调查中，最有用的是亮度、绿度、湿度，而对于地质体的研究则亮度、湿度、热度意义更大。另外，由于存在地域差异，可根据不同的区域特征和不同的目标，进行不同波段数据的各种变换处理，获得新的特征空间数据集。

陆地卫星图像常以彩色方式表现。最常用的标准假彩色合成图像是由MSS的4、5、7波段分别赋予蓝（B）、绿（G）、红（R）色匹配复合而成。这种图像与前述的彩色红外图像具有相似的光谱彩色特征。它突出了植被的红色系列，岩石、土壤多以浅色系列为主，水体多呈蓝色为主的系列,因而地表最基本的几种覆盖类型得以较明显的区分,视觉效果好,被人们普遍选用,尤其是目视解译。对应于 TM 图像,这种标准假彩色合成则为 TM 的 2、3、4 波段(B、G、R)。但是,因 TM 波段多,可选波段的余地大,TM 的 2、3、4 组合并非最佳。在具体遥感应用分析中,需根据不同地区、不同应用目的、针对不同的图像数据,运用多种方法来选择最合适的波段组合(赵英时等,2003)。

TM 的探测器共有 100 个,分 7 个波段,每组 16 个,错开排列。TM1～5 及 TM7 每个探测器的瞬时视场在地面上为 30m×30m,TM6 为 120m×120m。扫描线的长度仍为 185km,一次扫描成像为地面的 480m×185km。半个周期 71.46ms,对应地面 480m×185km。

2. 推扫式扫描系统

1)成像原理

推扫式扫描(push-broom scanning)系统,又称"像面"(along-track)扫描系统,用广角学系统在整个视场内成像。它所记录的多光谱图像数据是沿着飞行方向的条幅。与光机扫描系统相似的是,它也利用飞行器的前向运动,借助于与飞行方向垂直的"扫描"线记录,而构成二维图像。也就是说,它通过飞行器与探测器成正交方向的移动获得目标的二维信息。但是推扫式扫描系统与光机扫描系统,对每行数据的记录方式有明显差异。后者是利用旋转扫描镜,一个一个地轮流采光,即沿扫描线逐点扫描成像;前者(推扫式扫描系统)不用扫描镜,而是把探测器按扫描方向阵列式排列来感应地面响应,以替代机械的真扫描。具体地说,就是通过仪器中的广角光学系统——平面反射镜采集地面辐射能,并将之反射到反射镜组,并通过聚焦透射到焦平面的阵列探测元件上。这些光电转换元件同时感应地面响应,同时采光,同时转换为电信号,同时成像。若探测器近线性阵列排列,则可以同时得到整行数据;如果是面阵式排列,则同时得到的是整幅图像(图 7.14)。

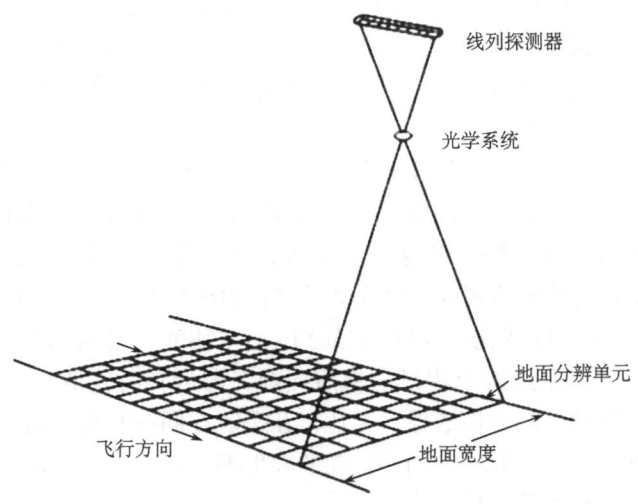

图 7.14 推扫式扫描仪的成像原理(Lillesand et al.,1994)

一般线性阵列由许多 CCD 电荷耦合器件组成。CCD 为一种固态光电转换元件,每个探测器元件感应相应"扫描"行上一个唯一的地面分辨单元的能量。因此,CCD 被设计得很小,一个线性阵列可以包含上千、上万个分离的探测器。每个光谱波段或通道均有它自己的线性阵列。一般阵列位于遥感器的焦平面上，以确保所有阵列同时观测所有的"扫描"线。

2) SPOT/HRV

目前，除 SPOT-3 因事故于 1997 年 11 月 14 日停止运行外，其他 SPOT 均在运行。SPOT 系列采用推扫式线性阵列扫描成像。基本探测元件为 CCD 电子耦合器件。

SPOT-1～3 携带两台高分辨率可见光扫描仪（HRV）。HRV 有两种工作方式：一是全色单波段（PA，$0.51～0.73\mu m$），空间分辨率为 10m；另一是多波段（XS），包括可见光到近红外 3 个波段范围为 $0.50～0.89\mu m$，空间分辨率为 20m。工作方式的选择可以通过地面站控制。其 3 个波段的划分为：XS1，$0.50～0.59\mu m$（G）；XS2，$0.61～0.68\mu m$（R）；XS3，$0.79～0.89\mu m$（NIR）。此波段的选择是总结了多年研究成果，认为仅用上述 3 个波段便足以取得辨别作物种类和植物类型的最佳效果。其波段不超过 $0.9\mu m$，是为了避免大气水汽所引起的衰减作用以及探测器电子扩散产生的模糊作用。SPOT-4、SPOT-5 增加了一个短波红外波段 $1.58～1.75\mu m$，空间分辨率为 20m，以提高对植物监测能力和矿物识别能力；并调整了原全色波段和提高了相应的分辨率。

数据按 8bit 记录，被有效编码为 256 个量化级，由于探测器在瞬时视场（IFOV）内有较长停留时间，可记录更强的信号和更宽的动态范围，所以探测器的灵敏度高、辐射分辨率高。在良好的光照条件下，可以探测出低于 0.5% 的地面反射变化。

HRV 带有定向的旋转式平面镜，可借助于地面站的命令控制平面镜的方位，除了垂直观察外，还具有偏离天底点倾斜观察能力，可以获得几何特性不同的垂直和倾斜图像。

垂直观察，即天底观察：两台 HRV 相邻的垂直扫描带宽各 60km，中间重叠 3km，总的扫描宽度为 117km。

倾斜观察：HRV 最大倾角为 $\pm 27°$，按 $0.6°$ 的步进，可以有 45 种不同角度，若考虑到地球曲率，最大地面观察角度可达 $33°$；可观察轨道一侧的地面条带宽 475km，两台 HRV 则能观察 950km 宽度内的任何地区。但是，实际的地面覆盖带宽随观察角度而变化，当最大 $27°$ 时地面扫描带宽仅 80km。

立体观测：SPOT-1～3 的 HRV 由于具有倾斜观察能力，则两台 HRV 可以处于不同的工作状态，或垂直、或倾斜观察。因而可以在不同轨道上用不同观察角记录同一地区图像，而产生立体像对，进行立体观测，获得三维空间数据，为勾绘等高线、建立 DTM 提供可能。纬度 $45°$ 处，26 天内可成功获得 6 次立体像对；而纬度 $0°$（赤道）仅可以获得 2 次立体像对。基线-高度比也随纬度变化，纬度 $45°$ 处约 0.5，纬度 $0°$ 处约 0.75。SPOT-5 的高分辨率立体成像装置（HRS）采用两个相机沿轨道向前、向后实时获取立体图像，这与先前的旁向立体成像模式（即轨道间立体成像）相比，几乎能在同一时刻、同一辐射条件获得立体像对，避免了像对间由于获得时间不同而存在的辐射差，提高了所获取立体像对的质量，可广泛应用于制图、虚拟现实等领域。

正因为 SPOT 具有倾斜观察能力，可以从不同轨道，以不同角度观察地面上的同一点，使卫星重复覆盖周期在 26 天内，实际重复感测周期大大提高，如赤道处可观测 7 次（重复感测周期 3～4 天），纬度 $45°$ 处，可观测 11 次（重复感测周期 2～3 天），纬度 $70°$ 处可观测 28 次（重复感测周期约 1 天），因而 SPOT 卫星的时间分辨率随纬度变化达 1～4 天。这种有效覆盖率的提高，对于探测较短周期变化的地表现象十分有利。

SPOT 数据由于卫星姿态控制系统改进，提高了姿态稳定性，定位精度高，且推扫式 CCD 扫描成像，简化了遥感器的机构部件，结构上可靠性高，确保能获得高精度的几何图像。加上提供三维空间数据，可进行高程测量等。因而，它可以用于编制各种专题图。它作为一种新型的测图工具，大大缩短了 1∶5 万、1∶10 万基本地形图的编制和更新周期。

SPOT 提供观察条件和不同波谱模式，由法国的图卢兹（Toulouse）地面站控制着每台遥感器的观察角度、波段工作方式、图像获取时间、数据转换模式等操作。当卫星通过地面站接收范围内时数据直接传输；在地面站接收范围外，则通过星上磁带记录仪记录图像数据，到地面站接收范围内再传输到图卢兹和瑞典的基律纳地面站进行图像处理。SPOT 系统平台多功能，可绕轴旋转；考虑到地球的自转效应，因此图像基本呈正方形。

SPOT 产品主要分三级：1 级——经过基本的辐射和几何纠正，又分 1A 级产品和 1B 级产品。1A：经遥感器标准化，包括初步辐射纠正，提供地理、几何、辐射的辅助数据等，图廓上无地理坐标或制图注记；1B：在 1A 基础上进行简单的几何校正。2 级——用地面控制点进行图像几何纠正，但未作高程位移的纠正，以保留视差效应，便于立体观测。3 级——用 DTM 纠正高程引起的像点位移，产生正射影像。此为特殊产品，主要有："P+XS" 4 波段合成图像，空间分辨率 10m，波谱分辨率相当于 "XS"；正射影像+高程而形成的 SPOT view BD carto 产品，它与法国的制图数据库匹配，按地形图分幅，以 CD-Rom 数字形式直接提供给用户。

瞬间：垂直航线的一条图像线（单中心）。连续图像条带：以"推扫"方式获取沿轨道的图像（多中心）SPOT-4 每个像元的大小：多光谱 HRV 相对地面上为 20m×20m，每个波段有 3000 个探测元件（CCD）。PAN HRV 传感器相对地面上为 10m×10m，每个波段有 6000 个探测元件。一行图像，相对地面上分别为 20m×60km，10m×60km。SPOT-5 每个像元的大小：多光谱 HRV 相对地面上为 10m×10m，每个波段有 6000 个探测元件。PAN HRV 相对地面上为 5m×5m，每个波段有 12000 个探测元件（赵英时等，2003）。

3. 成像光谱仪

1）成像原理

成像光谱仪按其结构的不同，可分为两种类型。

面阵探测器加推扫式扫描仪的成像光谱仪。它利用线阵列探测器进行扫描，利用色散元件将收集到的光谱信息分散成若干个波段后，分别成像于面阵列的不同行。这种仪器利用色散元件和面阵探测器完成光谱扫描，利用线阵列探测器及沿轨道方向的运动完成空间扫描，它具有空间分辨率高（不低于 10～30m）等特点，主要用于航天遥感。

线阵列探测器加光-机扫描仪的成像光谱仪。它利用点探测器收集光谱信息，经色散元件后分成不同的波段，分别成像于线阵列探测器的不同元件上，通过点扫描镜在垂直于轨道方向的面内摆动以及沿轨道方向的运行完成空间扫描，而利用线探测器完成光谱扫描。

成像光谱仪类似于多光谱扫描仪（构造与像面扫描仪或物面扫描仪类似），但具有更多通道，波段分辨率在 10nm 以下，接近于连续光谱。高光谱数据对应于海量数据。虽然多光谱遥感（MSS、TM、SPOT）较摄影遥感（单波段或少量波段）有许多优势。但是，它们十分有限的波段（TM 波段最多，也仅有 7 个）、较宽的波段间隔（60～200nm）均难以真实地反映地表物质的光谱反射辐射特性的细微差异，更无法用光谱维的空间信息来直接识别地物的类别，特别是地物的组成、成分等。随着微电子探测技术、精密光学仪器、计算机技术等的发展,成像光谱仪应运而生。成像光谱仪在获得数十、数百个光谱图像的同时,可以显示影像中每个像元的连续光谱(图 7.15),因而能够在空间和光谱上快速区分和识别地面目标(赵英时等,2003)。

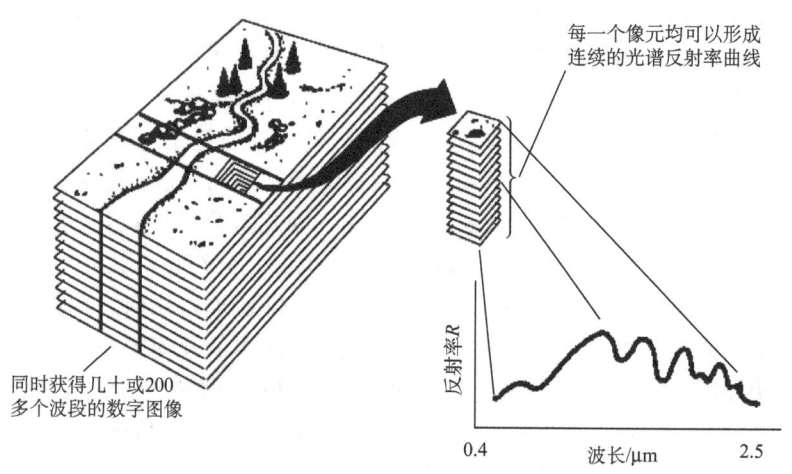

图 7.15 成像光谱的概念

2) MODIS

MODIS 是 NASA 于 1999 年 12 月发射的 Terra 极轨飞行器上的五个遥感器之一(另有先进的空间热辐射反射辐射计——ASTER、云和地球辐射能量系统——CERES、多角度成像光谱仪——MISR、对流层污染探测装置——MOPITT)。轨道为太阳同步轨道,轨道高度 705km。MODIS 数据的主要特点:①36 个光谱通道($0.4 \sim 14.3\mu m$),其中可见光-短波红外 20 个通道,热红外 16 个通道;谱带窄,可见光-短波红外通道除 $0.659\mu m$ 和 $2.1\mu m$ 外,谱带宽度 $10 \sim 35nm$;有许多大气纠正的特征波段,便于大气参数的反演,如 $0.41 \sim 2.1\mu m$ 之内的 7 个通道以及 $3.75\mu m$ 通道,可反演大气气溶胶;$1.38\mu m$ 通道可用于校正薄卷云及反演平流层气溶胶。②空间分辨率:CH1、CH2 为 250m;CH3~7 为 500m,其余为 1000m;像元大小随视角增大而增加,边缘像元可比星下点像元大 4 倍。③宽视域(扫描角 $\pm 55°$),太阳天顶角与观测天顶角变化大;扫描宽度为 2330km,考虑到地球曲率,在轨道边缘,地面实际视角约±(60°~65°);太阳天顶角也会有 20°的变化,且此变化与纬度、季节有关。由于太阳—目标—遥感器之间几何关系的变化、大气和目标的方向反射特征,使后向散射较前向散射有更大的太阳天顶角。④MODIS 在对地观测中,每秒可同时获得 6.1 MB 的来自大气、海洋、陆地表面的信息。每 1~2 天可获得一次全球观测数据(包括白天的可见光图像及白天/夜间的红外图像)。我国的观测时间一般为白天 10:30~12:00,夜间 21:30~23:00。每个 MODIS 仪器设计寿命 5 年,计划发射 4 颗。这样利用 MODIS 则可获得 15 年以上,包含可见光-热红外 36 个通道的地球资源、环境、气候变化等综合研究服务。⑤具有较高的辐射分辨率,数据的量化等级为 2048,即所有通道都用 12 bit 记录。MODIS 探测仪在对地扫描的同时,都对冷空和黑体进行探测,有较高的校正精度和灵敏度(刘玉洁等,2001)。

4. 雷达成像仪

1) 成像原理

雷达是由发射机通过天线在很短时间内,向目标地物发射一束很窄的大功率电磁波脉冲,然后用同一天线接收目标地物反射的回波信号而进行显示的一种传感器。不同物体,回波信号的振幅、相位不同,故接收处理后,可测出目标地物的方向、距离等数据(杜培军等,2007)。天线装在平台的侧面,发射机向侧面内发射一束窄脉冲,地物反射的微波脉冲,由天线收集后,被接收机接收。在相同位置接收目标的回波信号。由于地面各点到平台的距离不同,接收机接收到的信号,以它们到平台距离的远近,先后依序记录。信号的强度与辐照带内各种地物的特性、形状和坡向有关。回波信号经电子处理器的处理,在阴极射线管上形成一条相应于辐照带内各种地物反射特性的图像线,记录在胶片上。平台向前飞行时,对一条一条辐照带连续扫描,在阴极射线管处的胶片与平台速度同步转动,就得到沿航线侧面的,由回波信号强弱表示的条带图像。

以机载侧视雷达为例,加以讨论。侧视成像雷达是一种主动微波遥感系统。它是测量目标物对雷达波束后向散射回波强度的成像设备。图7.16说明了它的成像原理和工作过程。一个雷达成像系统,基本包含发射器、雷达天线、接收器、记录器等四个部分。由脉冲发生器,产生高功率调频信号(即电磁波计时脉冲);经发射器、以一定的时间间隔(脉冲长度)反复发射具有特定波长的微波脉冲;通过发射天线向飞行器的一侧沿扇状波束宽度发射雷达信号照射与飞行方向垂直的狭长地面条带,此波束在方位方向上窄,在距离方向上很宽;借助于发射/接收转换开关,再通过天线接收地面返回的能量;接收器将接收的能量处理成一种振幅/时间视频信号;这种信号再通过胶片记录仪产生图像。其中阴极射线管胶片记录装置,把信号以两种形式记录在胶片上;一种是直接扫描而得的图像产品,其回波信号的强度以扫描线的灰度色调来表示。

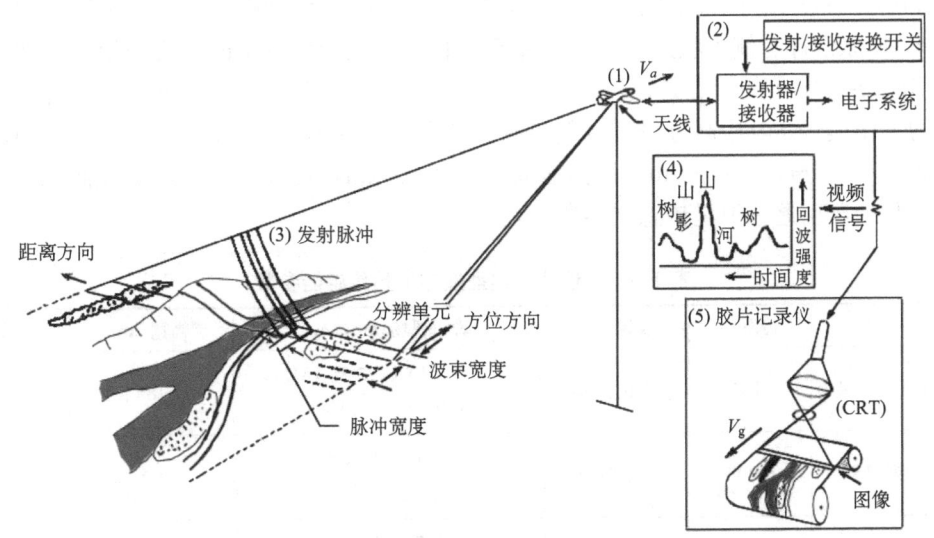

图7.16 侧视雷达成像原理与工作过程(Lillesand et al.,1994)

另一种是数字胶片,即波带片。由于雷达的原始数据是将地物的后向散射能以时间序列记录下来的数据,所以,输出的是既有回波振幅信息又有相位信息的光学全息片;这种数字胶片必须经过光学相干处理器进行数/模变换（D/A）的成像处理，方能重建雷达图像。可见，雷达是根据微波传播、接收的时差和多普勒变化以及回波的振幅、相位和极化方式来探测目标的距离及目标的物理性质。树因表面粗糙，多呈各方向的散射，其后向散射较强，为中等强度回波；河流的水体，表面平滑，多呈镜面散射，天线接收不到回波；山体正面强回波，山体背面因山体所阻挡为雷达阴影区，无回波。

雷达成像需要有一个基本条件，即雷达发射出来的波束照在目标不同部位时，要有时间先后差异，就如同电视机中电子束的扫描一样。这样，从目标反射的回波也同时出现时间差，才有可能区分目标的不同部位。要实现这一点就必须具备二维方向上的扫描。雷达天线在飞行器上，与飞行器同方向前进，发出的波束依次向前扫描，即航向扫描；天线发出的能量脉冲指向飞行器的一侧，地面物体同航线垂直方向的各部分反射的回波便可产生时间差，即距离向扫描。侧视成像雷达就是以这种连续带状形式对地表进行二维扫描，逐行成像。因为电磁波以光速（3×10^8 m/s）近直线传播。雷达与目标的距离（斜距），可以通过发射脉冲到接收回波的时间（行程时间 $J/2$）与电磁波传播速度（C）的乘积，即斜距=$CJ/2$，所以侧视雷达系统又是个测距系统（赵英时等，2003）。

2）Radarsat

加拿大的 Radarsat-1 是世界上第一个商业 SAR 运行系统，由加拿大太空署、美国政府、加拿大私有企业于 1995 年 11 月 4 日合作发射。其地面分辨率 8.5m，卫星高度 790～800km，倾角 98.5°，重复周期 24 天，与太阳同步，SAR 在 C 波段（波长 5.6m），采用 HH 极化，波长入射角在 0°～60°范围可调。主要探测目标在海洋方面是海冰、海浪和海风等，对陆地是地质和农业。其特点为：①具有 50km、75km、100km、150km、300km 和 500km 多种扫描宽度和从 10～100m 的不同分辨率。②宽度分别为 11.6MHz、17.3MHz 和 30MHz，分辨率可调。③每天可覆盖 73°N 至北极全部地区，3 天可覆盖加拿大及北欧地区，24 天覆盖全球一次。为了获取全南极影像，加拿大航天局在 1997 年 9 月 9 日至 11 月 3 日期间，将 SAR 原设计右侧视状态转 180°成左侧视状态，顺利完成了南极成图使命。加拿大雷达卫星 Radarsat 突出的特点是，按照入射角、覆盖宽度、空间分辨率不同的组合，可有八种不同的工作模式。其中高分辨率的精细模式空间分辨率可达 9m，覆盖宽度 45km；而宽覆盖模式，空间分辨率仅 100m，但扫描宽度可达 510km，具有全球快速成像能力。

上述几种典型遥感卫星传感器参数见表 7.5。

表 7.5 上述几种典型遥感卫星传感器参数

卫星名称	传感器	成像方式	瞬间视场/(m×m)	幅宽/km	幅长/km
Landsat 系列卫星	TM	光机扫描	30×30（TM1～5 及 TM7），120×120（TM6）	185	185
SPOT 系列卫星	SPOT	推扫式扫描	10×10，20×20，5×5	60	60
EOS-AM1 系列卫星	MODIS	成像光谱	250×250，500×500，1000×1000	2330	2330
Radarsat 系列卫星	Radarsat-1	雷达成像	25×28，9×9，50×50，100×100，(30～45)×28	50，75，100，150，300，500	

7.4 卫星遥感图像处理

利用传感器观测目标的反射或辐射能量时，传感器的测量值与目标的光谱反射率或光谱辐亮度等物理量是不一致的，这是因为测量值中包含了太阳位置和角度条件、薄雾等大气条件、或因传感器的性能不完备等条件引起的失真（阮建武和邢立新，2004；马广彬等，2007）。为了正确评价目标的反射或辐射特性，必须消除这些失真。消除图像数据中依附在辐亮度中的各种失真的过程称为辐射量校正，简称辐射校正。辐射校正的目的是尽可能消除因传感器自身条件、薄雾等大气条件、太阳位置和角度条件及某些不可避免的噪声引起的传感器的测量值与目标的光谱反射率或光谱辐亮度等物理量之间的差异，尽可能恢复图像的本来面目，为遥感图像的分割、分类、解译等后续工作做好准备。

遥感图像反映的是地物电磁波谱辐射能量的空间分布，它包含了地物的光谱特征、空间特征、时间特征等。不同地物由于电磁波谱辐射能量的不同在图像上表现也不一，因此可以根据电磁波谱辐射能量的变化和差异来识别和区分不同地物（赵英时等，2003）。遥感图像容纳了大量的信息，为了提高遥感解译的效果，必须先对原始的遥感图像进行一系列的处理，使得遥感图像更为清晰，目标地物更加突出，便于识别。遥感图像处理虽然并没有增加图像信息量，但改善了图像的视觉效果，提高了可辨性（常庆瑞等，2004）。

7.4.1 遥感图像校正

由于遥感影像在生成过程中经历了成像、感测、传输及显示等过程，这些过程都会造成图像的畸变和降质。同时由于地球大气、陆地和水体非常复杂，用空间、时间、光谱和辐射分辨率均有限的传感器并不能很好地记录这些数据，所以遥感卫星影像在不同的程度上与地物的辐射能量或亮度分布存在着差异，获取数据时产生的误差会降低遥感数据的质量，并影响随后的人工或计算机辅助影像分析的精度。因此需要使用图像校正来消除这些误差。

遥感图像的误差主要分为两大类：辐射误差和几何畸变。辐射误差产生的因素主要有：①大气对电磁波辐射的散射和吸收；②由于太阳高度角和方位角的变化以及地形部位的变化，引起不同地表位置接收到的太阳辐射强度的差异；③传感器的响应特性，如光学摄影机和光电扫描仪引起的辐射误差；④因各检测器特性的差别、干扰、故障等原因引起不正常的条纹和斑点。

几何畸变大体分为内部畸变和外部畸变两类。内部畸变由传感器性能差异引起，主要有比例尺畸变、歪斜畸变、中心移动畸变、扫描非线性畸变、辐射状畸变和正交扭曲畸变等；外部畸变由运载工具姿态变化和目标物引起，主要包括：①由运载工具姿态变化（偏航、俯仰、滚动）引起的畸变，如因倾斜引起的投影畸变；②因高度变化引起的比例尺不一致；③由目标物引起的畸变，如地形起伏引起的畸变；④因地球曲率引起的畸变。

引起辐射误差的原因不同，所需采用的校正方法也不相同。通常可分为系统辐射误差校正、传感器端辐射校正、大气校正、地面辐射校正、几何校正和正射校正方法等，技术流程如图 7.17 所示。

1. 系统辐射误差校正

1) 边缘减光现象改正

在使用透镜的光学系统中，由于透镜光学特性的非均匀性，在成像平面上边缘部分比中

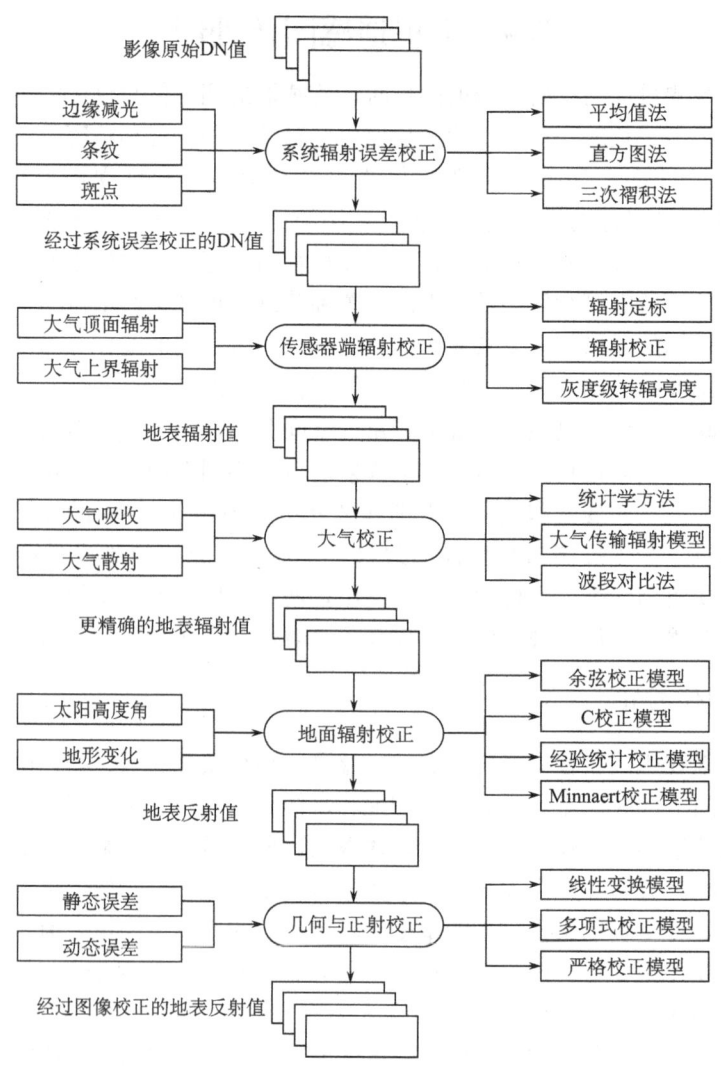

图 7.17 遥感图像校正流程图

间部分暗,即边缘减光。对于这种问题,如果光线以平行于主光轴的方向通过透镜到达像平面 O 点的光强度为 E_o,以与主光轴成 θ 角度的方向通过镜头到达像平面 P 点的光强度为 E_p,则 $E_p = E_o \cos^4\theta$。据此,可以对边缘减光现象进行辐射校正。

2) 条纹消除

遥感图像中的条纹主要是由检测器引起的。条纹误差判定和消除的常用方法有:平均值法、直方图法及在垂直扫描线方向上采用最近邻点法或三次卷积法等。

3) 斑点校正

斑点误差主要由噪声或磁带的误码率等造成,在图像中往往是分散和孤立的。①斑点的判定。当像素亮度值 f_{ij} 与周围相邻像素亮度平均值之差超过给定阈值 ε_1 时,或与周围像素亮度值的方差 σ^2 减去图像亮度值的平均方差 $\bar{\sigma}^2$ 大于给定阈值 ε_2 时,认为该像素是斑点。②斑点的校正。斑点亮度值取其邻域像素亮度值的平均值或用三次褶积法进行修正。应注意将斑点与图像本身的边缘信息区分开来。通常图像边缘附近的信息不进行斑点消除。

2. 传感器端辐射校正

传感器端的辐射校正，对于遥感卫星图像来说，又称为大气顶面辐射校正或大气上界辐射校正。在扫描方式的传感器中，传感器收集到的电磁波信号需要经光电转换系统转变成电信号记录下来。该信号量化后成为离散的灰度级别，仅在图像中具有相对大小的意义，没有物理意义。经辐射校正后，灰度级别值转换为辐亮度或反射率，具有物理意义。传感器将在每个波段探测到的辐射转化为电子信号，然后按比例量化成表示辐射值级别的离散整数值。不同的传感器间、同一传感器不同日期产生的图像中可能存在偏差，需要进行定标校正后才能相互比较。

辐射校正利用已经建立的地物反射率与遥感图像像素值之间的关系，通过遥感图像的像素值计算传感器端的像素反射率。这种关系往往需要通过辐射定标来确定。辐射校正后的数据，可以是辐亮度，也可以是反射率。前者有量纲，后者是相对百分比。如果还需要进行其他校正，则往往计算辐亮度。

1) 可见光和近红外波段的辐射定标

辐射定标是在卫星飞越试验场地上空同时，在若干选好的像素内测定探测器对应波段内的地物反射率 ρ_t，同时测出气象要素和大气光学特性。再根据卫星过顶时太阳几何位置、仪器视场角、探测器光谱响应函数等，通过大气辐射传输模式正演出到达传感器入瞳处各光谱通道的辐亮度 L_t。

2) 红外波段的辐射校正

对于红外波段来说，尤其是热红外波段，星上传感器入瞳处接收的总辐射由 3 部分组成：①通过大气向上传输的直接地面辐射；②由大气自身向上传输的辐射；③大气向下辐射到达地面再经地面反射后通过大气向上传输的辐射。如选择清洁水面为目标，那么按线性模型处理为

$$I_{\Delta\lambda} = A^* \cdot C \tag{7.12}$$

式中，A^* 为红外波段辐射校正系数；$I_{\Delta\lambda}$ 为波长 λ 的辐射校正量。

3) 图像的灰度级和辐亮度

图像上的像素值为灰度级。实际的电磁波辐射强度为辐亮度。在图像数字化的时候，电磁波辐亮度被量化为灰度级。在实际应用中，特别是不同日期图像对比和遥感定量反演时，需要将灰度级转换为辐亮度。灰度级是相对的，仅在当前图像中具有意义，不能用于进行图像之间的比较。如果要进行不同传感器或不同日期图像的比较，必须将图像的灰度级转换为辐亮度。

不同的传感器有不同的校验参数，通常通过线性方程将传感器的最小和最大辐亮度与图像的灰度级联系起来，进行转换。波段不同，传感器可以探测的最小和最大的辐亮度值不同。

有关辐亮度的参数可以在图像的元数据文件中找到。对于 8 位量化（量化级为 256）的图像，一个基本的转换方程为

$$L = (L_{\max} - L_{\min})/255 \times \mathrm{DN} + L_{\min} \tag{7.13}$$

式中，L 为图像的辐亮度，$\mathrm{W}/(\mathrm{m}^2 \cdot \mathrm{sr})$；$L_{\min}$ 为与最小灰度级对应的辐亮度，$\mathrm{W}/(\mathrm{m}^2 \cdot \mathrm{sr})$；

L_{max} 为与最大灰度级对应的辐亮度，W/(m² · sr)；DN 为图像中像素的灰度级。该转换通过对灰度级的重新分配可以起到一定的图像增强的效果。

3. 大气校正

传感器在获取信息过程中受到大气分子、气溶胶和云粒子等大气成分吸收与散射的影响，使其获取的遥感信息中带有一定的非目标地物的成像信息，数据预处理的精度达不到定量分析的要求，消除这些大气影响的处理过程称为大气校正（亓雪勇和田庆久，2005）。大气辐射校正的目的就是将传感器的测量值转换为地物真实的反射信息。

大气校正主要有 3 种方法，即统计学方法、大气辐射传输模型方法和波段对比法。

1) 统计学方法

统计学方法通常将野外实地光谱测试获得的无大气影响的辐射值与卫星传感器同步观测结果进行回归分析计算，确定校正量。主要有内部平均法、平场域法、经验线性法、实测光谱回归方法等。

内部平均法假定一幅图像内部的地物充分混杂，整幅图像的平均光谱基本代表了大气影响下的太阳光谱信息。因而，把图像 DN 值与整幅图像的平均辐射光谱值的比值作为相对反射率。校正后为相对反射率值。

平场域法要求图像具有一个光谱反射率曲线变化相对平坦的、比较均一的区域，该区域的平均光谱受太阳辐射、大气散射和吸收影响的共同控制。该方法有两个重要的假设条件：①区域的平均光谱没有明显的吸收特征；②区域辐射光谱主要反映当时大气条件下的太阳光谱。作为平场的是图像中一块面积大、亮度高、光谱响应曲线变化平缓的区域。将每个像素的 DN 值与该区域的平均值的比值作为地表反射率，以此消除大气的影响。校正后为相对反射率值。

经验线性法假设在影像覆盖区域内有一个或多个不同反射特征且反射率值差异较大的物体，并假设传感器记录的 DN 值与对应区域的实测反射率值之间满足线性关系，从而在 DN 值数据和反射率数据之间建立关系。该方法通常测定反照度差异大且尽可能均一的多个物体，亮目标和水体等暗目标。目标物的选取通常满足 3 个条件：①足够大；②近乎朗伯体；③没有植被覆盖（李颖等，2011）。

2) 大气辐射传输模型方法

大气辐射传输模型法是利用电磁波在大气中的辐射传输原理建立起来的模型对遥感图像进行大气辐射校正的方法。在诸多的大气校正方法中大气辐射传输模型法是精度较高的方法。其算法在原理上基本相同，差异在于不同的假设条件和适用范围，因此产生很多可选择的大气较正模型，应用广泛的就有近 30 个（郑伟和曾志远，2004），如 6S 模型（second simulation of the satellite signal in the solar spectrum）、LOWTRAN 模型（low resolution transmission）、MORTRAN 模型（moderate resolution transmission）、大气去除程序 ATREM（the atmosphere removal program）、紫外线和可见光辐射模型 UVRAD（ultraviolet and visible radiation），Flash 模型。其中以 6S、MODTRAN、LOWTRAN 和 Flash 模型应用最为广泛。

6S 模型是在法国大气光学实验和美国马里兰大学地理系 E. Vermote 在 5S 模型的基础上发展起来的。该模型采用了最新近似（state of the art）和逐次散射 SOS（successive orders of scattering）算法来计算散射和吸收，改进了模型的参数输入，使其更接近实际。

该模型对主要大气效应：H_2O、O_2、O_3、CO_2、CH_4等气体的吸收，大气分子和气溶胶的散射都进行了考虑，它不仅可以模拟地表非均一性，还可以模拟地表双向反射特性。

LOWTRAN模型（吴北婴，1998）是美国空军地球物理实验室研制的，目前流行的版本是LOWTRAN7。它是以$20cm^{-1}$的光谱分辨率的单参数带模式计算$0 \sim 50000cm^{-1}$的大气透过率、大气背景辐射、单次散射的光谱辐射亮度、太阳直射辐射度。LOWTRAN7增加了多次散射的计算及新的带模式、臭氧和氧气在紫外波段的吸收参数。它提供了6种参考大气模式的温度、气压、密度的垂直廓线，混合比垂直廓线及其他13种微量气体的垂直廓线，城乡大气气溶胶、雾、沙尘、火山喷发物、云、雨廓线和辐射参量，如消光系数、吸收系数、非对称因子的光谱分布、地外太阳光谱。

MORTRAN模型（王建等，2002）主要是对LOWTRAN 7模型的光谱分辨率进行了改进，它把光谱分辨率从$20cm^{-1}$减少到$2cm^{-1}$，发展了一种$2cm^{-1}$光谱分辨率的分子吸收算法和更新了对分子吸收的气压温度关系的处理，同时维持LOWTRAN 7的基本程序和使用结构。ENVI中提供的FLAASH大气校正模型就是使用了改进的MORTRAN模型的代码。

3）波段对比法

其理论依据是由于程辐射度的大小与像元的位置有关，并且随着太阳方位角、大气条件和时间的变化而变化，但由于变化量小可以忽略这个变化。因此可以认为，程辐射在同一幅影像有限范围内是个常数，其值的大小只与波段有关。一般来说，程辐射度主要来自米氏散射，散射主要发生在短波波段，其散射强度随波长增大而减小，红外波段基本接近于0。因此，可以把近红外图像当做无散射影响的标准图像，通过对不同波段的对比分析计算出大气干扰值。一般有两种方法，即回归分析法和直方图法。

回归分析法首先要选取基准影像，然后对不同时相的所有其他影像的光谱特征进行转换，使它们具有与基准影像基本相同的辐射量级。回归分析用于建立基准影像与其他时相影像的伪不变特征（pseudo-invariant features，PIF）光谱特性之间的联系，该算法假定不同时相的像元与基准影像相同位置上的像元是线性相关的。在待进行大气散射校正的波段影像上，找出最黑的影像，如高山阴影或其他暗黑色地物目标，然后把对应的基准波段图像上的同一地物目标找出来，再把待校正图像与基准图像的灰度值数据取出进行比较分析。

当图像上有洁净且有一定深度和面积的水体或深暗地形阴影时，其直接反射能量应为0或接近于0。这时卫星图像上的辐射量测值实际上代表了路径（程辐射）辐射能。因此可见光各波段图像直方图的低端灰度值不为0，使直方图产生偏移值a。波长越短，散射作用越强，a值越大。

总的来看，统计学方法需要与卫星同步在野外进行光谱测量，辐射传输模型方法需要测定具体天气条件下的大气参数，这两种方法费用较高。在实际工作中，特别是资源的遥感分类中常采用波段对比法。为了直接比较高光谱图像的光谱和参照反射光谱，图像中的辐射值级别必须被转换为反射率。一个综合转换包括太阳源光谱、太阳高度角和地形的光照影响、大气透过率、传感器增益。从数学角度看，地面反射光谱和这些影响因素相乘得到所测得的辐射光谱；传感器偏差（内部仪器噪声）和大气散射的路径辐射对辐射光谱的贡献则是加性的。

4. 地面辐射校正

地面辐射校正是遥感影像辐射校正的主要内容，是获得地表真实反射率的必不可少的一步。常用的校正模型有余弦校正模型、C 校正模型、经验统计校正模型和 Minnaert 校正模型。

1) 余弦校正模型

余弦校正模型由 Teillet 提出，是一个简单的光学函数，其基本原理是：校正后像元接受的总辐射与坡面像元接受的总辐射有一个由入射角（定义为太阳天顶与垂直于坡面的方位夹角）余弦决定的直接比例关系。假定：①地表为朗伯面；②日地距离不变；③照射地球的太阳能量为常量。定义到达斜坡像元的辐照度与入射角 i 的余弦成正比，入射角 i 是像元的法线与天顶方向的夹角，辐照度（Eg）的 $\cos i$ 部分到达该斜坡像元。可用下面的余弦方程对遥感数据进行简单的地面辐射校正：

$$L_H = L_T \frac{\cos\theta_0}{\cos i} \tag{7.14}$$

式中，L_H 为水平面辐射（即坡度坡向校正后的遥感数据）；L_T 为坡面辐射；θ_0 为太阳天顶角；i 为太阳入射角。

2) C 校正模型

C 校正模型的基本思想是，对于任意波段影像的像元 DN 值和其对应的太阳入射角余弦值都满足线性关系。理想情况下，当太阳入射角为零或小于零时，表明该点缺乏太阳光照，则该点的 DN 值应该为零，该拟合直线应通过原点。然而，由于大气散射和地表相邻点反射光折射的缘故，为了使像元 DN 值和太阳入射角 a 的余弦值满足线性关系，Teillet 等人在余弦函数中引入了一个附加调整因子，称为 C 校正模型：

$$L_H = L_T \frac{\cos\theta_0 + c}{\cos i + c} \tag{7.15}$$

式中，$c = b/m$，L_H 为水平面辐射（即坡度坡向校正后的遥感数据）；L_T 为坡面辐射；θ_0 为太阳天顶角；i 为太阳入射角。

3) 经验统计校正模型

在经验统计校正模型中，对于影像中的每个像元而言，它们的影响因素主要是：①根据 DEM 预测的光照度；②实际遥感数据。考虑该分布中的统计关系，回归模型可表示为

$$L_H = L_T - \cos(i)m - b + \bar{L}_T \tag{7.16}$$

式中，L_H 为水平面辐射（即坡度坡向校正后的遥感数据）；L_T 为坡面辐射（即原始遥感数据）；$\bar{L}_T$ 为森林覆盖像元的 L_T 平均值（根据地面反射率）；i 为像元法线方向的太阳入射角；m 为回归的斜率；b 为回归模拟在 y 轴上的截距。

4) Minnaert 校正模型

采用 Minnaert 校正模型时，利用以下余弦函数：

$$L_H = L_T \left(\frac{\cos\theta_0}{\cos i}\right)^k \tag{7.17}$$

式中，k 为 Minnaert 常量。k 值为 0~1，是地面接近朗伯体表面程度的测度。标准朗伯体表面的 $k=1$，它代表经典的余弦校正。

5. 几何校正

卫星影像在提供给用户使用前，一般都已经进行过部分几何粗纠正处理，如地球自转引起的几何偏斜处理等，此时的遥感影像还存在较大的几何畸变，用户根据自身需求，可进行后续的几何精校正处理。一般采用地面控制点（GCP）和适当的数学模型进行几何精纠正。以下将着重讲述几何精纠正的一般步骤：选取地面控制点、选取校正变换函数、选取灰度值重采样模型。

1）地面控制点的选取

对一幅遥感图像进行几何校正，首先应该在该图像上和对应的地形图或者影像寻找一些典型的地物目标作为地面控制点。地面控制点应当具有以下特征：①地物特征明显及地理位置特殊，易于定位，如道路、河流等交叉点，田块拐角，桥头等。②地物具有稳固性，不随时间的变化而变化。③控制点要有一定的数量，且尽量分布均匀。④地面控制点的选取最好按照一定的顺序，如从左到右，从上到下，从中心到四周等。

2）校正变换函数的选取

校正变换函数用来建立图像坐标和地面坐标间的数学关系，即输入图像与输出图像间的坐标变换关系，常见的校正变换函数有直接线性变换模型、Polynomial（多项式校正模型）和严格校正模型等。

直接线性变换是直接建立像平面坐标与物空间坐标的关系式，形式简单，解算简便，不需要轨道星历参数和传感器参数。Polynomial 是建立原始畸变图像空间坐标与大地标准空间坐标的数学对应关系，从而利用这种数学关系将畸变图像空间的像元转换为大地标准空间中的像元。严格校正模型是考虑成像时造成影像变形的物理意义，如地表起伏、大气折射、相机透镜畸变及卫星的位置、姿态变化等，然后利用这些物理条件构建成像几何模型；通常这类模型数学形式较为复杂且需要较完整的传感器信息，理论上严格，模型定位精度高；有时，由于传感器信息上的不完整，也采用基于有理函数 RFM 进行模拟。

3）灰度值重采样模型的选取

经空间变换后输出的新图像像元，在多数情况下会落在原始图像阵列中的几个像元之间，因此必须通过适当的方法把该点四周邻近的若干个整数点上的像元灰度值对该点的灰度值贡献累积起来进行计算。常用的灰度值采样方法有最邻近法、双线性内插法和三次卷积内插法等。①最邻近法将距离新像元最近的像元值赋予新像元。最邻近法的优点是输出图像仍然保持原来的像元值，简单，处理速度快。但这种方法最大可产生半个像元的位置偏移，可能造成输出图像中某些地物的不连贯。②双线性内插法是使用邻近 4 个点的像元灰度值，按照其距内插点的距离赋予不同的权重，进行线性内插。该方法具有平均化的滤波效果，边缘受到平滑作用，产生一个比较连贯的输出图像。其缺点是会使对比度明显的分界线变得模糊。③三次卷积内插法使用内插点周围的 16 个像元值，用三次函数进行内插。

6. 正射校正

影像的正射校正借助于数字高程模型（DEM），对影像中每个像元进行地形变形的校正，使影像符合正射投影的要求。正射校正的实质是将中心投影的影像通过数字校正形成正射投影的过程，其原理为：将影像化为很多微小的区域，根据有关的参数利用相应的构像方程式或按一定的数学模型用控制点解算，然后利用 DEM 对原始影像进行校正，求得解算模型使其转换为正射影像。由于充分利用了 DEM 数据，故能够改正因地形起伏而引起的像点位移（徐凌等，2004）。

正射校正的方法很多，主要有物理模型和经验模型两种（栾庆祖等，2007）。物理模型以共线方程为代表，建立在严格的物理推导基础上，因此需要已知传感器的轨道参数和姿态参数等较难获取的参数才能获得较高的精度；经验模型应用灵活，只要有足够数量的控制点以及该地区的 DEM 数据就可以进行正射校正，但是其精度往往受到 DEM 精度和控制点精度的影响。

7. 遥感图像校正实例

1）大气校正实例

本书利用 2002 年 ETM+ 影像，通过 6S 模型对该影像进行大气校正，根据校正结果的典型地物光谱曲线图可以看出校正的结果较好。结果如图 7.18～图 7.20 所示。

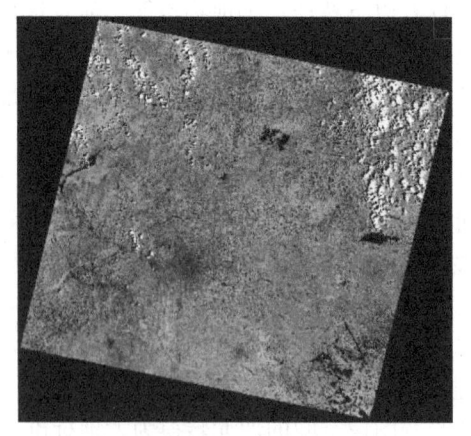

图 7.18 校正前影像

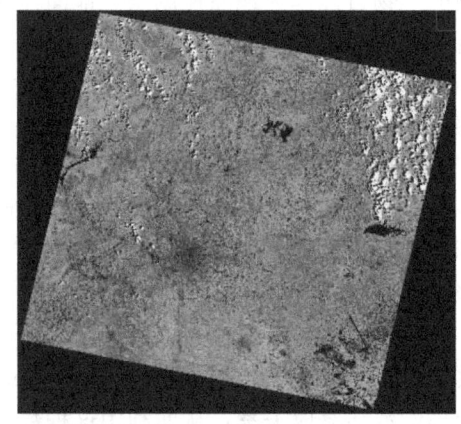

图 7.19 校正后影像

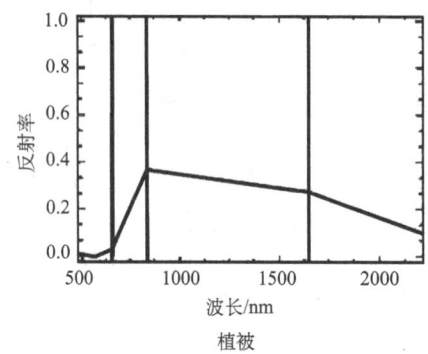

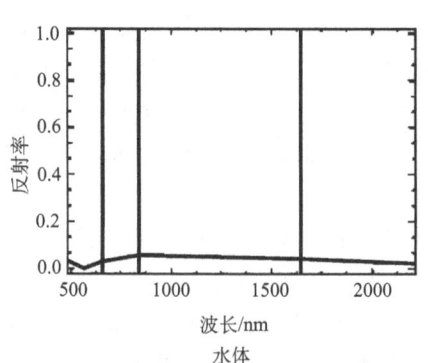

图 7.20 光谱曲线图

2) 几何精纠正实例

本书利用已经具有地理坐标的全色 SPOT 影像为基础，对 Landsat TM 影像进行几何校正，一般工作流程如图 7.21 所示，校正结果如图 7.22 所示。

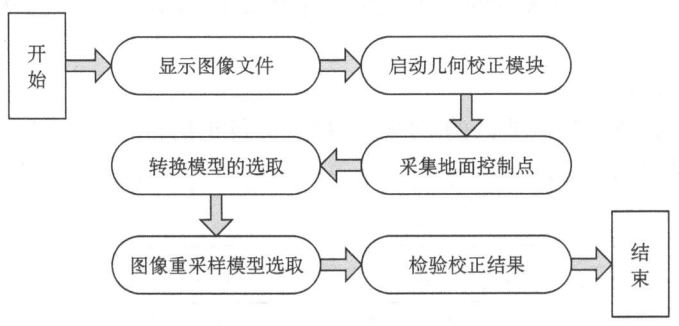

图 7.21 图像几何校正一般流程

原始TM影像

全色SPOT影像

几何校正后的TM影像

图 7.22 校正前后影像图

本书中选取的 28 个控制点，RMS（root-mean-squre，均方根值）均在 0.5 像元以内，总体 RMS 误差（即标准差）为 0.29，如表 7.6 所示。

表 7.6 控制点 RMS 列表

序号	RMS	序号	RMS	序号	RMS	序号	RMS
1	0.03	8	0.15	15	0.11	22	0.36
2	0.08	9	0.19	16	0.16	23	0.43
3	0.28	10	0.26	17	0.10	24	0.20
4	0.33	11	0.13	18	0.22	25	0.38
5	0.12	12	0.13	19	0.18	26	0.26
6	0.30	13	0.40	20	0.09	27	0.48
7	0.09	14	0.35	21	0.29	28	0.23

一般将 RMS 控制在 0.5 以内即可，如果控制点的实际总均方根误差超过了这个值，则需要删除具有最大均方根误差的地面控制点。但如果图像的某一特殊区域只有一个 GCP，那么剔除它可能导致更大的误差。因此在必要时，选取新的控制点或调整旧的控制点，或者改选坐标变换函数，以较高次数的多项式模型来重新计算 RMS，直到达到所要求的精度为止。

3）正射校正实例

本书利用航空影像结合该地区的 DEM 数据，进行正射校正，一般工作流程如图 7.23 所示，校正结果见图 7.24 所示。

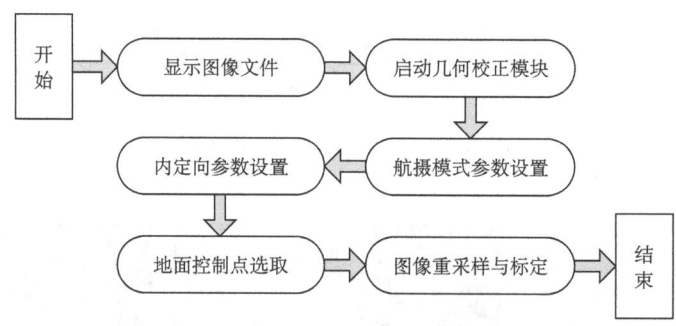

图 7.23　航空影像正射校正一般流程

原始航空影像　　　　　　30m 分辨率的 DEM 数据　　　　　　正射校正后的航空影像

图 7.24　正射校正前后航空影像图

经过正射校正后的航空影像 RMS 误差大多控制在 1 个像元，在城市建筑物区域的亮度明显增加，是因为正射校正后消除了由传感器姿态角产生的阴影；此外在周边的山区部分，经过正射校正后山区的阴影减少，立体感增强。

7.4.2　遥感图像处理

对遥感图像进行加工、改造、使之更有利于判读的过程叫做遥感图像处理。它分为遥感光学图像处理和遥感数字图像处理两大类。遥感光学图像处理是依靠光学仪器或电子光学仪器，用光学方法对遥感图像进行处理；遥感数字图像处理是利用计算机对图像进行去除噪声、增强、复原、分割、提取特征等处理。

1. 遥感光学图像增强处理

遥感图像处理中的一个重要部分是遥感光学图像增强处理。这就是在遥感图像中去掉一些不必要的信息，使之更易于识别的过程。例如，消除干扰引起的模糊信息，拉大地物影像之间的灰度差别；使地物影像的轮廓线变得更明显；将黑白图像变为彩色图像等。遥感光学图像增强处理有彩色合成、密度分割、相关掩模等方法。

1）彩色合成

A. 多波段彩色合成

多波段彩色合成就是将几个（通常用3个）不同波段的、同一地区的图像合在一起，形成一幅包括各波段信息在内的彩色合成图像。根据色光叠加原理制作多波段彩色合成图像的方法，叫作加色法多波段彩色合成。

实现这种合成的最简单的装置是三台幻灯机。各幻灯机中分别装上一个单波段的黑白底片，并配以适当的滤色镜（分别为蓝、绿、红镜），然后打开三台幻灯机，让三机的光线投射到同一屏面上，使三幅图像彼此重合，就成为一幅包括3个波段信息的彩色合成图像。也可以使用多波段彩色合成仪实现多波段彩色合成，这种仪器有3或4个通道。如果合成图像的颜色与原景物颜色基本相同，这种合成图像叫做真彩色合成图像；如果与原景物颜色不符，则得到的就是假彩色合成图像。

陆地卫星多波段彩色合成图像中，最常用的是将 MSS4、MSS5、MSS7（指 Landsat-1、Landsat-2、Landsat-3 号的 MSS）分别配以蓝、绿、红滤色片进行合成所获的合成图像。也称为标准多波段假彩色合成图像。按照其他方案得到的叫非标准多波段假彩色合成图像。这两种图像的颜色大不相同。在 Landsat-4 号、Landsat-5 号图像中，用 MSS1、MSS2、MSS4 或 TM2、TM3、TM4 分别配以蓝、绿、红滤色片得到的也是标准多波段假彩色合成图像。另外，用 RBV1、RBV2、RBV3 或 SPOT 中的 HRV1、HRV2、HRV3 来代替 MSS4、MSS5、MSS7 也可获得这种标准合成图像。

在标准多波段假彩色合成图像中，几种代表性地物的色彩如表 7.7 所示。

B. 减色法多波段彩色合成

根据颜料叠加原理制作多波段彩色合成图像的方法叫做减色法多波段彩色合成。它包括彩色像纸分层曝光法、彩色印刷法、彩色染印法、重氮法等。以彩色像纸分层曝光法为例，彩色像纸片基上涂有感蓝层（含黄色染料）、感绿层（含品红色染料）、感红色（含青色染料），它们分别能感受蓝、绿、红光，感光后经冲洗就显现出黄、品红、青色。

表 7.7 几种地物在标准假彩色合成图像中的色彩

地物	色彩
植被	红到品红
水	暗蓝到青
悬浮沉积物	白到浅蓝
红土层	黄
裸露土	蓝到青
风成砂	白到黄
城市	蓝到青
云和雪	白

用一台放大机可以按分层曝光法获得多波段彩色合成图像。彩色染印法是一种使用特别浮雕片、接收纸和冲显染印药制作彩色合成影像的方法。浮雕片是一种特制的感光胶片，经曝光和暗室处理后能吸附酸性颜料。接收纸是一种不感光的特殊纸张，能吸收浮雕片上的酸性颜料。染印法合成是把三种浮雕片上的染料先后转印到不透明的接收纸上，或分别转印在三张透明胶片上重叠起来阅读。印刷法是利用普通胶印设备，直接使用不同波段的遥感底片和

黄、品红、青三种油墨，经分色、加网、制版，套印成彩色合成图像。该方法工序简单，可大量生产。重氮法是利用重氮盐的化学反应处理彩色单波段影像透明片的方法，各波段图像可重叠阅读。这里，曝光所用的都是负胶片，而前述的加色法彩色合成法制作标准假彩色合成图像时要用 MSS4、MSS5、MSS7 的 3 张正胶片。无论用加色法还是减色法，都可以制作任何组合方案的非标准假彩色合成图像。

2）密度分割

感光胶片上某点入射光通量与透射光通量之比叫做阻光率（Q），其倒数 τ 即为透明度。阻光率的常用对数即为密度（D）：

$$D = \lg Q = \lg(1/\tau) \tag{7.18}$$

胶片上密度越大的点，透明度越小，色调越深；密度越小的点，透明度越大，色调越浅。物体的亮度在胶片上表现为密度。物体越亮，在正胶片上就显得密度越小；物体越暗，在正胶片上对应的密度越大。在像纸片上可用灰度表示某点色调的深浅，灰度越大表示色调越浅。白色的点，灰度最大；黑色的点，灰度最小。亮的物体在像纸片上表现为灰度大的影像，暗的物体对应的灰度小。

密度分割仪是一种可将密度分割为若干等级再用若干黑白色调级别（即灰阶）或若干色彩表现出来的仪器，由带有摄像管和光源的光源箱、信号处理器、黑白监视器、彩色监视器等部分组成。其工作原理为：如果将一张影像正胶片放在透射式密度分割仪的光源箱中（反射式分割仪中要放入像纸片），开机后，光导摄像管对影像进行电子扫描，产生表示密度变化的电压信号；送入信号处理器，分割为若干等级（4~64 级）；再送入黑白监视器和彩色监视器；在黑白监视器中，每一等级的电压用一定级别的色调（即灰阶）来表示，整幅图像呈现为由若干深浅不同、分界清晰的块组成黑白图像；在彩色监视器中，每一级电压用一种色彩表示，整幅图像是由若干块不同色彩的部分组成的彩色图像。以上这一过程叫做密度分割。密度分割的级数和每级对应的颜色可以人工控制。仪器还能测出屏上任何一块矩形范围中的任何一种颜色的相对面积。使用密度分割仪可以对地物进行分类并测出每一类地物的相对面积，再根据胶片的比例尺可求出每类地物的实际面积。

3）相关掩模

相关掩模是利用感光材料的不同反差特性和不同摄影处理条件，采用印刷蒙片（即模片）方法，对原片制作具有统一几何基础、又有不同影像特征的正负片，通过各种叠加来改变原有影像的显示效果，把需要的影像信息增强或提取出来。这种处理虽不能增加信息，但可以显现出一些原来分辨不清的目标，突出影像应用主题。

相关掩模的准备工作是制作各种模片（又叫蒙片）——载有黑白图像的透明胶片。模片制作的工艺程序分为两步：第一步是选择合适的影像底片作母片，母片可以是摄影底片，也可以是扫描影像或雷达影像的胶片；第二步是由母片来拷贝模片，所用材料是感光胶片。模片可分为连续模片、二元模片、等密度模片和模糊模片 4 种。连续模片上的密度是连续变化的。二元模片只有最大密度（黑色）和最小密度（透明）两种密度。等密度模片上密度处处相等，只有一个密度。模糊模片上的影像是轻微模糊的。相关掩模的处理方法有反差调整、动态显示、边缘增强、密度分层、等照度变换处理、专题提取和信息复合方法等。

2. 遥感数字图像处理

1) 遥感图像变换

A. 图像空间变换

图像空间变换是数字图像处理的重要技术之一，图像空间变换是将目标图像中的像素点坐标经过变换，得到基于原图像的像素点坐标；然后对该坐标点的像素值运用插值算法计算得到一个新的像素值作为目标图像中相应点的像素值。图像空间变换侧重于图像的空间特征或频率，空间变换主要有空间卷积、平滑和锐化。

a. 空间卷积

空间卷积只处理小范围的图像信息，即图像空间频率的增强或减弱是通过对每个像元周围的邻近像元的处理来实现的（赵英时等，2003）。空间卷积是在空间域上对图像做局部运算：是选定一卷积函数，作为"模板"$\varphi(m, n)$，实际上是一个 $M\times N$ 小图像，从图像的左上角开始，在图像上开一个与模板同样大小的活动窗口 $\varphi(m, n)$，使图像窗口与模板像元的灰度值对应相乘再相加。计算结果 $g(i, j)$ 作为窗口中心像元的新的灰度值，模板运算公式为

$$g(i, j) = \sum_{m=1}^{M}\sum_{n=1}^{N} \Phi(m, n)\varphi(m, n) \tag{7.19}$$

将这个窗口在整幅影像上移动，使图像窗口与模板像元的灰度值对应相乘再相加的值，代替其中心像元的灰度值，并得到一幅新影像（汤国安等，2004）。

b. 平滑

图像在获取和传输的过程中，由于传感器的误差以及大气的影响，会在图像上产生一些"噪声"点，或者图像中出现亮度变化过大的区域，为了抑制噪声、改善图像质量或减少变化幅度，需要进行平滑处理。常见的有空间域平滑处理和频率域平滑处理两种方法。空间域平滑中假定有一幅 $N\times N$ 个像素的图像 $f(x, y)$，选定的模板窗口，选定如 3×3、5×5 等；选定模板矩阵的系数，如 1/9、1/16 等。采用模板运算来处理图像从而滤掉一定的噪声，模板操作后得到新图像 $g(x, y)$，常用高斯模板来处理图像。频率域平滑处理由于噪声通常代表一种高频分量，可以用各种形式的低通滤波器达到平滑的目的。

c. 锐化

锐化与平滑恰恰相反，它通过增强高频分量以减少图像的模糊，加强图像中景物的边缘。图像在经过平滑处理后减少了噪声，但可能会使边缘模糊，这时需要通过锐化突出这些信息。图像锐化处理方法分为空间域锐化和频率域锐化两大类：①空间域锐化处理。边缘一般都位于灰度突变的地方，数字图像中可以用灰度差分提取边缘。由于边缘可能具有任意方向，而差分运算是有方向性的，与差分方向一致的边缘难以检测，因此锐化中各向同性是一个很重要的指标。常用梯度运算和拉普拉斯运算来处理空间域中的锐化。②频率域锐化处理。在频率域，由于噪声通常代表一种低频分量，可以用各种形式的高通滤波器达到平滑的目的。频率域平滑中常用的滤波器有 Butterworth 高通滤波器、指数高通滤波器和梯形高通滤波器等。

B. 图像光谱变换

图像光谱变换对应于每个像元，与像元的空间排列和结构无关，因此又叫做点操作。图像光谱变换是针对目标物的光谱特征通过对图像的亮度值的改变，来增强或减弱一些特征的

信息。主要方法有：

（1）线性变换。线性变换是按比例扩大原始灰度级的范围，以充分利用显示设备的动态范围，使变换后图像的直方图的两端达到饱和。

（2）非线性变换。主要包括指数变换、对数变换和直方图均衡化三种方法。指数变换主要用于增强图像中亮的部分，扩大灰度间隔，进行拉伸。对数变换主要用于拉伸图像中暗的部分，在亮的部分进行压缩。直方图均衡化是将原影像的直方图通过函数变为均匀的直方图，然后按均匀直方图修改原影像，从而获得一幅灰度分布均匀的新影像。

（3）K-L变换。K-L变换，又称作主成分变换，是建立在统计特性基础上的一种变换。其原理为：原始特征空间的特征轴旋转到平行于混合集群结构轴的方向去，得到新的特征轴。实际操作是将原来有部分相关关系的各个因素指标重新组合，组合后的新指标是完全不相关的（杨猛，2007）。在由这些新指标组成的新的特征轴中，只用前几个分量就能完全表征出原始数据的有效信息，图像中相关数据的特征由于被压缩得到了突出。对于遥感数据首先要计算出一个标准变换矩阵，然后通过变换矩阵使图像数据转换成主成分数据。

（4）K-T变换。又称缨子帽变换，根据多光谱遥感中土壤、植被等信息，在多维光谱空间中信息分布结构对图像做的经验性线性正交变换（常庆瑞等，2004）。

K-T变换与K-L变换的不同在于K-T变换的转换系数是固定的，因此它独立于单个图像，其转换后的坐标轴不是指向主成分方向，而是指向与地面景物有密切关系的方向（常庆瑞等，2004）。

2）图像分割

图像分割是为提取突出影像中特定目标区域，并对其进行分析和处理的一项专门技术。通过对图像的分割处理，可以把原始图像转化为更抽象、更紧凑的形式，使得更高层次的图像分析与理解成为可能。图像分割是图像智能化处理的重要发展方向，受到图像处理界的高度关注。图像分割是指把图像分成各具特性的区域并提取出感兴趣的目标的技术和过程。从数学角度来看，图像分割是将数字图像划分成互不相交的区域的过程。图像分割的过程也是一个标记的过程，即将属于同一区域的像素赋予相同编号的过程。图像分割的目的是将一幅图像分成几个区域，这几个区域之间具有不同的属性，同一区域中各像素具有某些相同的性质。

A. 图像分割的一般原则

由于图像的复杂性和应用的多样性，图像分割并没有一个统一的标准和方法，可以依据以下两个原则对图像进行分割：①依据像素灰度值的不连续性进行分割。假定不同区域像素的灰度值具有不连续性，因而可以对其进行分割。②依据同一区域内部像素的灰度值具有相似性进行分割。这种方法一般从点（种子）出发，将其邻域中满足相似性测量准则的像素进行合并从而达到分割的目的。依据像素的不连续性进行分割的方法主要是区域增长法。

B. 图像分割流程

图像分割的一般工作流程是：确定待分割的对象→选择对分割对象敏感的波段→选择分割方法进行分割→将分割后的结果图像转为矢量图。

C. 图像分割方法

依据图像分割的一般原则，目前主要的图像分割方法有以下几种。

a. 灰度阈值法

阈值处理是一种区域分割技术，它在目标与背景之间存在强对比时特别有效。该方法计算简单，总能用封闭且连通的边界定义不交叠的区域。当使用阈值进行图像分割时，所有灰度值大于或等于某阈值的像素都被判属于目标。所有灰度值小于该阈值的像素都被排除在目标之外。于是，边界就成为一些内部点的集合，这些点都至少有一个邻点不属于该目标。

如果感兴趣的目标在其内部具有均匀一致的灰度值并分布在具有另一个灰度值的均匀背景上，使用阈值方法的效果就很好。如果目标同背景的差别在于某种性质而不是灰度值（如纹理等），那么，可以先把该性质转化为灰度，然后利用灰度阈值化技术进行分割。根据分割对象与背景之间的差异，产生不同的确定阈值的方法。当前，主要应用的方法有全局阈值法和自适应阈值法两种。二者的区别在于全局阈值法设置传输灰度阈值而自适应阈值法将阈值设置为随位置变化而变化的函数值。

b. 梯度方法

梯度方法为图像锐化中的各种梯度算法。图像中灰度变化较大的区域梯度值较大，变化平缓的区域梯度值较小，在灰度均匀的区域梯度值为零。

应用不同的锐化算法可进行边缘检测。常用的算法有 Roberts 算子、Prewitt 边缘算子、拉普拉斯算子等。边缘连接是将近邻的边缘点连接起来从而产生一条闭合的连通边界的过程。这个过程填补了因为噪声和阴影的影像所产生的间隙。

c. 区域生长方法

区域生长的基本思想是将具有相似性质的像素集合起来构成区域。首先对每个需要分割的目标区域找一个种子像素作为生长的起点，然后将种子像素周围邻域中与种子像素性质相同或相似的像素（根据某种事先确定的生长或相似准则来判定）合并到种子像素所在的区域中。再将这些像素当做新的种子像素继续进行上述过程，直到再没有能满足条件的像素可被包括进来，这样一个区域就长成了。

d. 区域分割方法

对于特征不连续的边缘检测，把图像分割成特征相同的、互相不重叠的连接区域的处理被称为区域分割。目前主要应用的方法有：①简单区域扩张法；②统计假说检测法；③试探法。其中①、②两种方法都是基于灰度值的分割，而试探法将区域形状加入到判断标准中。

e. 数学形态学方法

形态学的基本思想是使用具有一定形态的结构元素来度量和提取图像中的对应形状，从而达到对图像进行分析和识别的目的。数学形态学可以用来简化图像数据，保持图像的基本形状特性，同时去掉图像中与研究目的无关的部分。使用形态学操作可以增强图像的对比度，消除噪声，对图像进行细化、骨架化、填充和分割等。数学形态学的数学基础和使用的语言是集合论，基本运算有四种：腐蚀、膨胀、开启和闭合，基于这些基本运算可以推导和组合成各种数学形态学运算方法。

通常情况下，形态学图像处理在图像中移动一个结构元素并进行一种类似于卷积的操作。像卷积核一样，结构元素可以具有任意大小，也可以包含任意的 0 与 1 的组合。在每个像素的位置，结构元素核与图像之间进行一种特定的逻辑运算。逻辑运算的结果存在于输出图像中对应于该像素的位置上，其效果取决于结构元素的大小、内容及使用的逻辑运算。数学形态学方法尽管基本运算很简单，但各种运算结合起来可以处理复杂的图像。并且，它们适合于用相应的硬件构造查找表，从而实现快速的流水线处理。数学形态学方法虽然通常用于二值图像，但也可以扩展应用到灰度级图像。

3) 图像融合

随着遥感技术的发展，为了充分利用多传感器、多分辨率、多波段的遥感数据以及非遥感数据自身的特点，将多种遥感及非遥感的数据结合起来，取长补短，发挥各自的优势，有助于更全面地反映地物目标，提高信息解译及分析能力。多源信息融合主要包括以下几种类型。

A. 像素级融合

像素级融合是层次较低的一类图像融合算法，这类方法的主要目的是通过直接对参与融合图像的每个像素点进行运算，生成具包含原始图像信息的一幅新图像（晏植，2008）。

像素级融合的优点在于原始地物信息被尽可能多的保留下来，并提供其他融合层次所不具备的细节信息，其结果多为图像数据，更适合计算机的进一步分析、处理。但是这种方法有它的局限性，因为融合在信息的最底层进行，所要要处理的数据量大、代价较高，且容易受传感器稳定性的影响。像素级融合包括以下几种融合方式。

a. Brovey 比值融合

Brovey 变换是一种通过归一化后的三个波段的多光谱影像与高分辨率影像乘积的融合方法。Brovey 变换的优点在于锐化影像的同时能够保持原多光谱影像的信息内容。利用比值运算可以扩大不同地物的光谱差异。对两个不同时相的遥感影像进行比值运算的融合处理，融合结果虽然使总体色调和纹理细节有所下降，但是在变化区域内的色调表示却异常突出和明显，使一些细微、独立的变化都能够在融合结果中表现出来。另外，比值运算可以消除共同噪声，消除或削弱地形阴影、云影的影响等。

b. IHS 变换融合

IHS 变换融合是影像融合常用的一种方法，IHS 彩色变换是指将标准 RGB 图像有效地分离为代表空间信息的明度（intensity）和代表波谱信息的色度（hue）、饱和度（saturation）。然后将高分辨率全色影像（PAN）与分离的强度分量进行直方图匹配，使之与 I 分量有相同的直方图，再将匹配后的 PAN 代替 I 分量与分离的色度 H、饱和度 S 分量，并按照 IHS 逆变换得到融合影像。

c. 主成分变换融合

主成分变换是遥感数字图像处理中运用比较广泛的一种算法，是在统计特征基础上的多维（多波段）正交线性变换。主成分变换将各种光谱图像均视为一个随机变量。其融合过程为：①求出它们的协方差矩阵的特征值和特征向量；②将特征向量按对应特征值的大小从大到小排列并得到变换矩阵；③对多光谱图像作变换，并按应用的目的和要求取前面几个图像进行融合。通过 PCA 变换，把多波段图像中的有用信息集中到数量尽可能少的新主成分图像中，并使这些主成分图像之间互不相关，从而大大减少总的数据量，并使图像信息得到增强。

d. 小波变换融合

小波变换可以将图像分解为更低分辨率水平上的低频轮廓信息和原始信号在水平、垂直和对角线方向的高频细节信息，且可以对图像作多次分解，形成多级子带信号，使其在图像处理等多种研究领域得到广泛应用。小波影像融合过程：首先，根据多光谱影像中 R、G、

B 波段各自的直方图产生三种新的全色波段影像。其次，每一个新的高分辨率全色影像被分解成一个近似的分辨率影像和三个小波系数。被分解的全色波段影像被多光谱影像的不同波段（R、G、B）分别替换。最后，小波逆变换被应用于每一组包含局部空间细节信息和多光谱波段中的一个波段。三次小波逆变换以后，全色波段影像的高分辨率空间细节被融入到低分辨率光谱影像中，产生融合后的影像（王文杰等，2010）。

B. 特征级融合

特征级图像融合属于中间层次上的融合，是指从各个传感器影像中提取特征信息，并将其进行综合分析和处理，以实现对多传感器数据的分类、汇集和融合（晏植，2008）。特征级融合可分为目标状态信息融合和目标特征信息融合。目标状态信息融合首先必须对数据进行配准，然后实现参数相关和状态矢量估计；目标特征信息融合首先必须对特征进行相关处理，对特征矢量进行分类组合，接着用模式识别的技术进行特征层的联合识别。

融合后的影像既保留原高分辨率遥感影像的结构信息，又融合了多光谱影像丰富的光谱信息，图像类别环境得以改善，遥感分类精度得以提高。融合结果能体现大部分信息，同时使计算过程中的数据量大大减少，缺点是由于不是基于原始影像的数据，在特征提取过程中难免出现部分信息的丢失，并难以提供细微信息（庞振平，2008）。

a. 贝叶斯估计法

贝叶斯估计法用于特征层融合的基本思想是：将多源传感器图像数据经特征提取后，得到一个关于目标假设的说明 $B1$，对于每一个传感器都有一个给定真实目标为 j 的条件下该传感器关于目标假设说明的概率，利用贝叶斯公式就可以得到一个基于多源传感器说明的更新的联合概率，然后在决策单元根据一定的决策规则得到对外界环境的最佳描述（程英蕾，2006）。

b. Dempster-Shafer 法

作为贝叶斯方法的扩展，Dempster-Sharer 法是目前比较常用的一种数据融合方法，它采用信任函数而不是概率作为度量，通过对一些事件的概率加以约束以建立信任函数而不必说明精确的、难以获得的概率。由于各种传感器检测到的信息提取的参数特征构成了该理论的证据，利用这些证据构造相应的基本概率分布函数，对所有的命题赋予一个信任度。因此，每个传感器就相当于一个证据体，多个传感器数据融合，实质上就是在同一分辨框下利用 Dempster-sharer 法合并规则将各个证据体合并成各个新的证据体的过程（杨猛，2007）。

c. 神经网络法

人工神经网络（artificial neural network，ANN，简称神经网络）作为一种由大量简单神经元广泛相互连接而成的非线性映射或自适应动力系统，恰好能有效解决遥感图像处理中常见的困难，因此它很快在遥感图像分析与处理领域得到了广泛应用。

人工神经网络基本思想：充分利用各输入图像之间的冗余性与互补性，以增加全局信息的同时做出更加确定的决策。模糊技术可以较好地解决图像数据的模糊性，而且各类模糊融合算子允许在相同的模型内考虑几种类型的信息和涉及许多不同的情景，特别是信息源的可靠性信息可以引入模糊融合算子中。在进行图像融合时，神经网络经过训练后把每一幅图像的像素点分割成几类，使每幅图像的像素都有一个隶属度函数矢量组；提取特征，将特征表示作为输入参加融合（庞振平，2008）。

C. 决策级融合

决策级融合是指对每个影像的特征信息进行分类、识别等处理，形成了相应的结果后，进行进一步的融合过程，最终的决策结果是全局最优策略。决策级融合首先对参与融合的波段进行预处理，并进行特征提取、识别，形成初步的判断结果，然后对初步的判断结果进行相关性分析处理，最后对各种判断结果进行综合处理形成对目标的联合判断（庞振平，2008）。

决策级融合的主要优点为：第一，决策级融合在生成融合图像之前，在各原始图像中已经建立了针对同一目标的初步决策结果，而其后的融合则是针对这些初步的决策结果进行融合，因此对原始图像的配准要求相对较小；第二，分别对各传感器数据进行初步决策，传感器可以是相同类型也可以是不同类型；第三，对各传感器的决策结果进行融合，在一个或几个传感器出现噪声或失效时，仍可以给出准确的融合结果。

a. 基于分类的融合法

基于分类的融合算法是将多光谱影像和高空间分辨率影像事先进行分类，然后以分类信息和高空间分辨率影像的空间信息，以及多光谱影像的光谱信息作为先验知识对它们进行有机融合。

基于分类的融合算法能较好地融合高分辨率影像的空间信息、多光谱影像的光谱信息以及作为先验知识的分类信息，并且在精分类的基础上，融合影像具有较好的目视效果，但由于高分辨率影像和多光谱影像之间空间分辨率的差别，多光谱影像的一个像元需要 n 个高分辨影像的像元与其对应。高分辨率影像的像元是纯像元，那么与其对应的多光谱影像的像元就是混合像元。混合像元的光谱值不可能完全准确地被分类图所分割，因此混合像元的分割是本算法的重点（庞振平，2008）。

b. 模糊逻辑法

模糊逻辑是一类多值逻辑，通过对每个命题以及运算符，分配从 0.0 到 1.0 的实数值直接表示推理过程中多传感器融合的不确定性。建立融合过程不确定性模型，进行一致性推理。采用信息融合技术、把图像的模糊信息进行融合处理，可进一步提高识别的准确率。建立标准检测目标和待识别检测目标的模糊子集是此方法的研究基础。应用模糊信息融合算法、解决图像模式识别问题的一般过程为：①确定所要识别图像中目标的类型以及与目标类型相关联的特性；②确定图像中的每一个像素属于多种类型的隶属度；③随后将与某个类型相关的所有图像的隶属度信息进行融合处理，获得该类型的最终隶属度；④依据一定的隶属度数值，对图像中的类型进行判定。

D. 天地多源信息融合

遥感信息来源于地球表面物体对太阳辐射的反射，某些波段还具有一定的穿透能力，由此可以得到具有一定地表深度的信息（梅安新等，2001）。但是，由于自然现象的复杂性。仅通过遥感手段获取信息是不够的，我们必须将地形、气象、水文、人口、经济等专题信息作为遥感数据的补充，有助于综合分析问题，因此，遥感数据与其他地理数据融合也是遥感分析过程中不可或缺的手段。

天地多源信息主要指遥感数据、水文、气象、土地、地貌、土壤、植被、人文、生态、经济等与自然及社会环境相互作用的信息。天地多源信息可以分为遥感信息和地学信息，其中，地学信息又可以分为专题地图和专题数据，专题地图主要包括：地形图、行政区划图、土地利用图、植被分布图等；专题数据主要包括：野外采样数据、野外实测数据、统计数据，基础地理数据等。天地多源信息的融合过程如下。

a. 天地多源信息的栅格化

由于天地多源信息的来源不同、种类众多、形式及格式各式各样，因此在信息融合前，必须对天地多源信息进行预处理，按一定的规则转换成栅格数据。专题地图由不同地学界线分割成不同的区域，每个区域代表不同的涵义，因此必须先对专题地图按其地学界线进行数字化，然后对每个数字化区域赋予属性代码，再由数字化后的矢量数据根据属性代码转换为栅格数据。专题数据一般为空间数据，分为点、线、面。点数据可以根据其属性插值生成栅格数据；面数据一般可以根据其每个面代表的信息直接转换为栅格数据。

b. 融合数据的一致性

需要融合的天地多源信息，在栅格化的同时，必须保持范围、尺度、分辨率、投影信息的一致性。范围的一致性指的是需要融合的天地多源信息必须是相同的范围，如用同一行政区边界裁剪需要融合的数据；尺度、分辨率的一致性指的是需要融合的天地多源信息必须有相同的比例尺以及空间分辨率；投影信息的一致性指的是需要融合的天地多源信息必须在统一的坐标体系下。只有保持融合数据的一致性，才能保证融合结果。

c. 融合方法的选取

根据融合的信息源不同，天地多源信息融合可以分为地学信息与遥感信息的融合、地学信息之间的融合两大类。地学信息与遥感信息的融合方法与遥感影像的融合相似，分为像素级融合、特征级融合、决策级融合；地学信息之间的融合往往是在信息的栅格化和融合数据的一致性的基础上，对数据进行标准化处理，然后运用GIS空间分析的方法，对数据进行融合。

3. 遥感图像处理实例

1）图像变换

A. 图像空间变换

a. 平滑

由于未处理的雷达图像有较多的斑点噪声，为了保持雷达图像纹理信息，同时减少图像的斑点噪声，必须对雷达图像进行平滑处理，以达到保持雷达图像纹理信息的同时减少图像的斑点噪声的目的。本实例选用2007年安徽淮河段Radarsat影像，通过增加型Frost滤波器进行平滑处理，以消除图像的斑点噪声，如图7.25所示。

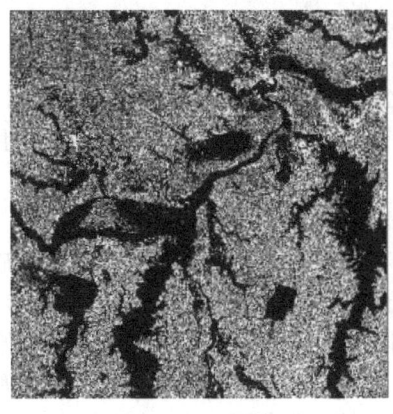 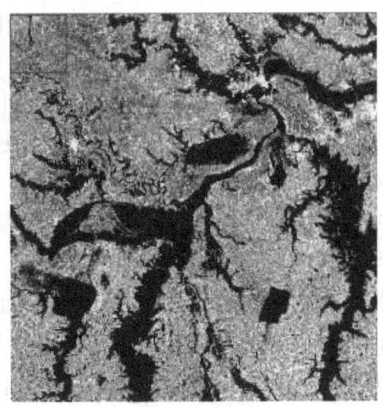

原始Radarsat影像　　　　　　　　经平滑处理的Radarsat影像

图7.25　平滑处理前后雷达影像图

由图 7.25 可以看出，原始 Radarsat 影像的白色斑点噪声较多，通过增加型 Frost 滤波器进行平滑处理的影像的斑点噪声明显减少，影像也变得相对平滑，此次变化可以从两幅影像的直方图对比中看出。平滑处理前后影像直方图见图 7.26。

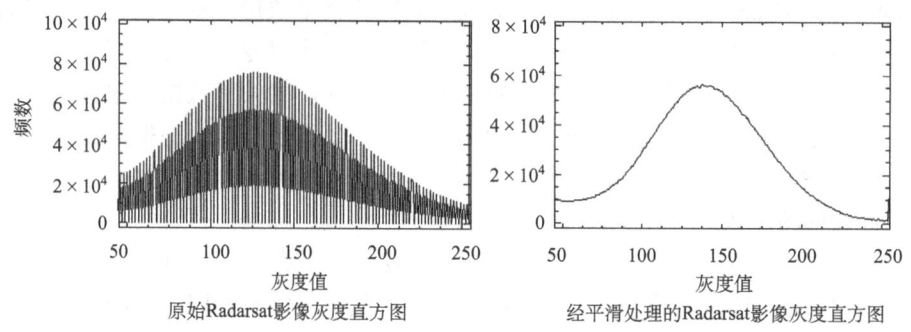

图 7.26　平滑处理前后影像直方图

通过增加型 Frost 滤波器进行平滑处理的 Radarsat 影像比原始影像的灰度值分布集中，也更接近于正态分布，高频与低频的噪声均有被消除。

b. 锐化

本实例使用 2007 年 ETM+ 影像，运用 Sobel 滤波器，通过正交卷积算子对 ETM+ 影像进行边缘检测，然后对正交结果进行平均化处理，以达到影像锐化的目的，如图 7.27 所示。

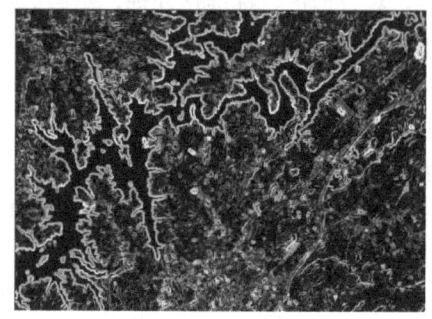

图 7.27　锐化处理前后影像

由图 7.27 可以看出，经 Sobel 滤波器锐化处理的 ETM+ 影像，水体边界、道路边界信息得到了明显的增加，使得水体、道路范围更突出，不仅有利于目视识别，而且更有利于影像的信息提取。

B. 图像光谱变换

本书运用 2009 年安徽淮河 ETM+ 数据，在波段 5、4、3 假彩色合成的基础上，对影像进行线性拉伸、K-L 变换、K-T 变换。结果如图 7.28 所示。

经过线性拉伸的 ETM+ 影像，其目视效果好于 5、4、3 假彩色合成的原始影像，经过拉伸后，影像中的水体及植被更容易被区分；经过 K-L 变换后不仅目视效果好于 5、4、3 假彩色合成的原始影像，还能大量地压缩数据，减少数据量；经过 K-T 变换后不仅能容易的区分水体及植被信息，还能将土壤信息与植被信息较好地区分开。

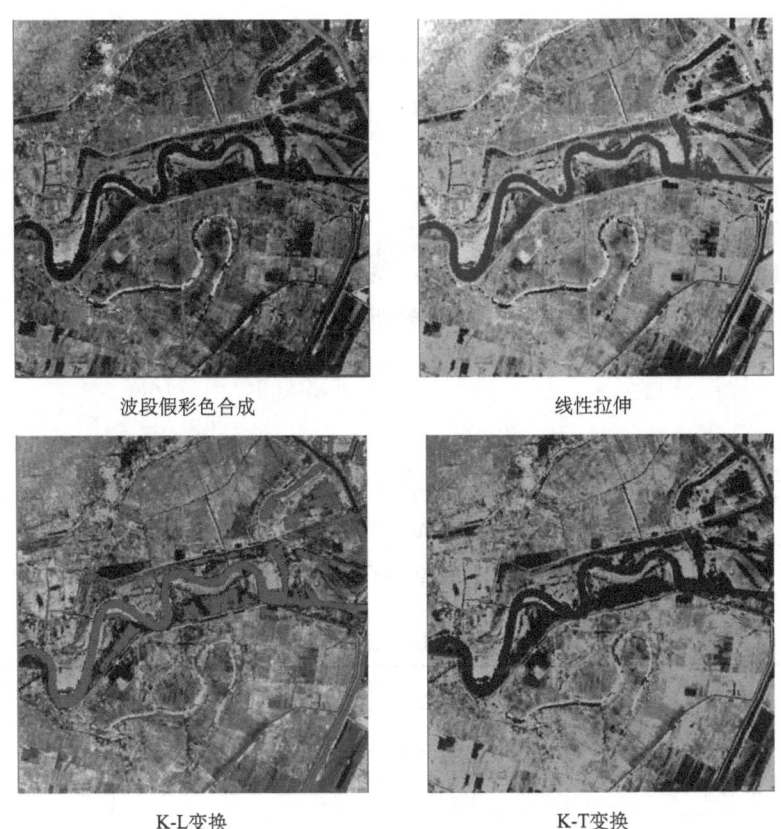

| 波段假彩色合成 | 线性拉伸 |
| K-L变换 | K-T变换 |

图 7.28 光谱变换结果图

2) 图像分割

本实例对 IKONOS 全色波段的部分图像进行膨胀、腐蚀运算，对结果进行比较（其中白色部分是新搭建的水泥高速路桥），如图 7.29 所示。由于白色部分为规则的矩形，而且与周围的差异较大，使用膨胀运算得到了较好的效果。对于路桥边的圆形地物，腐蚀运算的效果更好。

原始图像，IKNOS全色波段　　腐蚀后的图像　　　　膨胀后的图像

图 7.29 IKONOS 图像腐蚀与膨胀效果的比较

另外，开运算对于圆形地物的分割效果较好，而闭运算对于封闭矩形地物的分割效果较好。如果闭运算后进行腐蚀运算，那么，分割的效果会更好一些。所以，根据地物的形态特征进行多次运算是十分必要的，如图 7.30 所示。

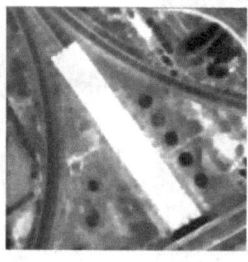
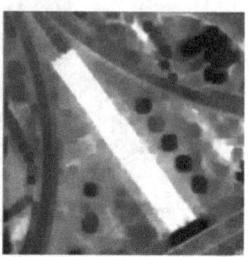

开运算后的图像　　　　　　闭运算后的图像　　　　先闭运算后腐蚀运算的结果

图 7.30　IKONOS 图像开运算与闭运算效果的比较

3）图像融合

本书将 QuickBird 全色 0.6m 与多光谱 2.4m 数据，运用 HSV（hue，saturation，value；色调，饱和度，亮度）变换、PCA 变换、小波变换的方法进行融合，并选取房屋融合信息进行评价，结果如图 7.31 所示，房屋融合结果评价见表 7.8。

表 7.8　三种融合结果定量比较表

影像	均值	标准差	熵	平均梯度	交叉熵	峰值信噪比	相关系数	均方根误差	光谱扭曲度
HSV	140.03	53.35	7.37	15.77	3.47	1.50	0.83	119.46	106.20
PCA	30.33	22.18	6.10	7.50	1.33	10.41	−0.59	42.83	46.31
小波	50.99	24.62	6.55	11.57	0.55	12.82	0.82	32.47	13.25

QuickBird全色数据　　　　　　　　　　QuickBird多光谱数据

HSV融合　　　　　　　　　　　　　　PCA融合

小波融合

图 7.31 三种融合方法结果图

从定性评价看，HSV法融合增强了各种地物间的差异，使得区分度更好，房屋细节纹理清晰。从定量评价看，HSV法平均值最大，亮度得到提高；标准差最大，效果最好；熵最大，信息量得到了提高；平均梯度最大，细节纹理信息得到了很好的增强。综合来看，HSV对房屋融合的效果最佳。

7.5 遥感信息提取

遥感图像信息提取，就是通过对遥感影像中各地物目标的特征信息进行分析、推理和判断，最终达到识别目标或现象的目的。因此，遥感信息提取也可以说是遥感成像过程的逆过程，其提取方法主要有三种，即目视解译提取、专题分类提取和知识发现提取。目视解译提取是指通过人工识别图像的特性，运用工作经验和专业知识，提取出有用的信息，是最基本的遥感影像解译方法。专题分类提取是指运用计算机自动分类的技术，对反映地物光谱特性的像元值进行统计、运算、对比和归纳，将像元归入不同地物类别。知识发现提取则是将综合遥感影像与地理信息系统数据、气候数据以及其他相关知识相结合，对地物进行区分和识别的一种方法。

7.5.1 目视解译信息提取

目视解译是利用图像的影像特征（色调或色彩，即波谱特征）和空间特征（形状、大小、阴影、纹理、图形、位置和布局），与多种非遥感信息资料相组合，运用生物地学相关规律，进行由此及彼、由表及里、去伪存真的综合分析和逻辑推理的思维过程。

长期以来，目视解译是地学专家获得区域地学信息的主要手段。由于综合利用了地物的色调或色彩、形状、大小、阴影、纹理、图案、位置和布局等影像特征知识，以及有关地物的专家知识，并结合其他非遥感数据资料进行综合分析和逻辑推理，目视解译能达到较高的专题信息提取精度，尤其是在提取具有较强纹理结构特征的地物时更是如此。即使在计算机自动分类技术日渐成熟的今天，目视解译仍是重要的获取遥感信息的手段，而且自动分类的结果也需要专业人员的目视鉴定。

综合相关文献，目视解译在可见光图像、热红外图像、雷达等图像的信息提取中都有应用，各类影像的目视解译方法如下所述。

1. 可见光图像目视解译

可见光影像是比较接近人类认知的一种遥感影像,大部分的目视解译也是基于可见光和近红外波段合成的影像进行的。根据不同地物在可见光及近红外波段的反射特性,根据它们在影像上表现出的形状、大小、色调等特性,可以建立解译各种地物的依据,也就是解译标志。

1) 解译要素

A. 形状

任何地物都具有一定的几何形状,由于地物各部分反射光线的强弱不同,故在像片上反映出相应的形状。形状是识别地物十分重要的标志之一,有些地物可以直接依据在影像上呈现的特殊形状辨认出来,如河流一般呈弯曲条带状、湖泊多形状不规则且边界清晰、城镇用地形状规则且边界呈明显的折线轮廓等。

B. 大小

地物影像的(尺寸)大小,不仅能反映地物的一些数量特征,而且还能据此判断地物的性质。例如单轨铁路和双轨铁路从形状上往往不易分辨,但是量算它们的宽度,则易于区别。

C. 色调

色调是指图像的明暗程度,在彩色影像中表现为颜色。色调是影像解译中的重要标志,因为地物的几何形状、分布规律都是通过与周围地物的色调差异表现出来的;尤其对一些外部形状特征不明显的地物和现象的解译,色调更显得重要。影响影像色调的因素主要包括:

(1) 地物反射特性。物体的亮度系数不同,反映在像片上的色调就有差异。亮度系数大,像片上的色调浅,亮度系数小,色调就深。

(2) 物体本身颜色。黑白全色底片对各种天然光都感光,但感光程度不一样。因此像片上的色调也就不同。

(3) 地物表面结构。同样颜色的地物,由于表面结构不同,反射光的能力不一样,反映在像片上的色调就不相同。光滑表面比粗糙表面反射光的能力强,在像片上的色调就浅。例如,耕地中的小路,其色调就比耕地浅。自然界中各种地物的表面结构中,光滑表面上发生的反射近似于镜面反射,例如平静的水面;无光泽的粗糙表面上近似于漫反射,如耕地、草地等;起伏不平的表面会表现出向阳面和背光面之分,例如山地、房屋等。

(4) 湿度大小。同样的物体,由于湿度不同,也会影响色调的深浅。例如:田间土路一般是浅色调,如雨后路面含水分较大,影像色调变深。再如裸露的农田土壤,干燥的色调浅,浇过水的色调深。所以,色调是解译土壤湿度的一个明显标志。

(5) 成像时间。由于植物的物候期不同,不同时期像片上的色调也有很大差别。例如,春季摄影的像片,因为当时植物刚发芽,其色调较浅,而夏季摄影的像片,色调就会深一些。所以,在进行像片解译之前,一定要了解像片拍摄的时间。

D. 阴影

地物的阴影虽然会遮盖掉其他地物信息,但也增加了对地物的高度和侧面形状的表现,使地物更易于识别。阴影可分为本影和落影两部分,本影是地物本身未被阳光直接照射到的阴暗部分的影像,落影是在地物背光方向上地物投射到地面的阴影在像片上的构像。

E. 图案

图案是指物体的空间排列形式，反映地物的空间分布特征。自然和人工的许多地物都存在重复排列的情况，例如城镇中的建筑、成片的水塘和稻田，都会形成自己特有的图案。

F. 纹理

纹理是指图像上色调变化的频率，是一种细小特征单元（如树叶的光影差异）的形状、大小、图案和色调的综合产物，给人以质感的印象，如光滑、粗糙、细腻等。在光谱特征相似的情况下，往往需要借助纹理来区分地物。例如，同样表现出植被的光谱特征，草地的纹理比较光滑，而树冠的就相对粗糙。

G. 位置

位置反映地物所处的地点和环境，对于植物的识别尤为重要。例如，有些物种只生长在土壤含水量比较大的地方，有些物种只生长在海拔在一定高度以上的地区。

H. 组合

组合是指一种地物与其他地物的关系，如学校里一般有教学楼、运动场等设施。

上述八种解译要素，是从遥感影像上识别一般地物的基本要素，反映了地物本身所固有的特征。其中，形状、大小、色调、阴影、纹理常被称为直接解译要素；而位置、组合等为间接解译要素。综合各解译标志，运用相关的专业知识和经验，就可对影像上物体和现象的自然特征做出解译。

2）解译标志

解译标志是指在遥感影像上可以用于判别地物或现象的影像特征。对遥感影像建立系统的解译标志，有利于解译者有组织地分析影像，可以方便影像解译的过程。理想的解译标志要包括被识别地物的名称、影像图片以及识别特征的文字描述，其中识别特征主要从上面提到的八个解译要素入手，主要包括：色调、形状、纹理特征等。可见光的明暗色调与真实景物色调近似。地物在可见光范围的反射率高低决定了地物在图像上色调的深浅，反射率高色调较浅，反射率低色调较暗。

2. 热红外图像目视解译

自然界中的物体温度高于 0K（−273℃）都会不停地向空间发射电磁波。在常温条件下，其发射的电磁波主要集中在红外波段。热红外遥感主要是在 $3.5\sim5.5\mu m$ 和 $8\sim14\mu m$ 两个大气窗口，对地物发射辐射能量变化进行探测。热红外影像记录的是地物的热辐射强度。

由于地物的热传导率、热扩散率、热容量、热惯量等热学性质不同，它们在热红外影像上表现出的特性也有差异。一般地物在白天接收太阳辐射，温度较高，在热红外影像上色调较浅；而夜间温度较低，色调较深。水体因为比热大、热惯量大，在白天升温慢，相比于土壤和岩石，温度较低，色调较暗；在夜晚时水体热量散失比土壤等慢，因而温度较高，色调较浅。植物在白天的蒸腾作用，导致了有植被的区域比裸露土壤温度低；在夜晚有植物的区域保持热量的能力比裸土大，因而温度较高，色调较浅。城市中的人工建筑白天的温度更高，夜里散热较慢，因而仍比周围温度高，色调浅。

与只能在白天成像的红外影像不同，热红外扫描图像探测的是地物的发射光谱，而地面上一切物体昼夜不停地向空间发射红外线，所以热红外扫描传感器昼夜都能获得影像。由于热辐射能量较反射能量弱一些，热红外影像的分辨率一般低于可见光-近红外影像，如

ETM+传感器的可见光-近红外波段分辨率都是30m,而热红外波段分辨率为60m。

1) 解译要素

热红外图像的解译,首先要确定影像成像时间是白天还是夜晚,然后根据色调、形状和阴影特征等,从图像获取有用的信息。

A. 色调

色调是热红外图像解译的重要依据。地物热辐射能量大,影像色调浅;地物热辐射能量小,影像色调较深。

B. 形状

当物体温度与背景温度的差异可以被热红外传感器检测到时,影像上就会显现出"热分布"的形状。热红外扫描图像上的地物形状,对非热源地物,如水体、山地、丘陵以及农田道路等,一般呈真实或近似真实的形状;对热源地物或温度高的地物,则往往会产生似光晕现象,使地物的形状就被掩盖、歪曲或扩大。另外,扫描系统所产生的几何畸变,也会对地物的形状造成影响。

C. 阴影

与可见光-近红外影像上的光阴影不同,热红外图像上的阴影是热阴影,也就是地物热辐射强度弱的部分。白天,被阳光照射的地面升温,热辐射增强,色调浅;未被阳光照射的地面,温度就较低,热辐射较弱,色调较深。建筑物、山地等易产生光阴影的地物类型,也同样容易产生热阴影。黎明前,太阳引起的热效应影响小,可认为完全是热辐射图像,色调变化完全反映了地面热辐射的差异。

2) 解译标志

在白天的热红外影像上,水体呈暗色调,且形状不规则;道路呈现接近白色的浅色调,并且比较笔直;树林和草地呈现暗色调;湿润土壤色调较深,而干燥土壤的色调浅。

夜间获取的热红外影像上,水体呈现浅灰或灰白色;道路一般呈现暗黑色调,但城市中的沥青街道因为白天吸热多,夜晚仍保持较多余热而呈浅色;树林呈现较浅的色调;而草地呈现暗色调,因为草地的热量会很快散发而冷却;湿润土壤比干燥土壤色调更浅。

3. 雷达图像目视解译

由于雷达图像反映的是雷达回波强度,所以,地物影像的形状、色调和阴影特征与黑白全色航空像片不同。地物形状特征在雷达图像上反映得比较清楚,富有立体感。一般来说,平行于航向的线状地物与雷达波探测方向垂直,图形更为清晰。如河岸、山岭等平行于航向时,影像清晰。雷达有一定的透视能力(雷达对沉积物和地面的透视能力,随波长变长而增大),对揭露地质构造非常有利。

1) 解译要素

雷达影像的目视解译,也可以从色调、形状、阴影等方面入手,但雷达影像上的解译方法有着与其他影像不同的特点。

A. 色调

雷达影像的色调差异,主要取决于回波的强弱。雷达回波强的地物色调浅;否则,色调深;没有回波的部分则呈黑色。雷达回波的强弱,与地表特征、雷达使用的波长、俯角、航高以及地物的复介电常数、粗糙度等有密切关系。如在山区,凡是朝向雷达天线的山坡,一般都有较强的回波,影像色调浅,背向雷达天线的山坡,因不能直接得到雷达波的照射,就没有回波，所以具有较深的色调。粗糙地物表面能使雷达波产生漫散射，引起比较强的回波，影像色调较浅。光滑表面产生镜面反射，几乎没有回波，影像呈深色调。湖泊表面和山体背后无雷达回波，呈黑色调。又如雷达俯角小的情况下，因镜面反射，雷达回波强度小或没有回波；而在近距离俯角大的情况下，镜面反射波就能为天线所接收，产生强烈回波。

B. 形状

大部分地物目标在雷达影像上的形状都与人们的认识有较大差别，例如平顶楼房在侧视雷达图像上一般表现为"L"形，因为楼房的平顶没有回波。

C. 阴影

雷达图像上的阴影是受地形起伏影响，无雷达回波的地区。侧视雷达影像上的阴影位置与长短，不仅决定于地形，而且与卫星的位置和轨道高度有关。雷达阴影的方向与雷达波的射向一致，和卫星运行轨道垂直。轨道高度低，阴影长；轨道高度高，则阴影短；卫星轨道高度不变，地物距卫星远者阴影长，近者则短。阴影使雷达图像具有反差大，立体感强的特点。

2）解译标志

在雷达影像中，水体呈黑色调，这是因为平静的水面总是造成镜面反射，无回波信号。雷达影像已经被广泛应用于水体提取等研究。居民区一般呈现较浅的亮色调。单独建筑物常常形成角反射器而产生较强回波；而村庄、城镇一般表现为一片回波强度偏高的亮点群；城市中由于建筑物密集，且排列方法的不同，其回波强度有时偏高有时却可能消失。

4. 高光谱图像目视解译

高光谱遥感影像有着更多、更窄的光谱波段（10~20nm，甚至<5nm），更广的光谱覆盖范围（0.4~2.45μm），因而在目视解译中进行假彩色合成时也有更多的选择。根据待区分地物的光谱差异，用最能将它们区分开来的波段进行彩色合成，可以达到比可见光-近红外影像目视解译更好的效果（王文杰等，2010）。

7.5.2 专题分类信息提取

专题分类获取，即用计算机遥感图像分类的方法获取地物信息。其中最常用的分类方法，就是基于地物光谱特征的统计模式识别方法。其中心思想是，根据一定的规则，将遥感影像中每个像元按其光谱特征进行统计分析，进而划分为不同类别。

1. 监督分类

监督分类方法（supervised classification）又称为训练分类法，即参考先验知识和辅助信息，在遥感图像上识别出一些已知其类别的像元，将这些样本构成训练样本，通过对训练样本的学习并提取样本的统计特征，得到了分类模板，然后用分类模板对原图像进行识别具有相似特征的像元，完成分类（梅安新等，2001；党安荣，2003）。当对研究区域比较了解的时候，或掌握了更多的先验知识，为了将这些有用的辅助信息参与到遥感分类中，需要使用监督分类方法。

1）监督分类流程

监督分类方法中最主要的是分类模板的建立，而分类模板的精确与否又依靠训练样本的精度，因此训练样本的选取直接影响着分类结果的可靠性。分类模板的建立是一个循环过程：选择样本、建立分类模板、执行分类、分类结果评价、修改模板、再次分类，如此反复直到分类结果满意为止。监督分类简单实用，但在处理分类前地物样本的选取是分类成败的关键。样本选取的原则包括：①具有代表性；②数量足够多；③区域、环境条件改变，样本需重新选取。

2）监督分类常用方法

监督分类中最常用的算法有最小距离法和最大似然法。

(1) 最小距离法是将遥感图像参与分类的 N 个波段看做是 N 维特征空间，将训练样本中每个类别在各波段的均值，构成 N 维特征空间中的一个点，对于每个像元，判断其在 N 维特征空间中训练样本的均值之间的欧式距离，将像元划分到距离最小的那个类别中。

(2) 最大似然判别法，也称为贝叶斯分类，是基于图像统计的监督分类法，也是典型的和应用最广的监督分类方法。它建立在贝叶斯准则的基础上，偏重于集群分布的统计特性，分类原理是假定训练样本数据在光谱空间的分布是服从高斯正态分布规律的，利用训练样本求出样本均值、方差和协方差等统计特征参数，从而求出总体的先验概率密度函数，然后通过计算标本（像元）属于各组（类）的概率，将标本归属于概率最大的一组。最大似然法分类的分类错误最小，精度最高，是最好的分类方法之一（赵春霞和钱乐祥，2004）。

2. 非监督分类

非监督分类方法是在没有先验类别（训练场地）作为样本的条件下，即事先不知道类别特征情况下，主要根据像元间相似度的大小进行归类合并（将相似度大的像元归为一类）的方法（赵英时等，2003）。非监督分类方法不需要掌握研究区域内有关成像地物的任何先验知识，仅仅依靠图像上不同地物类别之间的光谱差异来进行地物特征提取和识别，将初始地物分为若干光谱类别，最后将分出的若干光谱类别与实际地物类型一一对应，完成分类过程。因此，执行非监督分类方法的前提是，假设遥感图像上相同的地物在同等成像条件下具有相同的光谱特征。

非监督分类又称边学习边分类法。它直接对输入的数字图像像元数值（亮度值）进行统计运算处理，分别将每个像元归纳到由图像各波段构成的多维空间中的集群中，达到分类识别的目的。例如，一幅 TM 图像有 6 个波段（不包括 TM6 波段），图像中的每个像元即由这 6 个波段（TM1～5、TM7）构成的六维空间中有一确定的点与之对应。由于同一类型的地物有着相近似的光谱特性，这样相同性质的像元点就汇集在空间中的一定范围的区域内，形成点的集群。不同类型的地物，则在空间中的不同地域形成集群。

非监督分类过程实际上是一个聚类集群的过程，根据遥感图像上像元的光谱特征（灰度值），采用一定的聚类算法，将像元聚集到一些初始类别中。遥感技术的发展，产生了很多种聚类算法，最常用的有循环集群法算法（ISODATA）和 K-Mean 算法等。ISODATA 算法是一个循环过程，该算法聚类过程起始于聚类平均值或一个已有分类模板的平均值；聚类每重复一次，聚类的平均值就更新一次，新聚类的平均值再用于下次聚类循环。该算法不断重复运算，直到最大的循环次数已达到设定的初始阈值，或两次聚类结果相比较，不发生变化的像元数占总像元数的最大百分比达到设定的初始收敛阈值，这时算法结束（党安荣等，2003）。K-Mean 算法称为 K-均值算法，它是通过迭代移动各个基准类别的中心，直至得到最好的聚类结果为止。

3. 神经网络分类

一般神经网络是由处理单元、拓扑结构和学习规则组成。其中处理单元是最基本的操作要素，层由多个处理单元组成。应用最为广泛的神经网络是三层网络结构，即一个输入层、一个隐含层和一个输出层。输入层的功能是向神经网络计算机提供信号；隐含层为神经网络提供记忆和计算功能；输出层负责将神经网络的计算结果输出出来。

根据连接方式的不同，可将神经网络分为前向网络和互相连接型网络两种。前向网络是没有反馈机制的，每一层神经元只接受前一层神经元的输出；而互相连接型网络中任意两个神经元都有可能连接，输入信号要往返于它们之间，经过若干次变化直到趋于某一稳定状态为止。

从20世纪40年代人类对人工神经网络的研究开始，就不断有新的网络诞生，BP神经网络产生是为了解决多层神经网络中权值调整问题。BP（back propagation）网络是一种多层前馈神经网络，由输入层、隐含层和输出层组成。层与层之间采用全连接方式，每一层包含若干神经元，同一层之间不存在相互连接，且层间信息的传递只能沿一个方向前进。构造一个BP网络需要确定其处理单元与神经元的拓扑结构，神经元是神经网络最基本的处理单元，输入层中主要输入研究指标因子，隐含层在BP网络中起着很重要的作用，具有高度的抽象功能，从输入单元中提取特征，隐含层的神经元及输出层的神经元通常采用S型变换函数。基于BP学习算法的多层感知器模型的遥感影像分类方法，已在多源遥感影像数据的土地覆盖分类、降雪、降水等专题信息的提取、空间结构信息的识别和提取、模糊分类等方面得到应用（骆剑承等，2001）。随着人工智能技术和理论的发展，基于神经网络的遥感分类方法也将向更高层次的智能化方向发展。

人工神经网络的主要特点在于其具有信息处理的并行性、自组织和自适应性，具有很强的学习能力和联想功能以及容错性能等，在解决一些复杂的模式识别问题中显示出其独特的优势，近年来广泛应用于专题信息提取中。

4. 支持向量机分类

支持向量机（support vector machine，SVM）是20世纪90年代中期Vapnik等人提出的一种基于统计学的新型机器学习方法。采用结构风险最小化准则（structural risk minimization，SRM）训练学习机器，具有很好的学习能力，尤其是泛化能力（Vapnik，1995）。支持向量机将学习问题归结为一个凸二次规划问题，从理论上说，得到的将是全局最优解，解决了在神经网络方法中无法避免的局部极值问题；它通过非线性变换将数据映射到高维特征空间，使数据在高维空间中可以用线性判别函数分类，保证机器有较好的推广能力；同时，支持向量机巧妙地解决了维数问题，算法复杂度与样本维数无关（Vapnik et al，1997）。

支持向量机是结构风险最小化原则的体现。其基本思想是：首先通过非线性变换将输入空间变换到一个高维空间，甚至是一个无限维空间，然后在这个高维空间求取最优分类面，其中非线性变换是通过核函数的方法来实现的。SVM方法通过内积计算比较有效地解决了维数灾难问题，通过在高维空间设计最优分类面，比较好地实现了VC维（Vapnik-Chervonenkis Dimension）最小的问题；在数学上支持向量机的训练问题可转化为一个求解受约束的二次型规划问题，这个问题存在唯一解，避免了神经网络训练结果不稳定、容易陷入局部极小的问题，因而SVM方法是一种比较好的模式识别方法。骆剑承等（2002）引进SVM方法，提出基于SVM的遥感影像空间特征提取的具体模型和方法，目的是解决传统空间特征提取模型处理高维数据存在的难以收敛、计算复杂和结果难以解释等问题。

SVM 方法不同于常规统计和神经网络方法，它不是通过特征个数变少来控制模型的复杂性。它提供了一个与问题维数无关的函数复杂性的有意义描述，使用高维特征空间，使得在高维特征空间中构造的线性决策边界可对应于输入空间的非线性决策边界；概念上，通过使用具有很多个基函数的线性估计量，使在高维空间控制逼近函数的复杂性提供了很好的推广能力；计算上，在高维空间上利用线性函数的对偶核，解决了数值优化的二次规划求解问题。

由于支持向量机在分类方面的优越性能，被人们引入到遥感图像的计算机分类中来，取得了较好的分类结果。

5. 决策树分类

决策树分类法是以各像元的特征值为设定的基准值，分层逐次进行比较的分类方法。这一算法能够形成比较复杂的分类决策面，它用样本的属性作为节点，用属性的取值作为分支的树结构，采用信息论原理对大量样本的属性进行分析和归纳。其根节点是所有样本中信息量最大的属性；中间节点是以该节点为根的子树所包含的样本子集中信息量最大的属性；叶节点则是样本的类别值。位于决策树上一个未知类别的像元，可以通过一个或几个决策函数逐一分级分类成某个特定的类别（王明海等，2010）。

由于决策树模型是典型的多级分类器，可以实现对复杂、模糊状况条件下的下垫面地物的特征分析，研究在分析典型地物的属性特征及其遥感光谱特征基础上，利用不同波段的光谱特征和植被指数特征构建决策树模型的特征集，通过反复试验确定各节点的分割阈值后建立了分类规则和决策树模型，实现主要地物的分类提取。

决策树均采用自顶向下递归的贪心算法，在决策树的内部节点进行属性值的比较并根据不同的属性值判断从该节点向下的分支，在决策树的叶节点得到结论。所以从根到叶节点的一条路径就对应着一条规则，整棵决策树就对应着一组规则。从根节点开始，对每个非叶节点，找出其对应样本集中的一个属性对样本集进行测试，根据不同的测试结果将训练样本集划分成若干个子样本集，每个子样本集构成一个新叶节点，对新节点再重复上述划分过程，这样不断循环，直至达到特定的终止条件。

决策树分类具有逻辑性强、关系简明、避免冗余、灵活方便、可实时监控等特点，符合人类的逻辑判断思维，各判断层次细节清楚、一目了然，并且便于与其他地学知识融合，因此得到了广泛的应用（赵英时等，2003）。

6. 面向对象分类

面向对象分类技术是以图像分割获得的图像对象（或基元）作为分类或监测的最小处理单元，从对象层次对遥感图像进行分类，以获取分类结果。其基本原理是通过多尺度分割得到同质对象（或基元），构建与目标地物相似的层次等级结构，选择影像特征的隶属度函数，同时结合专家知识进行遥感影像的模糊分类（聂倩和叶晓婷，2012），以达到对图像进行分类或提取的目的。利用面向对象的方法进行信息提取时，参与提取的因子不仅是单个像元的光谱信息，还有对象的空间、纹理、形状、上下文、紧凑度等特征信息，在不增加外来信息的情况下增加了分类的特征依据，从而有效地提高了分类精度，使结果更加接近目视判别的结果，并且使许多空间形态特征包括形状特征和空间关系的定量化分析成为可能。

面向对象分类的优势在于：①针对分割后的图像对象进行分类，因而使得分类过程更加易于实现，并且与相同条件下的像元分类相比，计算量大幅度减小。②知识的参与更灵活，可以以不同形式、在不同层次间进行表达。可以根据遥感数据统计特征分析、地物的光谱特征分析、基于知识（层次结构、邻近对象关系、类相关）的分析方法等进行地物的分层提取。面向对象的分类方法更适合处理空间尺度、空间分析等问题。③由于面向对象的分类是基于同质性区域的，消除了基于像元分类产生的"椒盐"现象，能够获得较好的分类结果，而且分类结果更符合人类的思维模式，更易于解释（王婧，2013）。

7.5.3 知识发现获取

知识发现就是从海量数据集中抽取和精化新的模式与知识，它是人工智能、机器学习技术结合发展的结果，为数据理解与应用提供了自动化、智能化的手段。数据挖掘与知识发现已经成为提取遥感影像未知信息的有效方法，其实质就是根据地学模型在影像数据特征空间中寻找最优特征。它强调从大量数据中进行处理、分析和对比，在没有先验条件的情况下去发现图像几何中所有可能的有意义的模式，找出共性和特性，总结出规则和知识。遥感信息所反映的地球表层系统复杂多变，它本身包含的信息是多维的、无限的。从本质上说，基于知识发现的遥感专题提取方法属于人工智能方法，同时该方法可以推广到各种专题地图的信息提取，为各种专题图信息提取提供了重要思路和方向。

在遥感影像计算机自动分类这一研究领域，分类知识自动发现的方法一直受到广泛而深入的研究，大多数知识获取方法的理论和应用成果都会很快地被引入到影像分类研究领域中来。目前，遥感影像分类知识发现的方法大致可以分为统计模式识别、机器学习、可视化方法等。

专题信息提取的知识，按照来源可以分为计算机视觉知识、地图制图知识、地学知识等方面。①计算机视觉知识。计算机视觉知识是指从图像上可以直接获得的视觉信息，它们是识别和提取信息的最基本的依据，包括几何形状知识、纹理知识、色调知识、空间结构和空间关系知识等。专题信息提取首要的是从图像上发现相关视觉知识，才能结合相关专题信息提取的方法，提出相应的提取策略。②方法知识。方法知识是在信息提取过程所用到的相关方法，即如何利用图像上所发现的知识，提取所需信息的系列算法。专题信息提取发展至今，在信息提取的各个环节都有很多成熟的方法知识。在对图像进行预处理时，有各种各样消除噪声的方法，如均值滤波、中值滤波；为进一步提取信息，可以利用阈值化方法将灰度图转为二值图；在线和面的边缘的矢量化方面，前人提出了各种各样的线划跟踪方法；可以利用统计-结构方法、神经网络方法对地图各种点状符号进行识别；在识别和提取不同宽度的线状或斑块符号中，可以使用数学形态学方法中的收缩变换、膨胀变换等算法；可以使用直线检测等算法检测图像中断续的直线等。③地学知识。地图是对现实世界的抽象表达，地理事物的时空分布规律和客观事物之间的关系必然在地图上反映出来。如遥感图像在时间上受季相节律的影响，作物的生长、植物的盛枯、冰雪的消融等变化都会在图像上反映出来；遥感图像信息因受区域的水平地带性和垂直地带性的影响，能反映出区域的水热条件差异；水田和旱地的分布与地形和水源分布密切相关，水田主要分布在水源丰富，地势平坦的地方；居民地的分布与河流分布密切相关，居民地多分布在水源丰富的河流沿岸。地理事物的时空分布规律和客观事物之间的关系都是专题信息提取中的重要知识源，专题信息提取过程中必须结合和发现相关地学知识，才能发现目标地物的本质特征，从而有效地提取和识别地物。

基于知识发现的方法提取专题信息，其基本思路为：首先针对具体的提取目标从地图上发现包括地物颜色、形状、空间结构和空间关系等计算机视觉知识，在此基础上结合与地图制图和地学知识应用相关的方法建立提取模型。根据提取模型，对专题信息进行识别和提取，若提取效果不满意，则需要重新发现知识，并着重寻找和改进提取方法，然后重建提取模型并对地物进行提取和识别，直至满意为止。图 7.32 描述了这一基本过程。

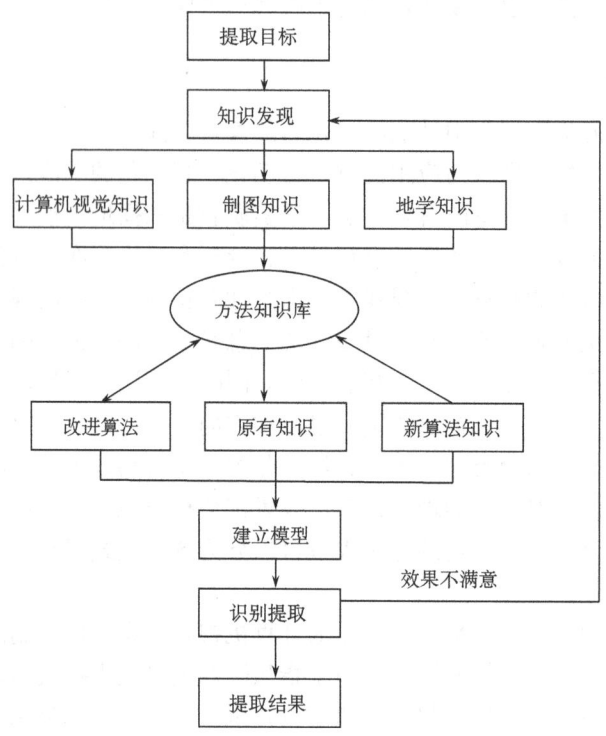

图 7.32 基于知识发现的专题信息提取基本过程

1. 空间结构信息发现

同目视解译一样，图像的灰度和色调只是识别目标的主要依据之一，目标的形状、大小、纹理结构、目标之间的相互关系、活动目标的演变规律以及高程信息等都可以作为目标识别的重要依据。因此，纹理信息及 DEM 的综合应用可以显著地提高遥感图像分类精度和地物的识别能力。

1）纹理信息提取

纹理特征是指周期性图案及区域的均匀性等有关纹理的特征。它是一种不依赖于颜色或亮度的、反映图像中同质现象的视觉特征，是所有物体表面共有的内在特性，如云彩、树木、砖、织物等都有各自的纹理特征。纹理特征包含了物体表面结构组织排列的重要信息以及它们与周围环境的联系。纹理特征提取的运算方法很多，包括直方图计算、灰度共生矩阵计算、局部统计和频谱运算等。

地物反射光谱特征非常复杂，受其他因素等的影响较大，而纹理反映了灰度的空间变化情况，按某种确定性的规律或者某种统计规律排列组成，表现为平滑性、均一性、粗糙性和复杂程度。在实际研究中，光谱特性相似的地物可能纹理特征差异较大，如树林与草皮，草皮的纹理比树林的纹理要细密得多，但二者的光谱特性相似，因而纹理特征已经被逐渐应用于图像分类中。

2）地形特征提取

由于地形起伏的影响会使地物的光谱反射特性产生变化，并且不同地物的生长地域往往受海拔高度或坡度的制约，所以将高程信息和坡度信息作为辅助信息参与分类，可以减少由于坡度、高程变化引起的"同物异谱、异物同谱"现象，通过两者提供的先验知识融入空间约束波段，可以提高决策的可靠性和抑制噪声，有助于提高分类的精度。研究中通常选用DEM中的高程数据和由其派生出的坡度数据。

3）形状特征分析

地物的形状信息作为遥感影像的主要特征之一，也是进行地物信息提取的重要辅助手段。例如，遥感影像中，阴影的形状比较破碎且偏矩形，而河流呈线状，湖泊近圆状，且水体面积较阴影面积大，考虑地物在形状上的差别，可以更好地将它们区分开来。发现地物形状的方法主要有：基于周长和面积的方法、基于面积的方法以及基于面积和区域长度的方法。

2. 光谱信息发现

自然界中的各种地物因为在结构、组成以及理化性质的差异，表现出不同的光谱曲线。在高光谱遥感影像中，每一个像元都记录了地物"连续"的光谱曲线，因此可以通过分析光谱曲线的相似和区分程度来对地物进行识别。基于光谱信息进行的遥感专题提取，主要从光谱曲线和光谱特征参量两方面入手，即光谱曲线匹配和光谱特征参量匹配的方法。

1）光谱曲线匹配提取

基于整波形的光谱匹配，一般有两种思路：一种是对样本光谱曲线的全部或部分进行函数曲线拟合，进而计算拟合函数之间的相似度来计算像元属于某一类别的概率，如植被倒高斯模型、光谱吸收谷的函数模拟等。另一种则是直接将光谱看作一个高维空间中的矢量，计算光谱矢量间的相似度，根据其大小区分各类别。

从光谱矢量的角度进行整波形的光谱匹配，可概括为以下四种（耿修瑞，2005）：①根据光谱之间的距离，如最小距离匹配，其中的距离可以是欧式距离、马氏距离、巴氏距离等；②根据光谱之间的夹角，如光谱角度制图（spectral angle mapping，SAM）；③根据光谱之间的相似系数，如交叉相关光谱匹配技术；④编码匹配算法，如二值编码匹配算法。

基于整波形的光谱匹配，算法简单且行之有效，不必对光谱进行复杂的分析，算法也无需根据所研究地物的不同进行调整。但如果使用的参考光谱是实测光谱，则在匹配前必须进行光谱定标和反射率转换，而实际上定标和反射率转换很难达到光谱匹配的要求。而且基于整波形的光谱匹配对噪声非常敏感，因而要求图像光谱有很高的信噪比。

2）光谱特征参量匹配提取

基于光谱特征参量的光谱匹配方法，是通过对待分地物的光谱特征进行分析，选择或构造具有排他性的光谱特征参量，从而通过比较地物的特征参量来实现地物的识别和分类。常用的光谱特征参量有光谱斜率和坡向、光谱吸收深度、光谱导数、光谱积分等。基于光谱特征参量的光谱匹配方法对有典型光谱吸收和发射特征的物体能够有效地识别，在矿物分类的应用中尤其成功。但与基于整波形光谱匹配的方法一样，也对噪声敏感，要求图像有很高的信噪比（童庆禧等，2006）。各种植被指数、水体指数，也可看做是光谱特征参量在多光谱影像中的特例。

在光谱信息发现中，参考光谱可以是用 ASD 便携式野外光谱仪、GER 野外光谱仪等采集的实测光谱，也可以是来自地物光谱数据库的光谱曲线，如 JHU（Johns Hopkins University，约翰-霍普金斯大学）光谱库、JPL（Jet Propulsion Laboratory，美国喷气推进实验室）光谱库以及 USGS（United States Geological Survey，美国地质勘探局）光谱库等。需要注意的一点是，从理论上说，地物的光谱特性是唯一的，相同的地物应表现出相同的光谱特性，不同的地物表现出不同的光谱特性。但是由于地物成分复杂和结构的多变性，地物所处环境的复杂性，以及遥感成像中受传感器本身和大气状况的影响，使得影像上的地物光谱特性呈现多重复杂的变化，往往出现"同物异谱、同谱异物"的现象。因此，基于光谱信息发现的信息提取，首先必须对遥感数据的信息特征进行认真分析。

3. 定量反演模式

随着遥感技术的发展，很多地表参数的定量反演变为可能（表 7.9）。水中悬浮物质含量、叶绿素含量、浑浊度、总氮总磷浓度等水质参数；气溶胶光学厚度、二氧化硫含量、甲烷含量、能见度等空气质量参数；植被覆盖度、初级净生产力、地表温度、地表蒸散量、景观丰富度等生态环境参数都可以通过遥感影像进行定量反演。

表 7.9 遥感定量反演的信息提取（王文杰等，2010）

类别	可反演参数
水质参数	叶绿素 a 浓度、悬浮物含量、水表温度、透明度、有色可溶性有机物（CDOM）、营养状态参数、化学需氧量、五日生化需氧量、总有机碳、氮、总磷、溶解氧等
空气质量参数	气溶胶光学厚度、二氧化硫、甲烷、臭氧、二氧化氮含量、可吸入颗粒物（PM10）浓度、能见度、浑浊度等
生态环境参数	植被覆盖度、叶面积指数、光合有效辐射比率、植被生物量、植物生化组分、地表反照率、土壤含水量、初级净生产力、地表温度、地表蒸散量、景观指数、土壤侵蚀量等

定量反演的方法主要可分为三类：理论分析法、经验方法和半经验方法。其中，理论分析法一般基于大气辐射传输理论及模型，物理意义明确，反演结果可靠，且适用性强；但模型所需参数较多，且测量困难，因而限制了该方法的广泛应用。经验方法是通过建立遥感数据与地面实测参数值之间的关系来回归参数值，这一方法实现较简单，但缺乏物理依据，可信度不高且具有时间和空间特殊性。半经验方法是将已知的参数光谱特征与统计分析模型相结合，选择最佳的波段或波段组合作为相关变量估算参数值的方法，具有一定的物理意义，但得到的算法在时间和空间上的推广时仍需进行参数校正。三类方法之中，半经验法最为常用，其常用的数学方法有：线性回归、多元线性回归、对数转换线性回归、聚类分析、多项式回归、贝叶斯分析、灰色系统理论和逐步多元性回归、主成分分析、神经网络模型等。

7.5.4 遥感卫星信息定量反演

1. 反演原理与方法

遥感的本质是获取遥感数据，并利用遥感数据重建地面模型，也就是反演的过程。而反演就必须研究模型，研究那些描述遥感数据与地学应用之间关系的遥感模型。地球表面是个非常复杂、开放的巨系统。人们对它的认识需要用多种参数加以描述，这种未知参数几乎是无穷的，而遥感数据总是有限的。各种遥感反演模型都要确定一些参数，通过遥感手段获得起决定作用的关键参数。然而遥感信息的有限性、相关性和地表状况的复杂多变，使得在遥感实践中往往只能得到少量观测数据，却要估计复杂多变地表系统的当前状态。遥感反演的信息量通常是不足的，互不相关的信息更少。因而遥感的许多反演问题本质上是"病态"的，是"无定解"的问题。显然在遥感反演中，先验知识的引入以及注意反演的策略与方法，是至关重要的。针对遥感模型反演的特点，学者们对模型反演成功的要素进行总结。李小文等（1995）采用排除法，提出了模型成功反演的基本要素：

（1）模型本身的特点，即注意模型中部分参数以"同形态"出现以及参数的相关性。所谓参数以"同形态"出现，指不是独立参数，而是以函数组合的形式出现。只能作为一个参数来反演。

（2）观测值的信息量。由于测量数据本身含有噪声，而且或多或少不完全独立，成功反演的必要条件已不是数据的数量，而是观测数据中的信息量至少大于等于待反演参数的信息量（不确定性的减少）。也就是使测量数据包含的信息量尽可能多，数据之间的相关性尽可能的小。增加信息量的方式可以有多种方式，如对某些参数的值域加以限定，或增加观测数量或利用先验知识等。

（3）地面实况下观测值对地表未知数（反演参数）的敏感性。当地面实况使一个或几个反演参数变得不敏感时，这种不敏感参数的反演结果极不稳定，可能会使反演失败。则需通过先验知识的积累，事先对此有所了解，对其可能的取值范围作出估计，强行赋予它一个合理的值，而不让不敏感参数参与反演。

在模型的反演中，观测数据中噪声对反演结果的影响十分显著。另外，参数的敏感性对反演的作用也是不可忽视的。于是，学者们提出了一些反演策略与技巧。李小文等提出：①基于先验知识的积累解决地学反演无定解问题，强调先验知识的合理利用，可以大大提高反演的效果。②指出对未知参数不确定性的（先验）统计描述（即对某些参数的值域加以限定）和如何根据新的观测值对这种统计描述进行修正，适用于对观测信息量不足、方程组无定解情况下的地学反演问题。③提出"参数的不确定性和敏感矩阵"的概念（uncertainty and sensitivity matrix, USM），用以描述各参数在每个采样方向上的敏感性。USM 把数据对参数的敏感性与参数先验知识的不确定性结合起来，为数据集和参数集的分割提供分析判断依据。④以此为基础制定了基于知识的多阶段反演策略。即在多阶段决策中，先计算参数的 USM，以确定最不确定的参数作为首选反演参数（每次反演参数不超过 4 个，其余的参数可简单固定或忽略），在每个阶段反演中选用最敏感的观测数据，去反演最不确定的参数，并将前一阶段的反演结果作为后一阶段反演的先验知识，直至反演结果满意为止。USM 概念的引入可将一个复杂的模型简化为若干个子模型，分阶段反演，以达到反演的目的（李小文等，1997；阎广建等，2002）。

目前反演中采用的数学方法多为最小二乘法。依据最小二乘法定义，代价函数的形式为

$$F = \sum_i W_i [y_i - f(x_j)]^2 \tag{7.20}$$

式中，y_i 为观测数据；x_j 为模型参数；$f(x_j)$ 则为由 x_j 得到的模型结果；W_i 为相应于第 i 个观测的权重。

通过最小化 F 可得到参数 x_j 的值，在计算机领域属无约束最优化范畴。最小二乘法虽

是高斯以来从大量数据中反演少量未知参数的成熟方法，但对于无定解方程组，最小二乘法并不合适。为了考虑参数物理边界的限制，李小文和 Strahler 在 1996 年提出非常类似于约束最优化方法中的外罚函数法。此外，神经网络法等也被应用（阎广建等，2002）。

2. 温度反演

1）理论基础

陆地表面温度（land surface temperature，LST）是区域和全球尺度上陆地表面物理过程的一个关键参数，综合了地气相互作用和能量交换的结果。它在气象、地质、水文、生态等众多领域有着广泛的需求（张勇等，2006）。1962 年 TIROS 卫星发射成功，热红外遥感反演地表温度逐渐被科学界重视（朱怀松等，2007）。从 20 世纪 70 年代末开始，国内外学者开展了大量研究，并开始尝试快速精确地获取陆地表面温度。随着空间信息技术的发展，热红外遥感反演陆面温度技术取得了很大进步，为快速获取区域地表温度空间差异信息提供了新的途径。目前对 LST 数据应用较多的是 NOAA 系列卫星、Landsat 系列卫星、Terra/AQUA 系列卫星、风云系列气象卫星、中巴资源卫星、环境卫星等，上面搭载的遥感仪器源源不断地提供可用于地表温度反演的热红外遥感数据。利用卫星热红外遥感数据反演地表温度的算法可归纳为单通道法（Jimenez-Munoz and Sobrino，2003）、多通道法（分裂窗法）(Price，1984)、单通道多角度法、多通道多角度法和昼/夜法。地表温度遥感反演是指从卫星传感器得到的辐射亮度值中获得地表温度信息。太阳辐射通过大气层时会发生反射、折射、吸收、散射和透射，实际到达遥感传感器的辐射亮度，包括地表热辐射经大气削弱后被传感器接收的热辐射亮度、大气上行辐射亮度以及大气下行辐射经地表反射后再被大气削弱并最终被传感器接收的辐射亮度。因此，反演地面温度需要解决大气扰动和地表比辐射率订正的问题。

通过卫星图像遥感反演得到的地表温度是像元尺度下的地表温度。卫星传感器是通过探测地表的热辐射强度来推算地表温度的，而地表不同地物的热辐射是不同的。因此，正确理解遥感卫星传感器所探测到的地表特征，是正确理解像元尺度下地表温度产品真实含义的关键。随着地表覆盖类型的不同，像元尺度下地表温度产品的含义也不尽相同。在茂密的植被覆盖地区，遥感卫星传感器所探测到的地表主要是指植被叶冠表面，在这种情况下，遥感反演得到的地表温度基本上是指植被冠层温度，它与通常理解的林下土壤表面温度或土壤温度存在一定差异；在没有植被覆盖的裸土表面或裸岩表面，地表温度与通常理解的土壤表面温度或裸岩表面温度基本是一致的；而在植被稀少的地区，地表温度是指植被叶面温度和植被下的土壤表面温度的混合平均值；对于湖泊河流等水体来说，地表是指水体表面，在这种情况下地表温度是指水体表面（通常是 1~5cm 薄层）的温度。

目前，国内外遥感地表温度主要是利用中红外和热红外数据，以及被动微波遥感数据。遥感卫星地表温度反演的方法主要可以分为两类：一类是试验方法，主要是在实际工作中利用地面定标，根据实测处在卫星传感器过境时的地表温度，来建立图像灰度值和地表温度的回归方程，求出地表温度图像。另一类是理论方法，该方法是通过求解辐射传输方程，来消除大气影响，从而求出地表温度。

A. 热辐射原理

普朗克辐射定律给出了黑体的辐射出射度与温度、波长的定量关系 [式（7.21）]；斯特潘-波耳兹曼定律描述了黑体的辐射强度与温度正相关，即总辐射与温度的 4 次方成正比

($M=\sigma T^4$);维恩定律指出随着黑体温度的增加,发射峰值波长减小,两者呈反比关系。对于非黑体的真实物体,由于比辐射率小于1,它的辐射出射度将小于同温下黑体的辐射出射度。地球表面的平均温度在300K左右,其最大辐射波长约9.7μm,能量主要集中于热红外波段。热红外辐射的能量,人眼虽看不见,但是却能被特殊的热辐射计或扫描仪所感应,根据黑体辐射定律,再加上热红外辐射传输方程,借助于遥感热红外图像数据,就能够从物体的光谱分布以及辐射总功率中反算出物体的实际温度,间接地获取到目标对象的温度信息。但是,这个过程会受到很多因素的影响,其中热红外探测器所获取的物体辐射信息中,不仅包含着物体的温度,还包含着表征物体辐射能力的比辐射率,两者的分离是温度反演的一个难点。此外,由于热红外遥感本身的复杂性,它的许多理论问题均未很好的解决,使得温度反演的精度不高,实际应用还有些困难(李小文等,2001;田国良等,2006)。

目前,国内外许多学者们都正在致力于对热辐射与地面相互作用机理、地表真实温度的模型反演等诸多领域进行深入探讨研究,在已知地表比辐射率的前提下,通过对大气辐射传输方程的近似和假设,相继提出了多种地表温度反演的算法。利用热红外传感器反演地表温度,主要是基于式(7.21),通过计算地物的地表辐射率、比辐射率与地表温度之间的关系最终得到地表温度。在对黑体的计算中比辐射率(ε)为1,相对来说比较简单,然而一般地物的地表比辐射率都小于黑体的比辐射率($0<\varepsilon(\lambda)<1$),所以一般地物的辐射等同于相同条件下的黑体辐射再乘以其比辐射率[式(7.22)]。

$$B(\lambda, T) = \frac{c_1 \lambda^{-5}}{\pi(\exp(c_2/\lambda T) - 1)} \tag{7.21}$$

$$R(\lambda, T, \varepsilon) = \varepsilon(\lambda) B(\lambda, T) = \varepsilon(\lambda) \frac{c_1 \lambda^{-5}}{\pi(\exp(c_2/\lambda T) - 1)} \tag{7.22}$$

式中,$B(\lambda, T)$为黑体辐射;$R(\lambda, T, \varepsilon)$为实际的地表辐射;$\lambda$为波长;$\varepsilon(\lambda)$为地物在波长$\lambda$的比辐射率;$T$是物体的温度;$c_1$、$c_2$是常量。

在不考虑大气效应,地物发生率已知的条件下,对公式(7.22)求逆,可得

$$T = \frac{c_2}{\lambda \ln\left[\frac{\varepsilon(\lambda) c_1}{\pi \lambda^5 R} + 1\right]} \tag{7.23}$$

对不受大气影响、地球表面与大气层之间存在热动力平缓、地物发射了已知的朗伯体,公式(7.23)可直接使用。

B. 辐射传输方程

地表温度遥感反演的基本原理是热红外谱区的辐射传输方程。遥感传感器所获取的热辐射能量包括三部分:①地表目标自身的发射辐射穿过大气到达传感器的部分;②大气下行辐射被地表反射、再穿过大气并到达传感器的部分;③大气上行辐射。在假设地表为朗伯体的情况下,传感器所获取的辐亮度可表示为

$$L_{TOA}(\lambda) = \tau(\lambda)\varepsilon(\lambda)B(\lambda, T_S) + \tau(\lambda)(1-\varepsilon(\lambda))L\downarrow(\lambda) + L\uparrow(\lambda) \tag{7.24}$$

式中,L_{TOA}为传感器所获取的光谱辐亮度;λ为波长;τ为大气透过率;ε为地表发射率;T_S为地表温度;$B(\lambda, T_S)$为温度等于T_S时的黑体辐亮度;$L\downarrow$与$L\uparrow$分别为大气下行辐射与上行辐射。

式（7.24）表明，求解 T_S 首先必须剔除大气的影响，这包括三个大气参数：τ、$L\downarrow$ 与 $L\uparrow$。如何剔除大气的影响已成为地表温度遥感反演的基本问题之一。一般而言，要获得与遥感影像同步的大气探空资料是较为困难的，对于许多历史数据甚至是不可能的。因此，基于辐射传输方程，目前大多数关于地表温度反演的研究都围绕如何估算大气参数这一难题上开展。根据传感器热红外通道数量的不同，已有单通道算法、分裂窗算法以及多角度算法等（周纪等，2009）。

C. 热红外波段

反演地表温度的热红外波段必须位于透过率较高的波谱区域且经过一定的大气校正过后才可以进行地表温度反演。这种透过率较高的波谱区通常称为大气窗口。热红外波段（8~13μm）的大气总体透过率，最重要的大气窗口位于 8.0~9.4μm 和 10~13μm 处（梅安新等，2001）。

2）温度反演参数及方法

A. 温度

a. 真实温度

真实温度指分子运动温度即动力学温度，它是物质内部分子的平均热能，由物体分子平均不规则的振动导致。因为物体之间的热传递，所以很难准确地测量到物体的真实温度。测量温度的传统方法主要有两种，即接触式和非接触式。接触式是通过测温仪直接与被测物体相接触实现的，如体温计。这种方法的缺陷在于测温仪与物体表面接触时一般都会破坏原物体的热状态。非接触式测温仪则是不与被测物体直接接触，如非典时期在公共场所用到的点温仪。非接触式的测温也会受到周围微气象（如风速）、环境辐射的影响（李小文等，2008）。

b. 亮度温度

这是一个常用的温度概念。Norman 和 Becker（1995）认为亮度温度是一个方向温度，是传感器探测到的辐射值，这个辐射值是探测波段范围内普朗克黑体辐射函数和传感器响应函数乘积的积分形式。这是亮度温度的实质，即亮度温度是一个辐射值，是能量的概念，而不是温度概念。亮度温度具体的表现形式的定义是：亮度温度是和实际目标具有等辐射值的黑体温度。详细解释为：辐射计实际观测到的某个辐射值，利用普朗克函数和波段响应函数转化为黑体的温度，则这个黑体温度就是亮度温度。要注意的是，这里探测到的辐射值是某一个波段范围内辐射的积分值，所以它的求取既要考虑探测器的响应函数，还要看传感器在什么平台上。

c. 皮肤温度

在给定波长范围内，电磁辐射穿透的那一层的温度，就是皮肤温度。在热红外中，由于电磁辐射只有表面非常薄的穿透深度，所以热红外中的皮肤温度是目标薄层表面的温度。Norman 和 Becker（1995）认为亮度温度和放射温度（radiometric temperature）是皮肤温度。在亮度温度和放射温度不足以表达精度要求时，皮肤温度就成了一般的术语了。

d. 辐射温度

1900 年，普朗克以他的"自然光谱中能量分布规律"开创了自然科学的新纪元。著名的黑体辐射公式描述了黑体表面辐射能量与波长和表面温度的关系。在这之前 40 年，基尔霍夫已经认识到黑体辐射的能量波谱是一个普适函数。40 年间无数杰出科学家试图找出这一温度与辐射波谱的关系，然而均以失败告终。普朗克的成功在于他在辐射波谱与温度之间引入了一个正确的中介物——熵。通过熵与能量的关系及熵与温度之间的关系，终于求得了辐射波谱与温度的关系。正是由于对熵函数、共振子能量及黑体辐射的研究，导致了量子概念的诞生（田国良等，2006）。

B. 地表发射率

地表物体的发射率被定义为在温度 T 与波长 λ 处的辐射出射度与同温度、同波长下的黑体辐射出射度的比值。发射率是波长与角度的函数，但为简化，一般并未考虑发射率的角度效应。

$$T_i = \frac{C_2}{\lambda \ln(1 + C_1/\lambda_i^5 R_i)} \tag{7.25}$$

由于地表发射率 ε 的存在，即使求解出各大气参数，也无法直接得出地表温度 T_s。发射率的精确确定对于地表温度反演具有至关重要的影响，在常温下，发射相差 0.01，实际温度可差 1K 左右。实际上，发射率需要在解算地表温度的同时求解，但是这面临未知数个数多于方程个数的病态问题。

C. 地表温度反演算法

从 20 世纪 80 年代至今，遥感反演地表温度经历了 20 多年的发展，取得了很大成果，但地表温度的精确反演仍然是当前研究的热点与难点之一，下面对单窗算法和劈窗算法做个介绍，见表 7.10。

表 7.10 地表温度反演的算法

算法	公式
单窗算法	$T_S = \frac{1}{C}\{a(1-C-D) + [b(1-C-D)+C+D]T_{\text{sensor}} - DT_a\}$
劈窗算法	$T_S = T_4 + A(T_4+T_5) + B$

a. 单窗算法

单窗算法适用于只有一个热波段的遥感数据，主要用于 TM6 数据地表温度反演。长期以来，从 TM6 数据中反演地表温度通常是通过所谓大气校正法，这一方法需要估计大气热辐射和大气对地表热辐射传导的影响，计算过程很复杂，误差也较大，在实际中应用不多。覃志豪根据地表热辐射传导方程，推导出一个简单易行并且精度较高的演算方法，把大气和地表的影响直接包括在演算公式中 [式 (7.26)]。该算法需要用地表辐射率、大气透射率和大气平均温度三个参数进行地表温度的演算。验证表明，该方法的地表温度演算精度较高。

$$T_S = \frac{1}{C}\{a(1-C-D) + [b(1-C-D)+C+D]T_{\text{sensor}} - DT_a\} \tag{7.26}$$

式中，$a=-67.355351$，$b=0.458606$；ε 是陆面发射率；τ 是大气透射率；T_{sensor} 是传感器亮温；C 和 D 为参数，$C=\varepsilon\tau$；T_a 为大气向上平均作用温度（也称大气平均作用温度）。

b. 劈窗算法

劈窗算法以地表热辐射传导方程为基础，利用 10~13μm 大气窗口内，2 个热红外通道

（一般为 10.5~11.5μm、11.5~12.5μm）对大气吸收作用的不同，通过 2 个通道测量值的各种组合来剔除大气的影响，进行大气和地表比辐射率的修正。劈窗算法主要是针对 NOAA/AVHRR 开发的，并被首先运用到海面温度反演。基于 NOAA/AVHRR 数据的劈窗算法的一般形式为

$$T_S = T_4 + A(T_4 + T_5) + B \tag{7.27}$$

式中，T_S 为陆面温度；T_4、T_5 为 AVHRR 通道 4、通道 5 的亮温值；系数 A、B 由大气状况及其他影响通道 4、通道 5 的辐射和透过率的有关因子决定，不同的劈窗算法有不同的 A、B 值。

目前地表温度遥感反演算法大多假定发射率已根据先验知识求解，地表发射率通过归一化植被指数（NDVI）或地表覆盖类型确定。温度反演流程见图 7.33。

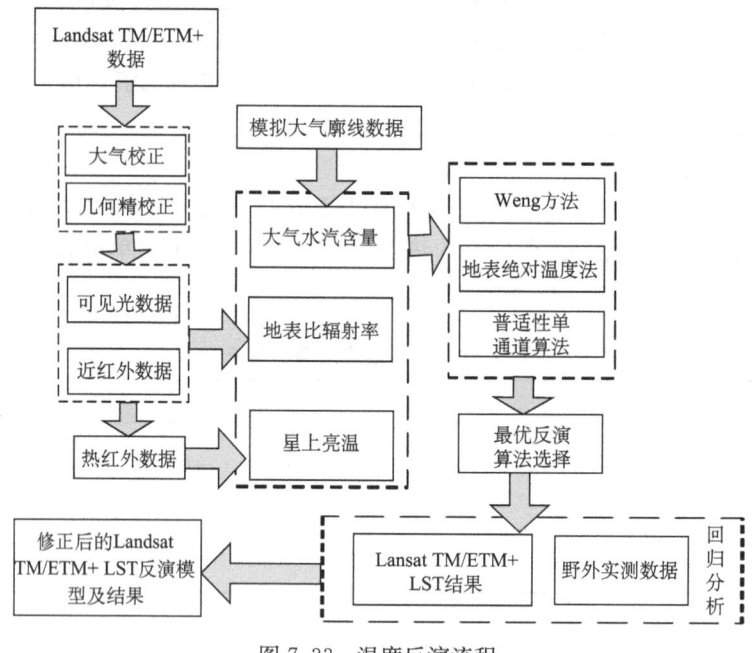

图 7.33 温度反演流程

3. 植被反演

1) 理论基础

植被参数反演对整个陆地系统稳定性和循环平稳性的研究具有重要意义。遥感测量植被覆盖度则具有宏观、时效性强、数据获取容易等诸多优点，是当前植被覆盖度研究的主流方向。通过遥感反演植被覆盖度的方法主要有三种，分别为经验模型法（Purevdorj et al, 1998；杨胜天等，2002）、植被指数法和混合像元分解法。其中，混合像元分解是近年来被广泛使用的方法。一般来说，经验算法都是采用回归分析法进行二次或三次多项式拟合。其算法简单、计算时间短，可得到较稳定的结果，并且不会破坏算法的适用范围。但推导出的关系仅仅对具有确定关系式时所采用的数据及统计性质相同的统计数据才有效。

植被指数是由多光谱数据经线性和非线性组合构成的对植被有一定指示意义的数值，主要利用绿色植被在红光波段和近红外波段具有不同的光谱特性，通过卫星探测数据的线性或

非线性组合来反映绿色植物的生长状况和分布，定量地表明了植被活力。它已经作为一种遥感手段广泛应用于土地利用覆盖探测、植被覆盖密度评价、作物识别和作物预报等方面，并在专题制图方面增强了分类能力。

2) 植被反演参数及方法

大多数学者根据植被的反射光谱特征，用植被红光、近红外波段的反射率和其他因子及其组合所获得的植被指数（VI）来提取植被信息。这种方法简便易行，易于推广，通常是将两个（或多个）光谱观测通道组合来设计植被指数。目前，常用的植被指数有几十种，主要的植被指数见表7.11。

表7.11 主要植被指数表达式

名称	简写	公式	作者及年代
比值植被指数	RVI	R/NIR	Pearson and Miller(1972)
垂直植被指数	PVI	$PVI=\sqrt{(\rho_{soil}-\rho_{veg})\cdot R^2+(\rho_{soil}-\rho_{veg})\cdot NIR^2}$	Richardson and Wiegand(1977)
垂直植被指数	PVI	$(NIR-aR-b)/\sqrt{a^2+1}$	Jackson(1983)
归一化差异植被指数	NDVI	$(NIR-R)/(NIR+R)$	Rouse 等(1974)
增强型植被指数	EVI	$EVI=2.5\dfrac{\rho_{NIR}^*-\rho_{Red}^*}{\rho_{NIR}^*+C_1\rho_{Red}^*-C_2\rho_{Blue}^*+L}$	
土壤调整植被指数	SAVI	$\dfrac{(NIR-R)}{(NIR+R+L)}(1+L)$	Huete(1988)
大气阻抗植被指数	ARVI	$(NIR-RB)/(NIR+RB)$	Kanfma 等(1992)
全球环境监测指数	GEMI	$\eta(1-0.25\eta)-(R-0.125)/(1-R)$； $\eta=[2(NIR^2-R^2)+1.5NIR+0.5R]/(NIR+R+0.5)$	Pinty 等(1992)

A. 比值植被指数（RVI）

$$RVI=R/NIR \tag{7.28}$$

式中，R为红波段的地面反射率；NIR为近红外波段的地面反射率。

RVI对大气影响敏感，而且当植被覆盖不够浓密时（小于50%），它的分辨能力也很弱，只有在植被覆盖浓密的情况下效果最好（Pearson and Miller, 1972）。

B. 垂直植被指数（PVI）

$$PVI=\sqrt{(\lambda_{soil}-\lambda_{veg})\cdot R^2+(\lambda_{soil}-\lambda_{veg})\cdot NIR^2} \tag{7.29}$$

$$PVI=(NIR-aR-b)/\sqrt{a^2+1} \tag{7.30}$$

式中，λ_{soil}，λ_{veg}为土壤背景指数（Richardson and Wiegand, 1977）；a、b分别为土壤线的斜率和截距（Jackson, 1983）。

C. 归一化植被指数（NDVI）

$$\text{NDVI} = (\text{NIR} - R)/(\text{NIR} + R) \tag{7.31}$$

式中，R 为红波段的地面反射率；NIR 为近红外波段的地面反射率。

它是目前应用最广的植被指数。归一化植被指数（NDVI）对绿色植被表现敏感，可以对农作物和半干旱地区降水量进行预测，该指数常被用来进行区域和全球的植被状态研究。对低密度植被覆盖，NDVI 对于观测和照明几何非常敏感，但易受大气、土壤背景的影响，效果较差。在农作物生长的初始季节，将过高估计植被覆盖的百分比；在农作物生长的结束季节，将产生估计低值。

D. 增强型植被指数（EVI）

$$\text{EVI} = 2.5 \frac{\rho^*_{\text{NIR}} - \rho^*_{\text{Red}}}{\rho^*_{\text{NIR}} + C_1 \rho^*_{\text{Red}} - C_2 \rho^*_{\text{Blue}} + L} \tag{7.32}$$

式中，ρ^* 分别为经过大气校正的反射率（ρ^*_{NIR}，ρ^*_{Red}，ρ^*_{Blue}）；$L=1$，为土壤调节参数；参数 C_1 和 C_2 分别为 6.0 和 7.5，描述了用蓝波段对红波段进行大气气溶胶散射修正。MODIS-EVI 对基础数据进行了全面的大气校正，综合处理土壤、大气和植被的饱和问题。

E. 土壤调整植被指数（SAVI）

土壤调整植被指数（SAVI）（Huete，1988）能有效消除平行于土壤线的土壤背景的影响。当选用一定的 L 值来反映不同的植被密度时，土壤背景影响得到明显压缩。当植被密度较高时，较理想的 L 值为 0.25；当植被密度中等时，较理想的 L 值为 0.50；当植被密度较低时，较理想的 L 值为 1。

$$\text{SAVI} = \frac{(\text{NIR} - R)}{\text{NIR} + R + L}(1 + L) \tag{7.33}$$

F. 全球环境监测指数

$$\text{GEMI} = \eta(1 - 0.25\eta) - (R - 0.125)/(1 - R)$$
$$\eta = [2(\text{NIR}^2 - R^2) + 1.5\text{NIR} + 0.5R]/(\text{NIR} + R + 0.5) \tag{7.34}$$

全球环境监测指数（GEMI）不用改变植被信息而减小大气影响，并保存了比 NDVI 指数相对低密度至浓密度覆盖更大的动态范围。尽管 GEMI 的目的是全球性地评价和管理环境而又不受大气影响，但是它受到裸土的亮度和颜色的影响相当大，对于稀疏或中密度植被覆盖不太适用。

G. 大气阻抗植被指数（ARVI）（Kaufman，1992）

$$\text{ARVI} = (\text{NIR} - \text{RB})/(\text{NIR} + \text{RB}) \tag{7.35}$$

RB 由蓝红波段的地面反射率以及气溶胶的类型决定。相对于 NDVI、ARVI 在红波段完成大气自我校正，蓝和红波段的辐射亮度差异给予一个红-蓝波段（RB），替代了 NDVI 的红波段。该方法减小了由于大气气溶胶引起的大气散射对红波段的影响。通过用大气辐射传输模型在各种大气条件下模拟自然表面光谱，发现 ARVI 与 NDVI 有同样的动态范围，但对大气的敏感性小于 NDVI。

4. 水质反演

1）理论基础

从水色信息中提取水体成分有三个基本问题（Zhang，2003）：①如何量化光学特性显著的水体成分与固有光学特性之间的关系；②固有光学特性是如何决定水色；③如何从水色测量中得到水体成分。前两个问题为"正演问题"，最后一个问题为"反演问题"。根据测量的反射光谱，推断水体组分浓度、底部深度与底部特性等未知模型参数的过程为反演。由水色确定水体成分是一个参数估计问题，即从一组测量光谱参数 $R=\{r_j, j=1, \cdots, J\}$ 估算另一组参数水体成分的浓度 $C=\{c_i, i=1, \cdots, I\}$。水体光谱与水体成分的浓度之间的函数关系可以表示为：$R=f(C)$，因此，可以通过求该方程的反函数得到浓度参数 $C=f^{-1}(R)$。如果 f 为线性函数，很容易求得其反函数 f^{-1}，这样可以由测量的光谱反射率获取水体成分。然而通常水体成分与反射率之间的函数关系非常复杂且为非线性。因此，大部分情况下不可能得到反函数的解析表达式。克服这个问题的传统方法是对反函数 f^{-1} 的形式作一些假设，然后通过回归或其他统计方法求解 $C=f^{-1}(R)$。然而，通常很难找到 f^{-1} 最合适的函数形式，这个函数形式直接影响反演水体成分浓度的精度。为了解决反演问题，目前发展了多种反演方法如神经网络法、主成分分析法、非线性优化法等。反演方法的选择取决于计算时间、计算精度、研究尺度（区域性还是全球尺度）、光谱通道与未知参数等（Albert and Mobley, 2005）。

水体成分的反演算法与水体的复杂性有很大关系（唐军武等，2004）。大洋一类水体由于水体光学成分简单、光学特性相对稳定，浮游植物中的叶绿素对水体的光学特性起决定作用，是一个单变量问题，遥感反演比较成熟，经验统计方法就能满足业务化的应用需求。内陆水体的成分复杂多变，水体光学特性时空差异很大，光学特性受几种物质共同影响。研究对象的变化，使得研究方法应进行相应的改变。构成一类水体算法基础的假设，对于内陆水体都不适用。例如，在强散射的内陆水体，近红外离水辐射率都很显著。在这些水域，一类水体中近红外离水辐射率为0的假设可带来大气校正误差，因而给可见光波段离水辐亮度的估算带来误差，内陆水质遥感需要不同的大气校正方法。多种因素同时影响内陆水色，而一类水体基本上作为单变量问题对待。内陆水体水色遥感是一个非线性、多变量问题，算法必须据此重新设计。此外，内陆水体由于具有很强的区域性，因而难以得到精度较高的、全球通用的内陆水体反演算法。许多情况下，内陆水域存在光学浅水区，还需要考虑水底反射的影响。由此可见，内陆水体遥感反演比一类水体具有更大的挑战性，同时具有更大的研究潜力与空间。

2）水质反演参数及方法

遥感在水质指标中的研究应用，从最初单纯的水域识别发展到对水质指标进行遥感监测、制图和预测。随着对物质光谱特征研究的深入、算法的改进以及传感器技术的进步，遥感监测水质从定性发展到定量，监测的水质指标包括悬浮物含量、水体透明度、叶绿素a浓度、溶解性有机物、水中入射与出射光的垂直衰减系数以及一些综合污染指标，如营养状态指数等。总的来看，用遥感技术监测水质指标的研究和应用中，比较成熟的是对水体中悬浮物质和叶绿素a浓度的提取（李素菊和王学军，2010）。内陆水体可监测水质指标有叶绿素a、悬浮物（suspended solids, SS）、有色可溶性有机物（colored dissolved organic matter, CDOM）、溶解性有机碳（dissolved organic carbon, DOC）、水温、透明度、溶解氧（dissolved oxygen, DO）、化学耗氧量（COD）、五日生化需氧量（BOD5）、总氮（TN）、总磷（TP）等。在这些指标中，叶绿素a、SS、CDOM、水温等可以通过光谱特征直接进行遥感分析，其他指标较难找到独立的光谱特征，需要利用不同物质之间的相关关系间接进行遥感分析。水质反演的参数及对应的模型见表7.12。

A. 叶绿素 a

叶绿素是植物光合作用中的重要光合色素，它将阳光转变成能量，存在于植物细胞内的叶绿体中，反射绿光并吸收红光和蓝光，使植物呈现绿色。叶绿素具有特定的吸收和反射光谱，在 440nm 处有一吸收峰，在 550nm 处有一反射峰，在 685nm 附近有较明显的荧光峰，这是由于浮游植物分子吸收光后再发射引起的拉曼效应，叶绿素 a 的吸收系数在该处达到最小。随着叶绿素含量的不同，在 430～700nm 光谱段会有选择的出现较明显的差异。叶绿素的定量反演是通过遥感器不同波段的 DN 值、遥感反射率、表观反射率或水面反射率或其对数运算、算术运算实现的。常用的统计模型有以下几种。

表 7.12 水质反演的参数及对应的模型

参考因子	方法	公式
叶绿素 a	比值法	$C_r = f\left(\dfrac{L_{\lambda i}}{L_{\lambda j}}\right) K_1 - K_2$
	不同波段组合建立回归方程	$\text{Chl} = a_1 \times x + a_2$
	荧光法	$C_r = K_1 (\text{FLH}) K_2 + K_3$
悬浮物	线性模型	$S = A + BR$
	对数模型	$R = A + B\lg S$
	Gordon 模型	$R = C + S/(A + BS)$
	负指数模型	$R = A + B(1 - e - DS)$
	统一模型	$R = A + B[S/(G+S)] + C[S/(G+S)]e - DS$
透明度	单波段模型	$y = -512297x + 116838$
	比值模型	$y = -41159x + 471333$
水温/热污染	单通道统计方法	$T_S = (T_B - C)\exp(-\tau D)$
	多通道海温反演	$T_S = A_0 + A_1 T_4 + A_2 T_5$
	相对温度的反演	$L_i = B_i(T_s)\varepsilon_{si} t_{0i} + [1 + (1-\varepsilon_{si})\tau_i] L_{0i}$

a. 比值法

$$C_r = f\left(\frac{L_{\lambda i}}{L_{\lambda j}}\right) K_1 - K_2 \quad (7.36)$$

式中，C_r 为叶绿素相对浓度；$L_{\lambda i}/L_{\lambda j}$ 为对应 i、j 不同波长处离水反射辐射的比；f 为某种函数；K_1、K_2 为系数；$L_{\lambda i}$、$L_{\lambda j}$ 为传感器的两个不同波段，通常为叶绿素的特征吸收谷和发射峰所在波段。特征吸收谷（负相关系数最大）常选 675nm 附近波段，特征反射峰（正相关系数最大）常选 700nm 附近波段。

b. 不同波段组合建立回归方程

$$\text{Chl} = a_1 \cdot x + a_2 \quad (7.37)$$

式中，x 为波段处理后的值；a_1、a_2 为待定系数。一般认为采用包含 550nm 反射峰或包含 685nm 荧光峰与包含 440nm 吸收峰波段之比值是估算叶绿素浓度的最佳方法。采用 TM 数

据的有关研究中的 x 有 TM3×TM4，(TM3×TM4)/lnTM1，(TM3×TM4)/ln(TM1+TM2)，(TM3×TM4)/ln(TM1×TM2)，(TM3×TM4)/lnTM2。此外，x 还可以是植被指数形式，如归一化差异植被指数 NDVI 等。

c. 荧光法

λ 在 660~685nm 处光谱响应出现荧光峰，利用峰高（FLH）与叶绿素浓度相关的特性，建立统计算法。

$$C_r = K_1(FLH)K_2 + K_3 \tag{7.38}$$

式中，K_1~K_3 为回归系数；FLH 通常取相对值，即某基线以上的高度。基线在光谱响应测量值分析上进行选择。

B. 悬浮物

悬浮物是指不能通过孔径为 $0.45\mu m$ 滤膜的固体物，常常悬浮在水流之中。悬浮物是造成浊度、色度、气味的主要因素。悬浮物总体上由无机颗粒物和有机颗粒物组成。在可见光及近红外波段范围，随悬浮物含量的增加，水体的反射率增加，且随着悬浮物浓度的增大，反射峰位置向长波方向移动，因此，最适合于悬浮固体遥感的波长是 650~750nm。500~600nm 适合估算低浓度悬浮物，700~800nm 适合估算高浓度悬浮物。

根据悬浮物的光谱特征，常用反演模型有以下几种。

a. 线性模型

$$S = A + BR \tag{7.39}$$

式中，R 为水体反射率；S 为水面悬浮泥沙浓度；B 为待定系数。本算法只适用于低浓度的悬浮泥沙水体。

b. 对数模型

$$R = A + B\lg S \tag{7.40}$$

或

$$S = 10(R-A)/B \tag{7.41}$$

式中，R 为水体反射率；S 为水面悬浮泥沙浓度；A、B 为待定系数。在悬浮泥沙浓度不高的情况下，该式能真实地反映悬浮泥沙浓度和卫星数据的关系。

c. Gordon 模型

$$R = C + S/(A+BS) \tag{7.42}$$

或

$$S = A/[1/(R-C)-B] \tag{7.43}$$

式中，R 为水体反射率；S 为水面悬浮泥沙浓度；A、B、C 为待定系数。该式适用于低含沙量和高含沙量区间。

d. 负指数模型

$$R = A + B(1-e-DS) \tag{7.44}$$

或

$$S = A + B\ln(D-R) \tag{7.45}$$

式中，R 为水体反射率；S 为水面悬浮泥沙浓度；A、B、D 为待定系数。该式很大程度克服了估算误差随悬浮泥沙浓度增大而增加的弱点，并可以近似地概括线性和对数关系式。

e. 统一模型

$$R = A + B[S/(G+S)] + C[S/(G+S)]e-DS \tag{7.46}$$

式中，R 为水体反射率；S 为水面悬浮泥沙浓度；A、B、C、D、G 为待定系数。此模型在一定条件下包含了 Gordon 模型和负指数模型。

C. 透明度

透明度是指水样的澄清程度，洁净的水是透明的，水中存在悬浮物和胶体时，透明度降低。透明度作为一个反映水体能见度和光学性质的参数，虽然和光谱反射率无直接关联，但是与叶绿素含量、悬浮物及太阳光线等有较高的相关性，间接与反射光谱产生了联系。湖水透明度与光学衰减系数、漫射衰减系数之间存在密切关系。主要反演模型有以下几种。

段洪涛等（2006）对查干湖的研究表明，红光与近红外部分波段与透明度相关系数较高，确定的单波段模型为

$$Y = -204.65X + 42.74 \tag{7.47}$$

式中，Y 为透明度，cm；X 为 720nm 特征波长处的反射率值。

比值估算模型为

$$Y = 15.432X - 1.3487 \tag{7.48}$$

式中，Y 为透明度，cm；X 为 (520～780nm)/(720～780nm) 组合波段反射率的比值。

宋开山等（2006）建立的单波段模型为

$$Y = -512297X + 116838 \tag{7.49}$$

式中，Y 为水体透明度的对数值；X 为 730nm 处微分光谱。

比值模型为

$$Y = -41159X + 471333 \tag{7.50}$$

式中，Y 为水体透明度，cm；X 为 780nm/684nm 组合波段反射率的比值。

D. 水温/热污染

水温是最常用的水质指标之一。水的许多物理性质、水中进行的化学反应和生物化学反应都与水温有着密切的关系，水温也是引起其他水质指标发生变化的因素。遥感估算水温时，由于水体热容量大、热惯量大、昼夜温差小，且水体内部以热对流方式传输热量，故水体表面温度较为均一，空间变化小，但是大气效应尤其是大气中水汽含量对水温探测精度影响较大，因此必须进行大气纠正。水面遥感测温及水面大气纠正均比陆地表面的简单和成熟。常用的水温反演模型有以下几种。

a. 单通道统计方法

该方法从大气辐射传输方程出发，考虑大气含水量和传感器视角天顶角的影响，建立遥感亮度温度和海面温度的经验公式，通过同步实测资料回归经验系数。

$$T_S = (T_B - C)\exp(-\tau D) \tag{7.51}$$

$$D = \alpha/H \tag{7.52}$$

$$\alpha = [(h+H)^2 - (h+H)2\sin^2\theta] - [R^2 - (H+R)2\sin^2\theta]/2 \tag{7.53}$$

式中，C 和 τ 为待定的回归系数；τ 为大气的光学厚度；h 为大气上限高度；R 为地球半径；H 为卫星高度；θ 是传感器视角天顶角；α 为地表像元到传感器的光学路径；T_B 为亮度温度；T_S 为海面温度。

b. 多通道海温反演

目前世界水体表面温度（甚至地表温度）的反演主要是利用红外遥感技术来进行，算法

主要是劈窗算法［即把大气窗口（10.5～12.5μm）分成两个通道（10.5～11.50μm 和 11.5～12.5μm）来完成陆表和海水表面的温度反演］。其假设为：①海水近似黑体，其比辐射率等于1；②大气窗口的水汽吸收很弱，吸收系数可作常数；③大气温度与海面温度相差不大，黑体辐射公式可以采用线性近似。

$$T_S = A_0 + A_1 T_4 + A_2 T_5 \tag{7.54}$$

式中，T_4、T_5 为 AVHRR 的第四、第五通道亮度温度；A_0、A_1、A_2 为参数。

c. 相对温度的反演

由于数据的不同，精度较高的单通道和双通道温度反演法都无法应用。因此需要根据热红外辐射传输方程，建立实用的新的回归方法：

$$L_i = B_i(T_S)\varepsilon_{si} t_{0i} + [1 + (1 - \varepsilon_{si})\tau_i] L_{0i} \tag{7.55}$$

如果水体近似为黑体，$\varepsilon_{\lambda=1}$，则该式简化为

$$L_i = B_i(T_S) T_{0i} + L_{0i} \tag{7.56}$$

式中，L_i 为传感器所接收的热红外辐射能量；B_i 为普朗克黑体辐射函数；T_S 为地表物理温度；T_{0i} 为大气透过率；L_{0i} 为大气辐射。

因此，在大气状况比较均匀的情况下：

$$L = G \times DN + B \tag{7.57}$$

$$T = \frac{k_2}{\ln(k_1/L + 1)} + a \tag{7.58}$$

式中，DN 为 TM 影像第六波段的像元值；G 和 B 都是该波段的增益参数；L 为该波段的星上辐射强度，W/(m²·sr·μm)；k_1、k_2 为反演常量；T 为开尔文温度；a 为调整参数，取值为 4。

7.5.5 遥感图像信息提取实例

1. 目视解译信息获取

1）可见光图像目视解译

借助实地考察和先验知识，以辽宁省盘锦市 TM 影像为例，对湿地类型建立解译标志，如表 7.13 和图 7.34 所示。依据该解译标志，就可以通过遥感图像处理软件来提取湿地专题信息。

表7.13 湿地类型解译标志（TM 影像 432 波段合成）

湿地类型	形状	色调	纹理
灌溉水田	几何特征明显，边界清晰，有规则的形状	浅蓝色，色调均匀	影像结构均一细腻
水库	几何特征明显，有人工塑造痕迹，面积较大	深蓝色，色调均匀	影像结构均一
坑塘	几何特征明显，有人工塑造痕迹，面积较小	蓝黑色，色调均匀	影像结构均一
虾、蟹池	几何特征明显，呈规则小方格状	灰蓝色，色调均匀	影像结构均一
河流	几何特征明显，自然弯曲或局部平直，边界清晰	蓝色，色调均匀	影像结构均一
滩地	沿河流或湖岸呈带状分布	灰白色或白色	影像结构比较均一
滩涂	沿海岸线呈不规则带状分布	灰黑中带灰白色	影像结构比较粗糙
沼泽地	不规则斑块状	浅红色	影像结构比较细腻

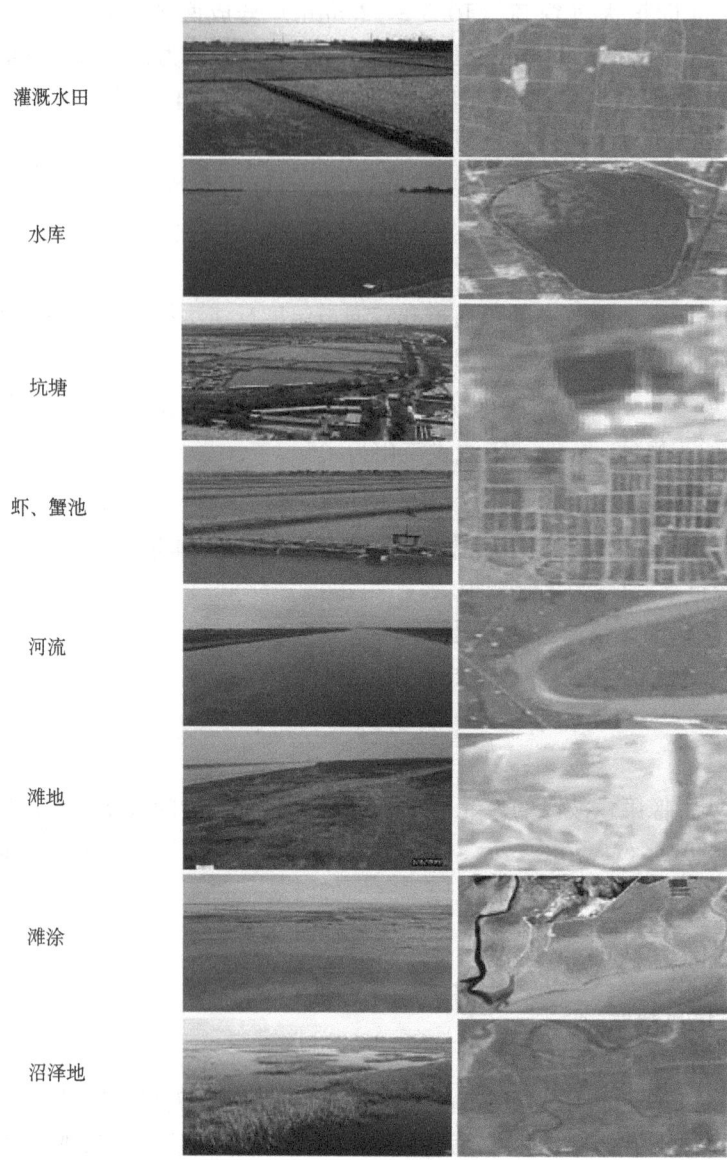

图 7.34　湿地类型景观照片与遥感影像（蒋卫国，2003）

2）高光谱图像目视解译

对高光谱遥感影像在目视解译中进行假彩色合成。通过分析各地物光谱反射率的差异，用最能将它们区分开来的波段进行彩色合成，可以达到比可见光-近红外影像目视解译更好的效果，如图 7.35 和图 7.36 所示。

2. 专题分类信息提取

1）使用最大似然法、K-Means 方法和神经网络分类法进行湿地分类

本实例中使用最大似然法、K-Means 方法和神经网络分类法，对洞庭湖湿地区进行了分类试验，得到结果如图 7.37 所示。其中神经网络分类的结果最好，最大似然法次之，K-Means 法最差。但神经网络分类法耗时最久，且当迭代次数较小时，远远不能达到理想效

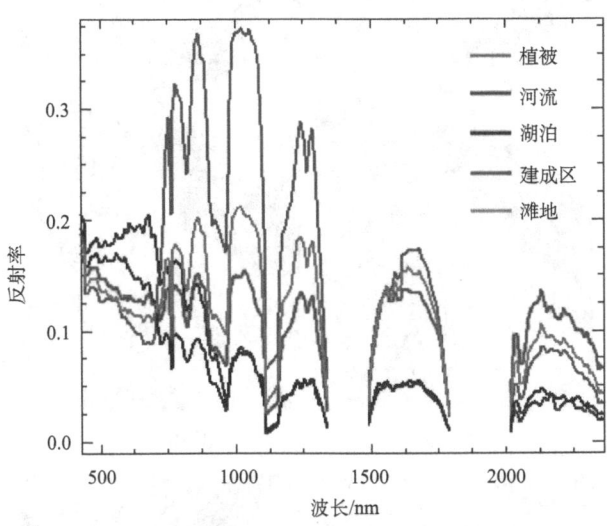

图 7.35 洞庭湖湿地各地物光谱对比（Hyperion 影像光谱）

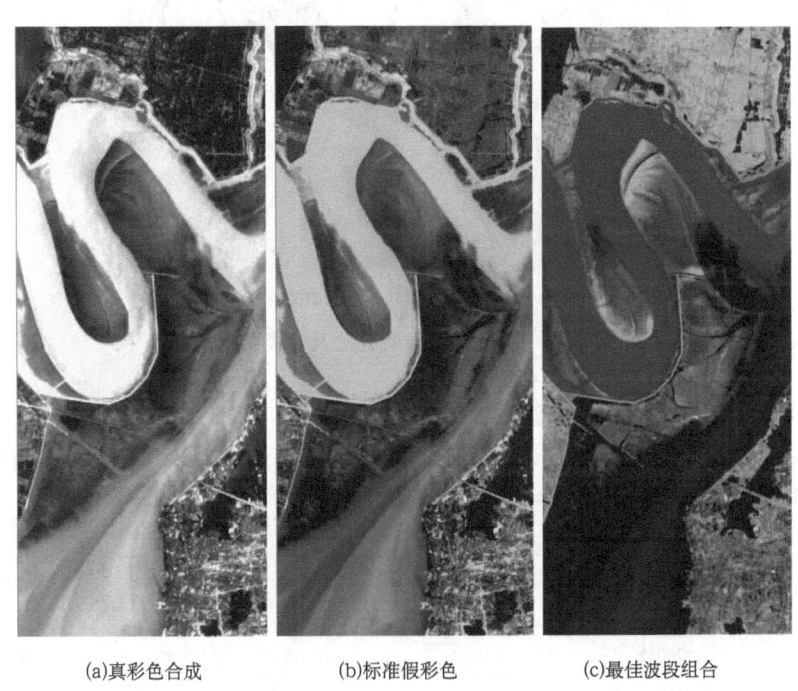

(a)真彩色合成　　　(b)标准假彩色　　　(c)最佳波段组合

图 7.36 洞庭湖不同波段组合的 Hyperion 高光谱影像

果。最大似然法的结果和耗时都可以满足要求，比较适合专题信息提取。而非监督分类的结果对滩地部分划分了较多类别，而在水体部分类别较少，而且对于城区和农田出现了较严重的混分现象。这是由于非监督分类完全由计算机自动计算得到，产生的类别难以与分析者想要得到的结果相对应，分析者难以对类别进行控制，加上湿地范围内混合像元广泛分布、光谱信息复杂造成的。

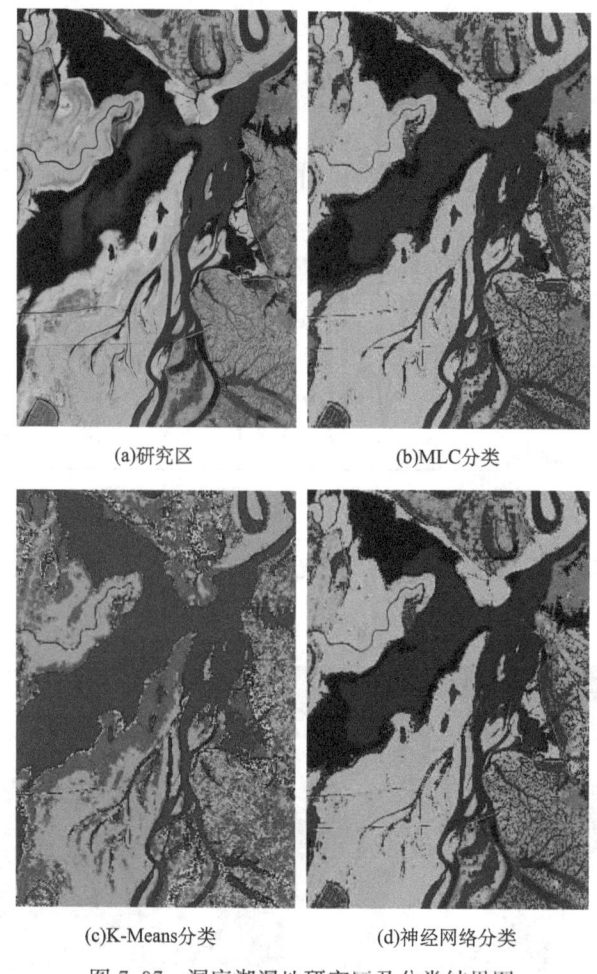

图 7.37 洞庭湖湿地研究区及分类结果图

2) 使用决策树方法提取水体信息

本实例采用决策树分类的方法，利用 Landsat TM 影像提取水体。对影像中地物的波谱曲线（图 7.38）进行分析，建立决策树如图 7.39 所示。

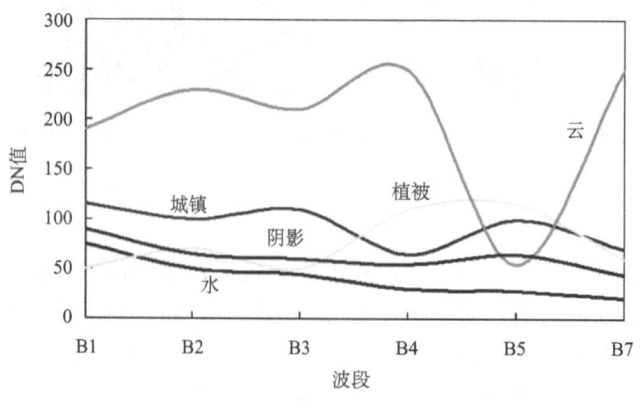

图 7.38 不同地物波谱曲线

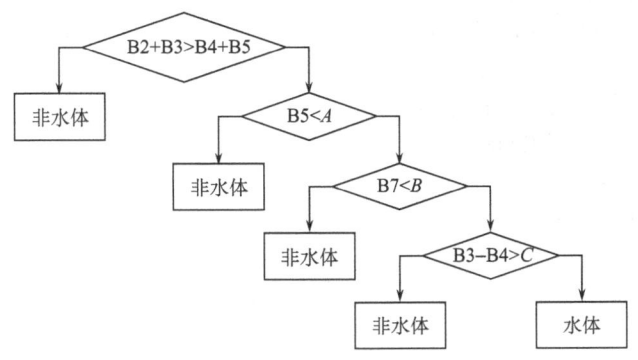

图 7.39 提取水体的决策树

经过决策树分类,得到湿地明水体提取结果如图 7.40 所示。试验证明,决策树分类可以很好地应用在光谱相似的复杂地物分类中,并能很好地将人的先验知识与逻辑判别能力应用到图像处理领域,其分层分类的思想可以将复杂的关系简单化,不失为一种很好的方法。

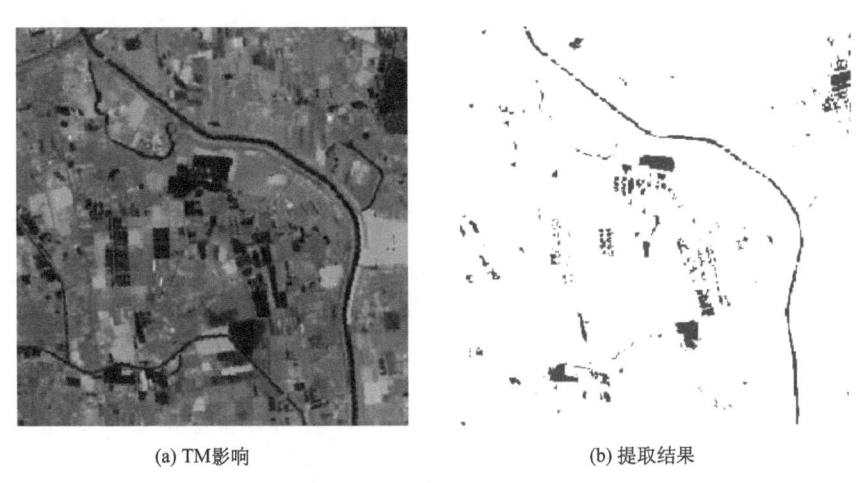

(a) TM 影响　　　　　　　　　　　(b) 提取结果

图 7.40　水体决策树提取结果

复习思考题

1. 大气的散射现象有哪几种类型?说明为什么微波具有穿云透雾能力?
2. 遥感卫星分辨率有几种?
3. 遥感卫星传感器包括哪几类?
4. 遥感传感器由哪几部分组成?
5. 摄影成像的基本原理是什么?其图像有什么特征?
6. 扫描成像的基本原理是什么?
7. 对遥感卫星图像有哪些校正方法?
8. 遥感影像几何畸变产生的主要原因是什么?

9. 简述数字图像增强处理的几种方法。
10. 遥感图像分割中需要注意的问题有哪些?
11. 遥感影像解译的主要标志是什么?
12. 比较监督分类和非监督分类的优缺点。
13. 简述雷达图像的解译要素和标志。
14. 说明遥感反演的必要性。
15. 水质参数反演算法有哪几类?

第8章 遥感卫星应用

随着遥感技术的不断发展，遥感卫星应用成为我国航天事业的重要组成部分，另外，也促进了其他各领域的发展，从卫星类型和传感器角度，选择陆地资源卫星、海洋卫星和气象卫星，这三种卫星实现了对海、陆、空领域的全方位动态监测，能够为人们提供快捷的数据服务；从空间分辨率和遥感信息提取角度，选择 FY-2C、Landsat、MODIS、Hyperion、HY-1A、CBERS-02B 数据开展应用示范，针对不同的研究对象，选择相应的分辨率影像进行目标提取；从选择案例角度，关注了近几年环境保护和自然灾害频发的现象，主要从大气降水、地表温度、植被变化、水质、海冰、土地利用和洪水灾害七大方面选择应用领域。本书以遥感影像作为主要研究对象，结合各种实测数据和现场调查结果，并利用不同研究方法和数值分析，得到研究成果，可以为社会各部门或生产单位提供技术参考和决策分析。

8.1 大气降水遥感估算

1. 研究区概况

藏北高原地处青藏高原的腹地，又称"羌塘"，位于西藏自治区北部，面积约 60 万 km^2，约占西藏自治区土地面积的一半。以藏北高原典型区为研究区，其地理范围为 $89°55'37''\sim95°40'2''E$，$31°18'44''\sim32°25'10''N$，该地域地势平缓，地表覆盖单一。藏北高原典型区属亚寒带气候区，高寒缺氧，气候干燥，大部分地区年平均气温低于 0℃，最暖月均温不及 14℃，最冷月均温-10℃以下。因藏北高原地处内陆干旱、半干旱地区和中纬西风带，对气候变化特别是降水变化很敏感。在冬末初春之际，由于受孟加拉湾风暴北上和西伯利亚冷空气东移南下的共同影响，主要降水方式为固态降水。该地区液态降水主要集中在夏季，以对流降水为主，对流云十分活跃，多阵雨、雷暴和冰雹，且对流云有明显的月际、日际变化和空间变化的特征。降水日变化主要表现在午后降水明显增强。并且降水与大气温度场的时空分布存在一定的关系。自 1971 年至今，藏北高原区年降雨量和年雨日均值自东南向西北逐渐递减，时空分布很不均匀。

2. 数据源

选用静止气象卫星 FY-2C 资料，数据获取时间为世界时 2007 年 6 月 1 日~2007 年 9 月 30 日，时间分辨率为 1h，空间分辨率为 5km×5km。地面站点数据采用的是同一时间段位于藏北高原典型区内的 6 个气象站（分别为班戈、安多、那曲、索县、比如和丁青）每小时降水实测资料。

3. 研究方法

由于卫星资料的空间分辨率为 5km×5km，而雨量站为定点资料，因而在选取雨量站经纬度上对应的卫星资料时，以雨量站点经纬度所在的图像像元为准，即最近邻匹配法原则，生成卫星数据对应的雨量计窗口，便于后续对雨量计相对应位置卫星数据及派生数据的卷积运算。由于卫星数据与雨量计数据的时间参考标准不同，故要转换一致。以卫星数据发布世界时为参考，对雨量计实测数据时间错位实施转化计算。鉴于可见光的局限性，仅采用 FY-

2C 卫星的红外波段。

4. 结果分析

图 8.1 为 2007 年 9 月 11 日上午 9 时的藏北高原典型区模型估算降水强度图,从该时刻的降水空间分布上可看出,此时刻模型估算降水强度与该地域已有研究成果很吻合。另外从该图中也可看出,该地域降水主要集中在东部,其反演降水强度系统整体性较弱(降水强度<2mm/h)(夏双等,2013)。

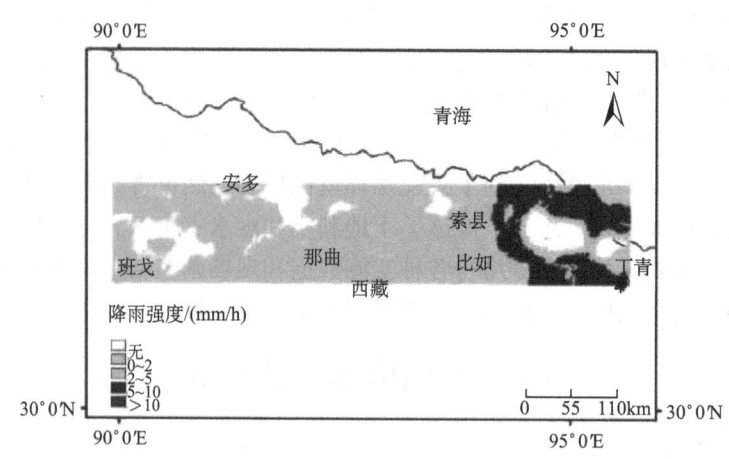

图 8.1 模型估算降雨强度图

8.2 地表温度遥感反演

1. 研究区概况

乌达煤田(包括五虎山、素海图、黄白茨三个井田)位于东经 106°34′41″~106°38′41″,北纬 30°27′00″~30°34′04″,内蒙古乌海市境内,贺兰山北端、乌兰布和沙漠南端,东距黄河 11km,西靠巴音善旦,其南北长约 16km,东西宽 13km,总面积 208km²。乌达煤田地形多以中低山和丘陵为主,平均海拔 1150~1300m,煤田内沟谷发育,基岩出露良好,局部有黄沙覆盖。由于无地表水体,且降水量少、蒸发量大,导致地表植被稀疏。乌达地区春季风大干燥,夏季炎热少雨,秋季多雨、温度适中,冬季寒冷。年平均降水量为 151.24mm,远小于其年平均蒸发量 3007.28mm,年平均气温为 10℃,主导风向西北,最大风速可达 28m/s,这一地区为典型的内陆干旱沙漠气候。乌达矿区为内蒙古重要的焦煤生产基地,也是我国北方地下煤火比较典型、严重的区域。

2. 数据源

遥感数据包括 1989 年、2005 年 Landsat-5 数据和 2001 年 Landsat-7 数据,相关辅助数据包括野外测温数据、气象站数据和 2005 年乌达矿区地下煤火区分布图。

3. 研究方法

2003 年 Jimenez-Munoz 和 Sobrino 提出普适性单通道算法(generalized single-channel algorithm,GSCA),并用来反演地表温度(Jimenez-Munoz and Sobrino,2003)。普适性单通道算法与单窗算法、劈窗算法、日夜算法等相比,其优点是只需要地表发射率、总的大气水汽含量两个基本参数,且适用于不同的传感器。热红外遥感影像本身的空间分辨率较低,与多光谱波段数据相比很低。而地下煤火的燃烧面基本都在地表下层,偶尔的地表燃烧点对整个像元的影响不很显著。地下煤火的燃烧对 LST 的变化具有一定的影响,虽然地下煤火的燃烧并没有使地下煤火区与背景区产生绝对温差,但是在其他影响因素近似的情况下,地下煤火的燃烧使得地下煤火区与背景区产生相对温差。如果以一个固定阈值进行地下煤火区的提取,对长时间序列的多景不同遥感影像进行提取,是不适用的。应当考虑 LST 影像的整体统计学状况,进行地下煤火区的提取。在本书中使用 Nature Break 法结合单阈值法进行地表高温区的提取。关于需要分类的数据,则通过不断设定,取最优值。经过比较发现将整个影像分为 5 类最合适。本次研究与已掌握的火区情况比较吻合,并取第一类作为地表高温区。当提取出了地表高温区之后,就可以利用地表高温区的变化情况,来间接达到监测研究区地下煤火区的目的。

4. 结果分析

从乌达煤田的地表温度图(图 8.2)可以看出,1989 年 7 月 21 日最高温度为 38.80℃、最低温度为 7.24℃;2001 年 10 月 1 日最高温度为 34.82℃、最低温度为 11.47℃;2005 年 10 月 7 日最高温度为 33.22℃、最低温度为 15.46℃;最高温度相差最大 5.58℃,最低温度相差最大 8.22℃。三个时期遥感定量反演地表温度存在一定差异,其主要原因为遥感成像季节及时间不同、地物类型不同、气候条件不同、地下煤火燃烧情景不同、地表热辐射状况不同等等,这些因素综合起来影响遥感反演的煤火区地表温度。如果设置固定的温度阈值来提取不同时期的煤田火区,将产生比较大的差异,不能真实反应煤田火区的状况。

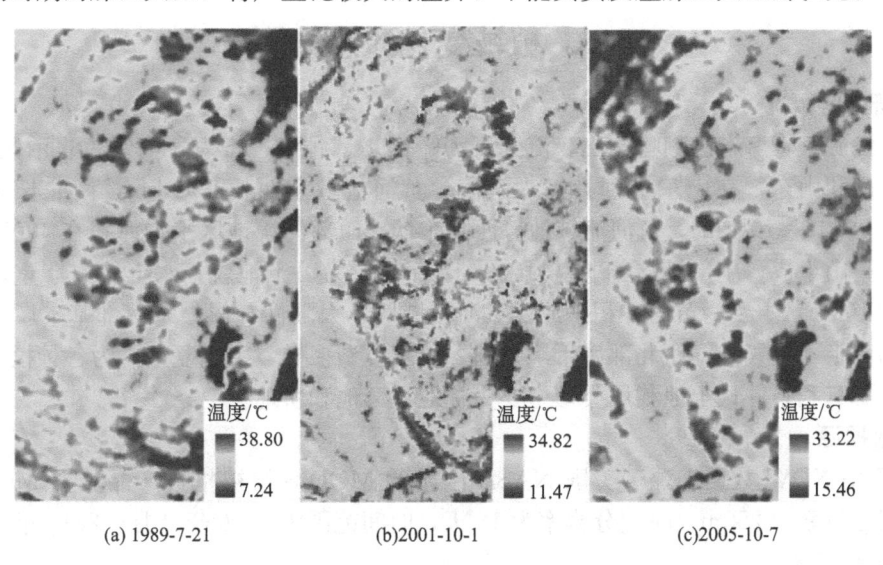

(a) 1989-7-21　　　　(b) 2001-10-1　　　　(c) 2005-10-7

图 8.2　乌达煤田火区遥感反演地表温度

对 3 景遥感影像进行地下煤火区阈值与高温异常区阈值的选取,结果表明,煤火区阈值比研究区平均温度高 2~4℃,符合实际情况。并根据研究区野外调查经验,剔除干扰区域,如图 8.3 所示。

根据乌达矿区的相关资料,2001 年地下煤火区面积为 307.6 万 m^2,而提取的煤火区面积为 340.20 万 m^2,较接近实际情况;从煤火区面积的变化速度上分析,1989 年到 2005 年,火区面积增加了 96.03 万 m^2,年平均增加 6.00 万 m^2,增长率为 2%。从 1989 年、

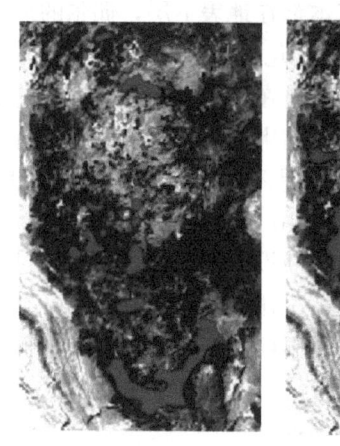
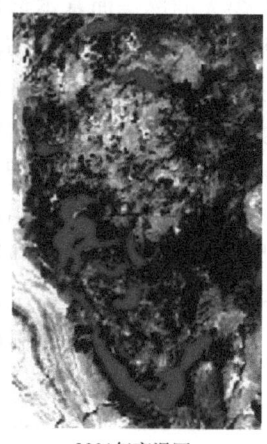
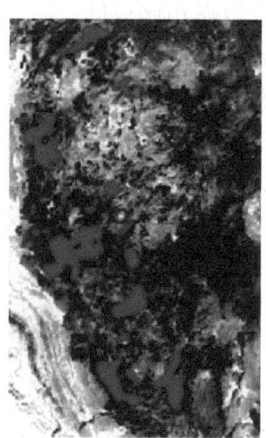

1989年高温区　　　　2001年高温区　　　　2005年高温区

图 8.3　高温区提取结果

2001 年及 2005 年的煤火区可以看出，煤火区演变的空间格局是由整体变零碎，特别是 2005 年煤火区范围，分裂成了大小 26 个面积相对不大的子火区。初步分析，由于地下煤火的燃烧，待地下煤层燃烧殆尽，煤火会向四周扩张，进而造成煤火区呈破碎状分布（蒋卫国等，2010；顾磊，2010）。

8.3　植被变化遥感监测

1. 研究区概况

黄河发源于青海省巴颜喀拉山，流经青海、四川、甘肃、宁夏、内蒙古自治区、陕西、山西、河南和山东，在山东垦利县流入渤海。黄河流域东西长 1900km，南北长 1100km，总面积为 $79.46 \times 10^4 km^2$。黄河流域地势西高东低，西部河源地区平均海拔在 4000m 以上，由一系列高山组成；中部地区海拔为 1000～2000m，为黄土地貌，水土流失严重；东部海拔不超过 100m，主要为黄河冲积平原。黄河流域属于大陆性气候，东南部基本属半湿润气候，中部属半干旱气候，西北部属干旱气候。地貌类型多样，生境复杂，为各种植被类型的发育创造了有利条件；土地利用类型主要为林地、草地和耕地。

2. 数据源

MODIS NDVI 数据来源于美国 NASA 网站的 MODIS 植被指数产品数据 MOD13Q1。数据空间分辨率为 250m，时间分辨率为 16 天，时间范围为 2000 年 2 月～2010 年 12 月。

3. 研究方法

采用变异系数研究黄河流域植被覆盖区域，即 NDVI 值≥0.1（朴世龙、方精云，2001）的像元覆盖区域的 NDVI 的空间分布和时间变化特征。变异系数在植被研究中比较常见，主要用来反映 NDVI 数据的离散程度，体现植被年际/年间的波动性（Milich，2000；Tucker et al.，2001），其计算公式为

$$CV_{NDVI} = \frac{\sigma_{NDVI}}{NDVI} \tag{8.1}$$

式中，CV_{NDVI} 表示 2000～2010 年每个像元 NDVI 值的变异系数，σ_{NDVI} 表示 NDVI 值的标准

差,$\overline{NDVI}$表示 NDVI 值的均值。CV_{NDVI}值越大,表示 NDVI 时间序列数据波动较大;反之则表明 NDVI 时间序列数据较为稳定。

4. 结果分析

1) 植被覆盖的空间分布特征

利用 2000~2010 年的年均 NDVI 数据,计算 11 年平均值得到平均 NDVI 空间分布图(图 8.4)。从图 8.4 可以看出,黄河流域 NDVI 空间分布呈现出西部和东南部高、北部低的分布特征。西部地区海拔较高,主要植被类型为森林、草地及草本湿地,具有较高的 NDVI 值;东南部地区属于半湿润气候,林地和农作物分布广泛,因此 NDVI 值也明显较高;北部地区主要为山地、鄂尔多斯高原、黄土高原、河套平原和宁夏平原,其中鄂尔多斯高原和黄土高原植被覆盖较少,因此 NDVI 值较低,而河套平原和宁夏平原有农作物种植,年均 NDVI 值为 0.3~0.4。NDVI 值小于 0.1 的无植被覆盖区域主要为流域西部的湖泊、冰川、裸岩、水库和荒漠以及流域北部的沙地和沙漠。对 11 年 NDVI 平均值的分级统计结果表明,NDVI 值小于 0.1 的无植被区域占流域总面积的 1.7%,植被覆盖区域占 98.3%;其中,0.1~0.4 的低值区占 53.3%,大于 0.4 的占 45%(其中 0.4~0.5 的区域占 19.5%,0.5~0.6 的区域占 10.5%,大于 0.6 的较高植被覆盖区占 5.0%)。

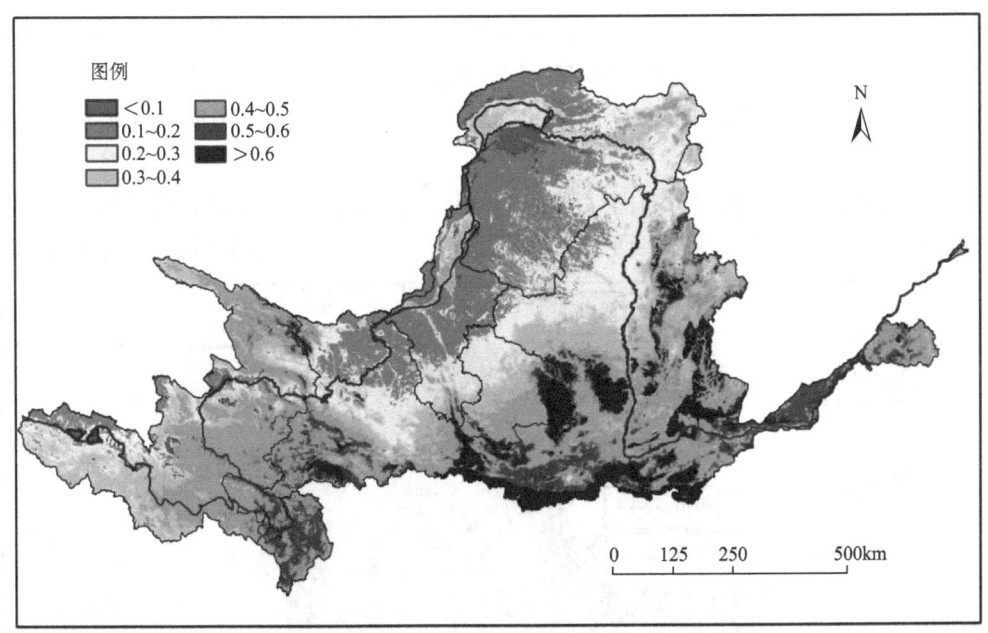

图 8.4 黄河流域 2000~2010 年平均 NDVI 空间分布(袁丽华等,2013)

2) 植被覆盖变化的时间变化特征

为了研究黄河流域 NDVI 随时间变化的特点,取年均 NDVI 影像中植被覆盖区域像元的 NDVI 平均值,代表当年植被的整体状态,分析的主要是植被覆盖区域 NDVI 的变化情况。从图 8.5 可以看出,黄河流域植被覆盖区域的年均 NDVI 值为 0.3~0.4,其中 2000~2004 年植被覆盖区域的 NDVI 波动较大,不存在明显的趋势特征;但自 2005 年以来,植被覆盖区域的 NDVI 呈现快速的增长趋势。

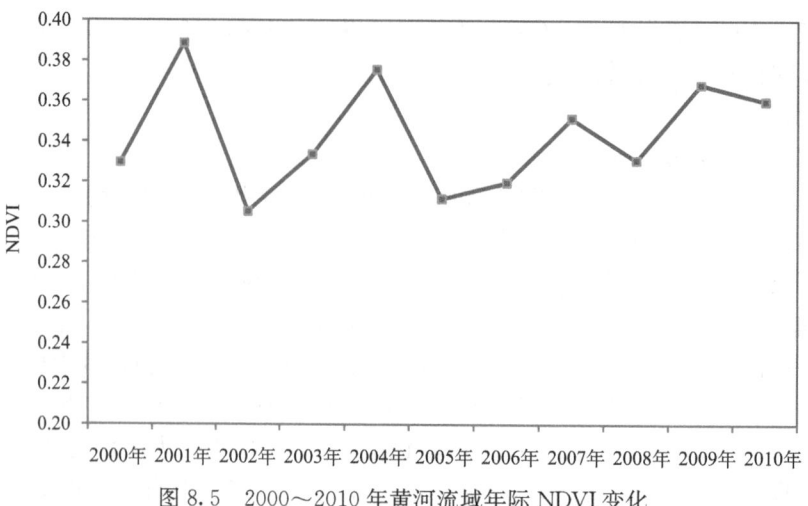

图 8.5　2000～2010 年黄河流域年际 NDVI 变化

3）植被覆盖的波动特征

根据计算结果，将 CV_{NDVI} 划分为 5 个等级：高波动（$CV_{NDVI} \geqslant 0.20$），较高波动（$0.15 \leqslant CV_{NDVI} < 0.20$），中波动（$0.10 \leqslant CV_{NDVI} < 0.15$），较低波动（$0.05 \leqslant CV_{NDVI} < 0.10$）和低波动（$CV_{NDVI} < 0.05$）。像元尺度上 NDVI 变异系数的分级统计结果表明，73.4% 的植被覆盖区域 NDVI 呈现中低波动，而高度波动的区域仅占 27.6%，因此说明黄河流域植被覆盖总体稳定性较好。

从黄河流域变异系数空间分布图（图 8.6）可以看出，高波动和较高波动地区主要分布于巴颜喀拉山、阿尼玛卿山西部、西宁、兰州、陇中黄土高原、腾格尔沙漠、宁夏中部的黄

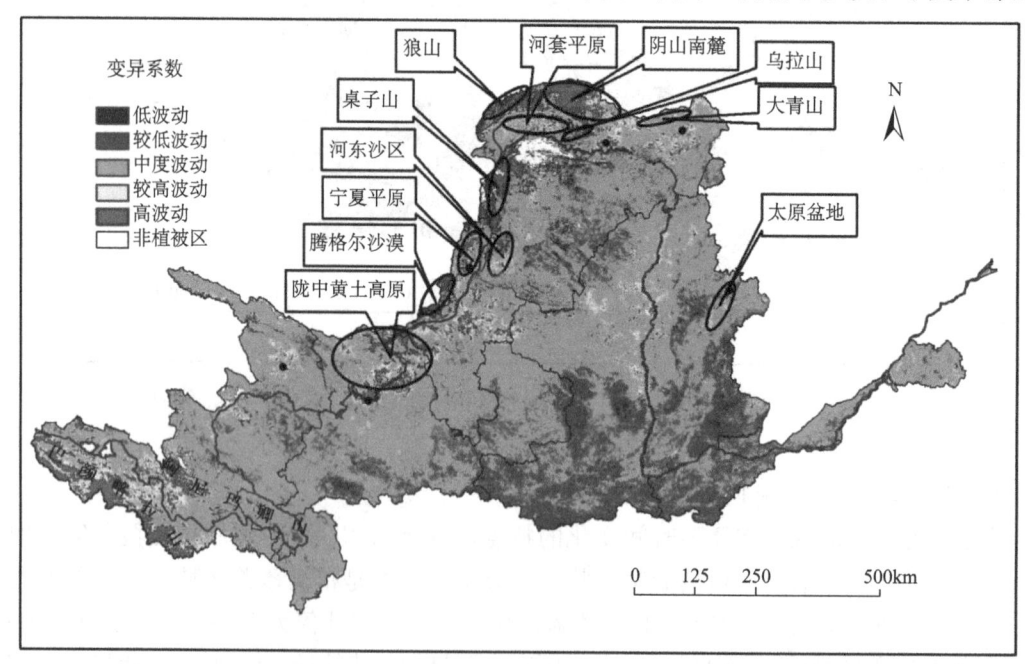

图 8.6　2000～2010 年黄河流域年均 NDVI 变异系数空间分布（袁丽华等，2013）

土高原、宁夏平原、河东沙区、桌子山、狼山、阴山南麓、河套平原、乌拉山、包头至呼和浩特、大青山地区、山西和陕西交接的黄土高原地区以及太原盆地；中度波动区域主要分布在青海中部、阿尼玛卿山东部、四川、甘肃中部，甘肃和陕西交接处，山西北部，河南东部和山东境内；较低波动地区分布在河东沙区东部的毛乌素沙地，陕西南部，山西南部和河南西部；低波动地区呈零散分布（袁丽华等，2013）。

8.4 水质遥感反演

1. 研究区概况

太湖古名震泽（或笠泽），位于长江三角洲，介于北纬 30°55′40″～31°32′58″，东经 119°52′32″～120°36′10″，是我国第三大淡水湖泊，流域总面积 36500km^2，湖体面积 2338km^2，平均水深 1.89m，多年平均水位 3.05m，蓄水量 47 亿 m^3，多年平均入湖水量 41 亿 m^3，换水周期约为 300 天，环湖出入河道共有 100 多条。气候上属于北亚热带季风气候，四季分明，热量充裕，雨量丰沛，光照充足。湖区平均气温 15.3～16℃，年平均降水量 950～1250mm，年日照时数约 2000～2200h。太湖自东向西有东太湖、胥口湾、贡湖湾、梅梁湾、竺山湾五个湖湾，分别由东山、凤凰山、军嶂山、马山隔开，目前这几个湖湾大都因为水流缓慢、水浅及盛行风向的作用而成为太湖受污染或富营养化较为严重的区域。太湖水源主要有三路：南路来自天目山区的苕溪水系，西路来自茅山、宜溧山地的南溪水系，北路来自江南运河。太湖出水口多分布于东部和北部，主要由沙墩港、胥口港、瓜泾口和太浦河等注入长江（杨一鹏，2005）。

2. 数据源

遥感数据包括 TM 数据和 2004 年 8 月 19 日的航天高光谱 Hyperion 遥感数据；地面实测数据包括：2003 年 10 月 27 日～28 日的 TM 过境水面同步实测光谱数据与水质采样数据；2004 年 8 月 19 订购的航天高光谱 Hyperion 数据及同步水质采样数据；2004 年 10 月覆盖整个太湖测量了 67 个点的水面光谱数据与水质采样数据以及固有光学特性数据（Ma et al., 2006）。

3. 研究方法

Hyperion 卫星过境时进行了水面同步取水样试验，总共采集了 42 个点，但有三个点不在 Hyperion 数据的覆盖范围之内，因此有效采样点为 39 个。经大气校正、几何精校正与水陆分离后的影像采集可见光与近红外波段的反射率光谱曲线，如图 8.7 所示。由该系列光谱曲线可以看出，在叶绿素的特征波段区域 660～710nm 存在明显的吸收谷与反射峰，因此根据光谱曲线这个先验知识，三个波段的初始位置分别设在 660nm、700nm 与 760nm 附近，因此最佳波段从 660～690nm、690～710nm 与 750～790nm 三个范围中迭代挑选。

经过迭代过程，找到了三个波长的最佳位置中心波长，分别为 681.2nm、701.55nm 与 803.3nm，对应于 Hyperion 的第 33、第 35 与第 45 波段。从有效的 39 个实测点中选择 30 个建模，9 个用于检验模型的精度，选取的方式为按实测点叶绿素 a 浓度的大小排序，等间隔挑选 9 个检验点。

4. 结果分析

将该模型运用于整幅 Hyperion 图像，得到太湖 Hyperion 覆盖区的叶绿素 a 浓度的空间分布，如图 8.8 所示。尽管 Hyperion 的波段间隔（10nm）相对 ASD 实测高光谱数据（1nm）较

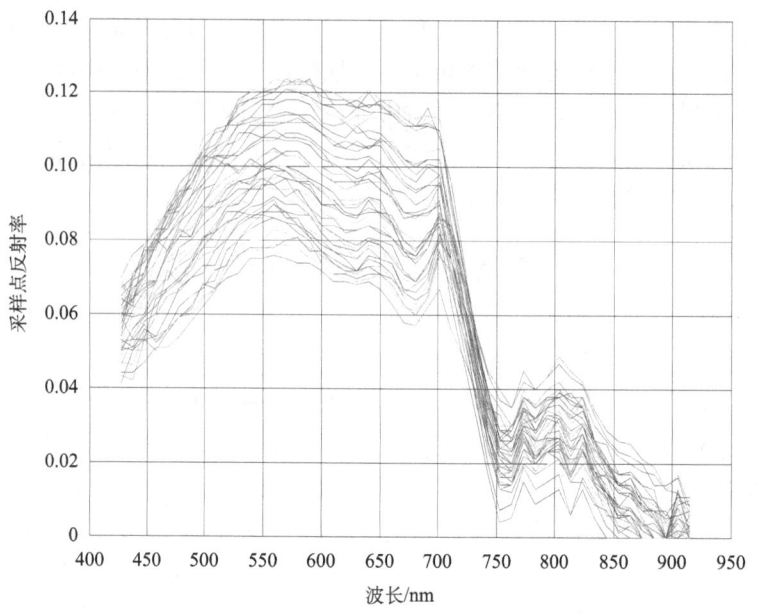

图 8.7 Hyperion 卫星同步过境水面同步试验实测采样点光谱曲线

宽,在叶绿素 a 的特征波段区间可选择的波段数少得多,但经过迭代过程,还是能找到最优的波段组合。与单纯的统计方法相比,该方法的背后是基于水体光谱的特征分析与水体各组分在特征波段贡献的全局考虑,因此,不失为内陆水体反演叶绿素 a 浓度的有效方法。

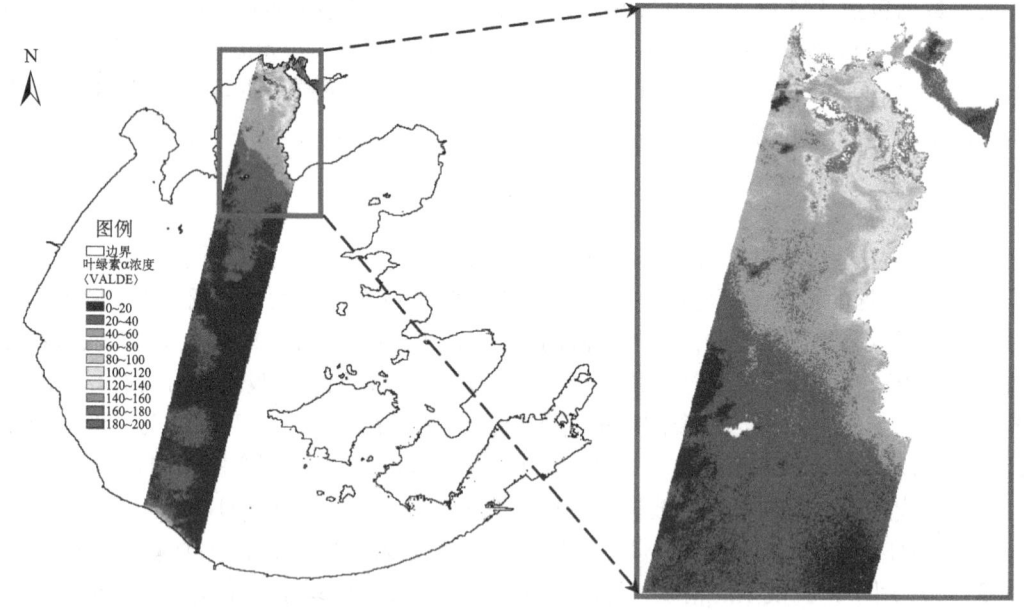

图 8.8 基于波段优化方法的 Hyperion 数据反演太湖叶绿素浓度(周冠华,2007)

8.5 海冰遥感监测

1. 研究区概况

渤海海域及其沿岸地区是我国重要的经济区之一,渤海海域业已发现丰富的油气资源,展现了渤海油气勘探开发的广阔前景。然而每年冬季渤海的冻结及海冰漂移对航运、海上油气勘探和生产等具有不同程度的影响。1969 年渤海特大冰封以来,我国开始了初步的海上冰情调查和观测,海冰业务监测和预报也引起人们重视。环渤海经济蓬勃发展对渤海冰情定量化和客观化的高精度监测和预报提出了迫切的要求。

2. 数据源

所用数据源为 HY-1A、HY-1B 级数据,首先对 1B 数据进行投影,在投影过程中主要进行定位、太阳高度角订正和滤波处理,在可见光和近红外通道(包括 COCTS 1~8 通道和 CCD 1~4 通道)生成指定区域的反照率,在热红外通道(COCTS 9、COCTS 10 通道)生成亮度温度。

3. 研究方法

1) 冰密集度反演

对于经过冰水判别后识别为冰的区域(实际上包括冰水混合区域),对其进行冰密集度反演。冰密集度是指一定区域内海冰覆盖面积和整个区域面积的比值,是海冰的一项重要指标。卫星图像的分辨率是有限的,COCTS 卫星图像上每一个像元代表着地面上 $1.1km \times 1.1km$ 区域,CCD 一个像元对应 $250m \times 250m$ 区域。而在冰区,这样的一个区域可能是冰水混合的。因此,每一个像元的反照率或者亮温,有可能是冰水反照率或者亮温综合的结果。

2) 冰厚反演

对经过冰水识别判别为冰的像元进行冰厚反演,利用可见光和近红外通道反演冰厚,目前仍然是一个难题,实际上存在着很大异议,甚至其合适性也受到质疑。通常来讲,在没有雪覆盖的裸冰区域,厚冰反照率高,薄冰反照率低。但是,反照率和冰厚并不存在着一个不变的对应关系,它还和冰的类型密切相关。采用分段线性的方法计算冰厚,通过多次试验得到几个冰厚值所对应的反照率,然后分段以线性内插的方法得到所有反照率和冰厚的对应关系。

4. 结果分析

由 COCTS 数据反演生成的冰密集度和冰厚数值产品,用伪彩色图表示(图 8.9)。从图 8.8 可见,在中国海冰主要发生区域为辽东湾,海冰反演结果较好,质量比较稳定。"HY-1A"卫星 COCTS 通道对海冰性质有较好的反映,对不同密集度和厚度的冰有较好的区分,能够用于提供渤海海冰监测质量较高的海冰图像和预报模式的初始场,以及检验海冰预报结果。CCD 图像清晰,层次感强,对细微结构如冰的堆积、分裂等均有较好的反映。由 CCD 数据反演结果生成的冰密集度和冰厚数值产品,用伪彩色图显示结果,如图 8.10 所示(罗亚威等,2005)。

8.6 土地利用遥感分类

1. 研究区概况

密云县位于北京市东北部、燕山山脉南麓、华北大平原北缘,是平原与山区交接地带。

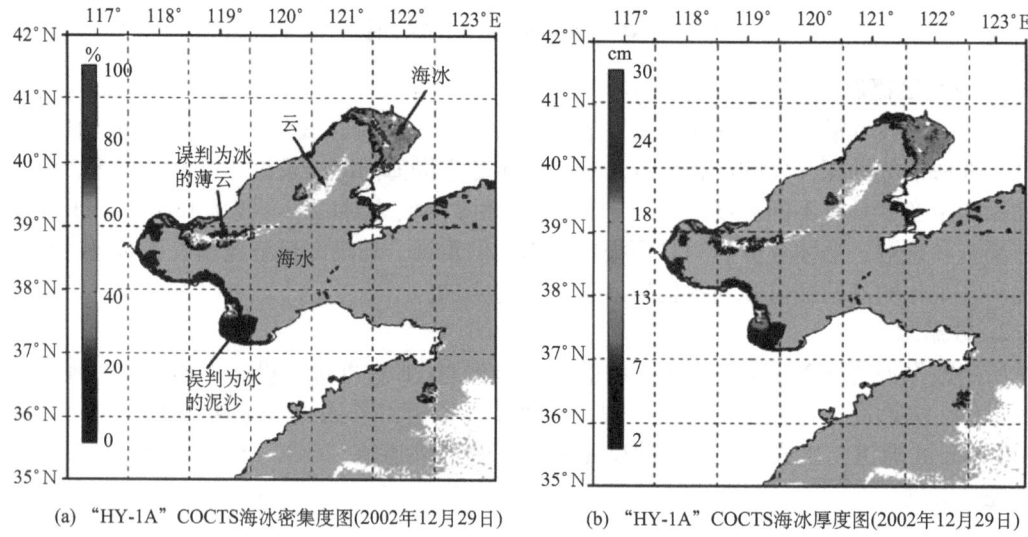

图 8.9　2002年12月29日COCTS反演海冰密集度（a）和海冰厚度（b）分布（罗亚威等，2005）

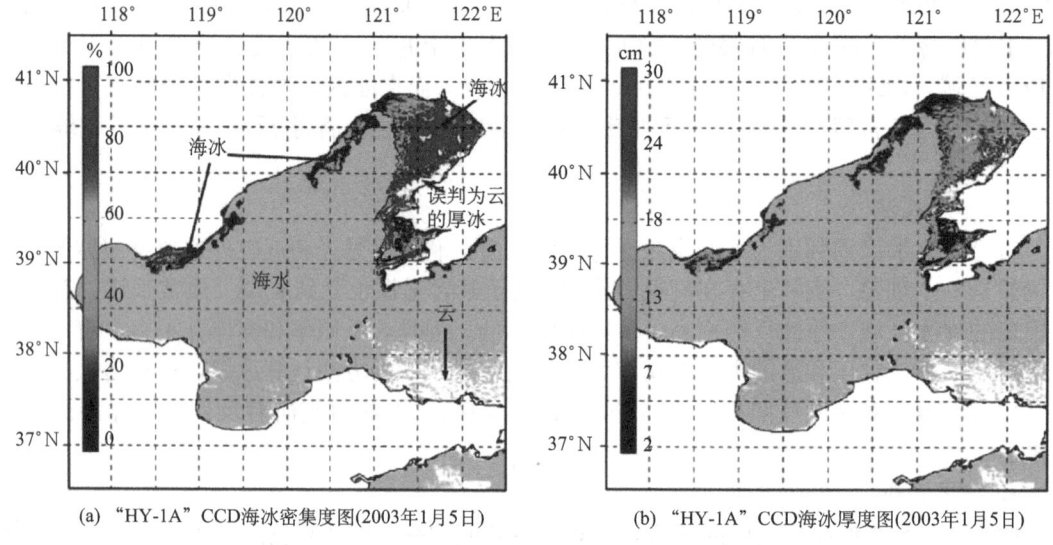

图 8.10　2003年1月5日CCD数据反演海冰密集度（a）和海冰厚度（b）分布（罗亚威等，2005）

西起东经116°39′33″，东至东经117°30′25″，东西长69km；南起北纬40°13′7″，北至北纬40°47′57″，南北宽约64km。东部、北部分别与河北兴隆、承德、滦平三县（市）接壤，西部与怀柔为邻，南部与平谷、顺义相连。地势西北高东南低，河流与山脉的走向一致。密云县境内东、西、北三面群山连绵，中部低缓，西南开阔，地势自北向西南倾斜，呈簸箕形。华北第一大水库密云水库位于县境中部，控制潮河、白河，总库容43.8亿 m^3，最大水面面积188km^2，占全县土地面积近10%。土地利用类型分布格局存在差异，林地、水体呈片状分布，耕地、草地、居民用地和未利用地相互嵌套分布。

2. 数据源

本书所使用的数据为 1988 年、1992 年、1996 年、2000 年、2004 年五个年份的 Landsat/TM 遥感图像和 2008 年密云县的 CBERS-02B 图像，北京市区界矢量图，以及其他文字资料。

3. 研究方法

遥感图像的解译是土地利用/覆盖信息获取的重要方法。本书利用综合分类法提取土地利用/覆盖信息，首先对图像进行主成分分析，然后采用非监督分类、监督分类与目视解译相结合的方法对遥感图像进行解译。遥感影像预处理过程是分析、判读、理解和识别前的处理过程，包括图像的辐射校正、噪声的剔除、图像镶嵌、几何校正、图像的配准、多元遥感数据的融合等过程，其目的是为了获得高精度、所需信息突出的影像有利于土地利用/覆盖变化信息的提取。对 TM 和 CBERS-02B 影像进行几何纠正，遥感影像选取 5、4、3（红、绿、蓝）波段组合方案，以 2004 年的 Landsat/TM 影像为参考影像，对其他五期影像进行几何纠正，采用二次多项式纠正，选取的控制点数为 8 个，检查点为 2 个。将图像进行投影转换，统一转换为 UTM 投影（Universal Transverse Mercator Projection，通用横轴墨卡托投影）；然后在区界矢量图中提取研究区，利用该研究区的矢量边界图对 6 个年份的遥感图像分别进行切割，提取出研究区范围。利用 ISODATA 算法和 MLH 分类法相结合的方法提取研究区土地利用/覆盖信息，然后结合目视解译进行修改，得到各年份图像的分类结果，如图 8.11 所示（国巧真等，2010）。

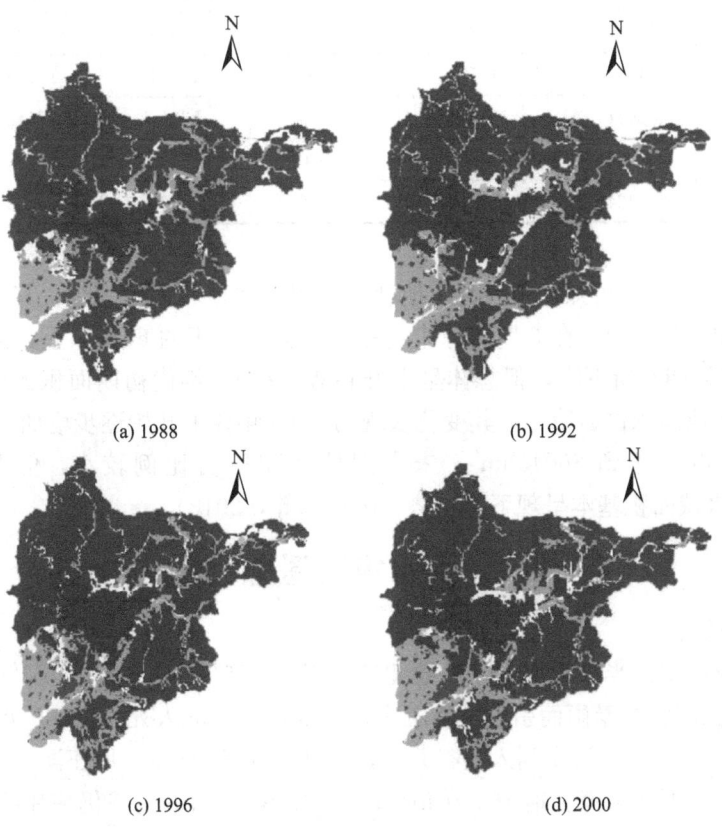

图 8.11　1988~2008 年土地利用/覆盖分类图（国巧真等，2010）

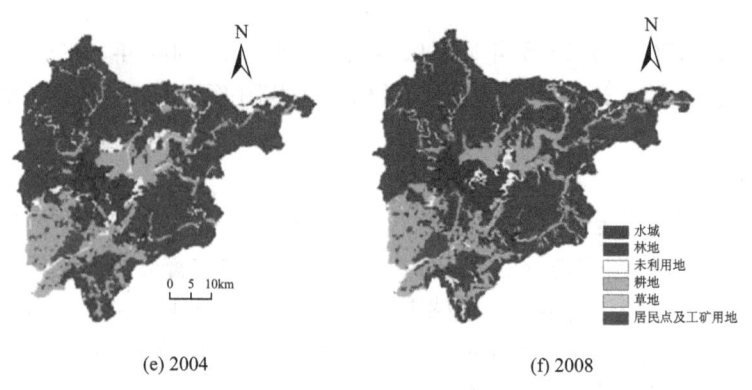

(e) 2004　　　　　　　　　　(f) 2008

图 8.11（续）

4. 结果分析

分别对各分类图像矢量化。通过对 6 个时相的分类结果进行统计分析，得到密云县土地利用/覆盖的情况（表 8.1）。

表 8.1　1988～2008 年土地利用/覆盖类型　　　　　　　　（单位：hm²）

土地利用/覆盖类型	1988 年	1992 年	1996 年	2000 年	2004 年	2008 年
水域	12624	15881	16159	12816	6344	8729
林地	156774	151277	152149	154458	158928	159032
未利用地	16844	16501	14600	14154	12943	9655
耕地	30610	31541	32225	33017	35642	36045
草地	621	605	580	474	330	309
居民点及工矿用地	4246	5914	6006	6800	7532	7949

由图 8.10 和表 8.1 可知，密云县土地利用类型以林地和耕地为主，其他土地利用类型比例较小。其中，林地面积在 6 期图像中均占密云县总面积的 60% 以上，虽然林地面积在 20 世纪 90 年代初期有所下降，但总体呈上升趋势，在 90 年代初期面积比例降至最低，随后逐步增加。耕地面积位居第二，其变化表现为从 80 年代末开始逐步增加，到 2008 年，由 1988 年的 30610hm² 达到 36045hm²。未利用地面积所占比例较小，但开发速率较快。1988～2008 年水域面积基本呈现下降趋势（国巧真等，2010）。

8.7　洪水灾害遥感监测

1. 研究区概况

泰国位于亚洲中南半岛中南部，地处北纬 5°37′～20°27′和东经 97°22′～105°37′之间。2011 年 7 月泰国因连续暴雨而引发洪涝灾害，至少造成 366 人死亡，200 万人受洪涝影响。10 月底，水灾灾情恶化，洪涝涌入曼谷北部；11 月，首都曼谷一片汪洋，截至 11 月 6 日，受灾人数超过 210 万，被淹土地 160 万 hm²；12 月份，灾后的曼谷仍一片狼藉，截至 12 月 14 日，泰国洪涝灾害受影响人数达到 492 万多人，死亡 708 人。

2. 数据源

所用到的 MODIS 数据来源于 NASA 的陆地过程分布式数据档案中心,分别是 8 天合成的 500m 分辨率的反射率产品数据和年度的 MODIS 土地覆盖类型产品数据,数据存储格式为 HDF-EOS 格式。

3. 研究方法

为了选择最优的方法,利用 2011 年 11 月 2 日~9 日的 MODIS 反射率产品计算多种指数(包括 NDWI 指数、MNDWI 指数、SPWI 指数、WI_1 指数、WI_2 指数),设定阈值,提取出水域。将水域与遥感影像进行叠合分析,确定提取效果最优的方法,综合泰国全境和局部的分析,MNDWI 的提取的结果最好,可以使用该指数用于泰国洪涝受灾区域的提取中。利用该方法提取出泰国 2011 年 11 月 2 日~9 日洪涝受灾区域,并结合土地覆盖类型进行受灾区域分析。

4. 结果分析

利用 MNDWI 指数法提取泰国 2010 年和 2011 年同一时期的水体,两者相减,设定为 2011 年 11 月 2 日~9 日的洪涝受灾区域,提取结果如图 8.12 所示。

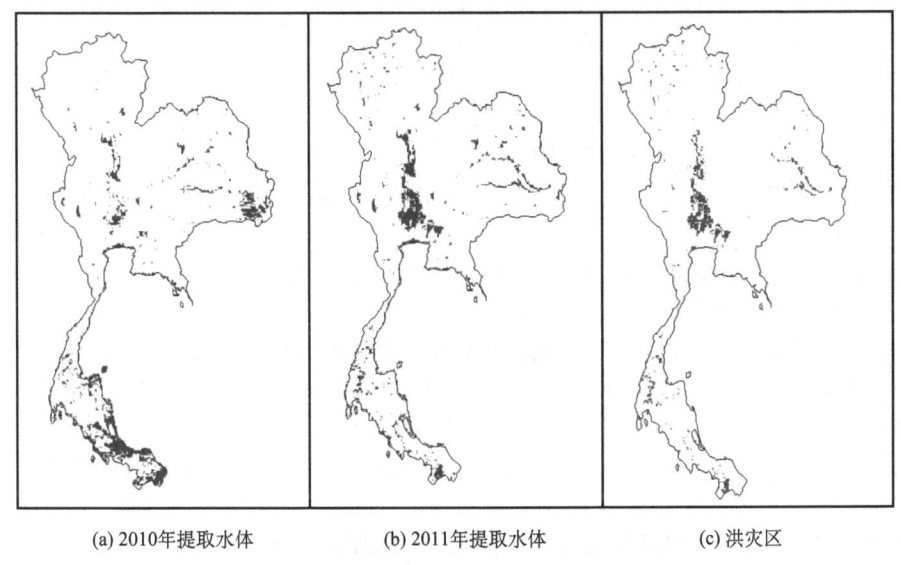

(a) 2010 年提取水体　　(b) 2011 年提取水体　　(c) 洪灾区

图 8.12　泰国洪涝受灾区(孔凡明等,2013)

利用此方法提取出的 2011 年泰国洪涝受灾面积为 144.23 万 hm^2。根据官方媒体报道,11 月 2 日~9 日的泰国洪涝受灾面积为 160 万 hm^2。由此可以看出,基于改进的归一化水体指数(MNDWI)数据提取出的洪灾面积较为接近实际数据(孔凡明等,2013)。

复习思考题

1. 简述我国地表温度遥感应用现状与趋势。
2. 简述我国土地利用遥感应用现状与趋势。

主要参考文献

安培浚,高峰,曲建升. 2007. 对地观测系统未来发展趋势及其技术需求. 遥感技术与应用, 22 (6): 762~767

白照广. 2009. 中国的环境与灾害监测预报小卫星星座 A/B 星. 中国航天, (5): 10~15

常庆瑞,蒋平安,周勇,等. 2004. 遥感技术导论. 北京: 科学出版社

程英蕾. 2006. 多源遥感图像融合方法研究. 西安: 西北工业大学博士学位论文

党安荣. 2003. ERDAS IMAGINE 遥感图像处理方法. 北京: 清华大学出版社

杜培军,陈云浩,王行风,等. 2007. 遥感科学与进展. 徐州: 中国矿业大学出版社

段洪涛,张柏,宋开山,等. 2006. 查干湖透明度高光谱估测模型研究. 干旱区资源与环境, 20 (1): 156~160

耿修瑞. 2005. 高光谱遥感图像目标探测与分类技术研究. 北京: 中国科学院研究生院博士学位论文

顾磊. 2010. 地下煤火区地表温度遥感定量反演及动态监测研究. 北京: 首都师范大学硕士学位论文

郭朝辉,亓雪勇,龚亚丽. 2010. 环境减灾卫星影像森林火灾监测技术方法研究. 遥感应用, (4): 85~86

郭庆,王振永,顾学迈. 2010. 卫星通信系统. 北京: 电子工业出版社

国巧真,马亚峰,武永峰. 2010. 近 20 年密云县土地利用变化的时空特征研究. 安徽农业科学, 38 (16): 8600~8602

韩秀梅,张建民. 2006. 农业遥感技术应用现状. 农业与技术, 26 (6): 32~35

何执兼,邓孺孺,王兴玲,等. 1999. 应用水色卫星对海水油及 COD 的遥感探测. 中山大学学报 (自然科学版), 38 (3): 81~84

宏观,张文建. 2008. 我国气象卫星及应用发展与展望. 气象, 9: 3~10

蒋尚城. 2006. 应用卫星气象学. 北京: 北京大学出版社

蒋卫国. 2003. 基于 RS 和 GIS 的湿地生态系统健康评价. 南京: 南京师范大学硕士学位论文

蒋卫国,武建军,顾磊,等. 2010. 基于遥感技术的乌达煤田火区变化监测. 煤炭学报, 35 (6): 964~968

蒋岳新,闫厚. 2003. EOS-MODIS 数据在林业上的应用前景展望. 林业资源管理, 1: 62~66

孔凡明,蒋卫国,李京,等. 2013. 基于 MODIS 的 2011 年泰国洪涝受灾信息提取与分析. 灾害学, 28 (2): 95~99

李登科,张树誉. 2003. EOS/MODIS 遥感数据与应用前景. 陕西气象, 2: 37~40

李加林,曹罗丹,浦瑞良. 2014. 洪涝灾害遥感监测评估研究综述. 水利学报, 45 (3): 253~254

李景刚,李纪人,阮宏勋,等. 2010. Jason-2 卫星测高数据在陆地水域水位变化监测中的应用——以南洞庭湖为例. 自然资源学报, 25 (3): 502~510

李素菊,王学军. 2010. 内陆水体水质参数光谱特征与定量遥感. 地理学与国土研究, 18 (2): 26~30

李小文,高峰,王锦地,等. 1997. 遥感反演中参数的不确定性与敏感性矩阵. 遥感学报, 1 (1): 1~14

李小文,刘素红,唐军武,等. 2008. 遥感原理与应用. 北京: 科学出版社

李小文,王锦地,朱重光. 1995. 遥感模型的定量反演研究. 见: 遥感科学新进展. 北京: 科学出版社

李小文,汪骏发,王锦地. 2001. 多角度与热红外对地遥感. 北京: 科学出版社

李颖,何莹,兰国新. 2011. 基于经验线性法的 Hyperion 影像大气校正. 大连海事大学学报, 37 (2): 117~119, 123

李英华,张建国. 2012. 陆地观测卫星地面系统发展的划时代里程碑陆地观测卫星数据三亚接收站建成并运行. 中国空间科学学会空间探测专业委员会. 第二十五届全国空间探测学术研讨会摘要集. 海拉尔

李杏朝, 张浩平. 2014. 国产民用陆地观测卫星发展及服务模式. 卫星应用, (6): 12~14

梁家琳. 2001. 国内外遥感卫星发展动态. 测绘技术装备, 3 (2): 3~5, 15

刘良明. 2005. 卫星海洋遥感导论. 武汉: 武汉大学出版社

刘珂, 任红玲, 王杰, 等. 2009. 吉林省西部草地退化遥感监测分析. 吉林气象, (3): 30~32

刘顺喜, 王忠武, 尤淑撑. 2013. 中国民用陆地资源卫星在土地资源调查监测中的应用现状与发展建议. 中国土地科学, 27 (4): 91~96

刘玉洁, 杨忠东, 罗东风. 2001. MODIS遥感信息处理原理与算法. 北京: 科学出版社

楼琇林, 黄韦艮. 2003. 基于人工神经网络的赤潮卫星遥感方法研究. 遥感学报, 7 (2): 125~131

卢崇顶. 2001. 国外遥感卫星发展简介. 上海地质, (3): 28~35

栾庆祖, 刘慧平, 肖志强. 2007. 遥感影像的正射校正方法比较. 遥感技术与应用, 22 (6): 743~747

罗亚威, 张蕴斐, 孙从容, 等. 2005. "海洋一号"卫星在海冰监测和预报中的应用. 海洋学报, 27 (1): 7~18

骆剑承, 周成虎, 梁怡, 等. 2002. 支撑向量机及其遥感影像空间特征提取和分类的应用研究. 遥感学报, 6 (1): 50~55

骆剑承, 周成虎, 杨艳. 2001. 人工神经网络遥感影像分类模型及其与知识集成方法研究. 遥感学报, 5 (2): 122~129

马广彬, 章文毅, 陈甫. 2007. 图像几何畸变精校正研究. 计算机工程与应用, 43 (9): 45~48

马金峰, 詹海刚, 陈楚群, 等. 2008. 赤潮卫星遥感监测与应用研究进展. 遥感技术与应用, 23 (5): 604~610

毛志华, 朱乾坤, 龚芳. 2005. 卫星遥感北太平洋渔场叶绿素a浓度. 水产学报, 29 (2): 270~274

梅安新, 彭望琭, 秦其明, 等. 2001. 遥感导论. 北京: 高等教育出版社

孟执中, 李卿. 2003. 气象卫星的发展. 上海航天, 2: 1~6

聂倩, 叶晓婷. 2012. 基于对象和特征组合的高分辨率遥感影像分类研究. 城市勘测, (1): 45~47

庞振平. 2008. 遥感影像融合技术理论与方法研究. 长春: 吉林大学硕士学位论文

彭望琭, 白振平, 刘湘南, 等. 2002. 遥感概论. 北京: 高等教育出版社

朴世龙, 方精云. 2001. 最近18年来中国植被覆盖的动态变化. 第四纪研究, 21: 294~302

亓雪勇, 田庆久. 2005. 光学遥感大气校正研究进展. 国土资源遥感, 4 (1): 1~6

钱乐祥, 李爽. 2004. 遥感数字影像处理与地理特征提取. 北京: 科学出版社

阮建武, 邢立新. 2004. 遥感数字图像的大气辐射校正应用研究. 遥感技术与应用, 19 (3): 206~208

沙晋明, 张安定, 王金亮, 等. 2012. 遥感原理与应用. 北京: 科学出版社

石汉青, 王毅. 2009. 海洋卫星研究进展. 遥感技术与应用, 24 (3): 274~283

史培军, 范一大, 哈斯, 等. 2002. 利用AVHRR和MODIS数据测算海冰资源量. 自然资源学报, 17 (2): 138~143

宋开山, 张柏, 王宗明, 等. 2006. 半干旱区内陆湖泊透明度高光谱估测模型研究——以松嫩平原查干湖为例. 水科学进展, 17 (6): 790~796

孙家抦, 舒宁, 关泽群. 1997. 遥感原理、方法和应用. 北京: 测绘出版社

汤国安. 2004. 遥感数字图像处理. 北京: 科学出版社

唐军武, 田国良, 汪小勇, 等. 2004. 水体光谱测量与分析Ⅰ: 水面以上测量法. 遥感学报, 8 (1): 37~44

陶和平, 刘斌涛, 刘淑珍, 等. 2008. 遥感在重大自然灾害监测中的应用前景——以5·12汶川地震为例. 山地学报, 26 (3): 276~277

田国良, 柳钦火, 陈良富, 等. 2006. 热红外遥感. 北京: 电子工业出版社

童庆禧, 张兵, 郑兰芬. 2006. 高光谱遥感——原理、技术与应用. 北京: 高等教育出版社

汪春霆, 张骏祥, 潘申富, 等. 2012. 卫星通信系统. 北京: 国防工业出版社

汪勤模. 1988. 国外气象卫星发展及其趋势. 中国空间科学技术, 4: 49~55

王秉钧, 王少勇. 2004. 卫星通信系统. 北京: 机械工业出版社

王建, 潘竞虎, 王丽红. 2002. 基于遥感卫星图像的 ATCOR2 快速大气较正模型及应用. 遥感技术与应用, (8): 193~197

王景泉. 2001. 21 世纪初对地观测卫星的发展和创新模式. 中国航天, (6): 11~13

王婧. 2013. 面向对象的林业遥感信息提取方法研究. 北京: 北京林业大学硕士学位论文

王明海, 张海波, 刘伟. 2010. 基于决策树理论的高光谱影像目标提取技术研究. 海洋测绘, 30 (1): 14~17

王沛, 谭跃进. 2008. 卫星对地观测任务规划问题简明综述. 计算机应用研究, 25 (10): 2893~2894

王文杰, 蒋卫国, 王维, 等. 2010. 环境遥感监测与应用. 北京: 中国环境科学出版社

王文宇, 邵全琴, 薛允传, 等. 2003. 西北太平洋柔鱼资源与海洋环境的 GIS 空间分析. 地球信息科学, (1): 39~44

王晓海. 2006. 气象卫星应用现状及其发展趋势. 卫星应用, 9: 26~29

王晓梅. 2004. 现代遥感卫星应用及商业化发展. 中国航天, (2): 17~20

王永刚, 刘玉文. 2003. 军事卫星及应用概论. 北京: 国防工业出版社

韦小琴. 2008. 北京地面站卫星遥感资料信息管理系统. 海洋预报, 2: 74~79

吴北婴. 1998. 大气辐射传输实用算法. 北京: 气象出版社

吴炳方. 2001. 全国农情监测与估产的运行化遥感方法. 地理学报, 55 (1): 25~35

武佳丽, 余涛, 顾行发, 等. 2008. 中国资源卫星现状与应用趋势概述. 遥感信息, (6): 96~101

夏双, 阮仁宗, 周义, 等. 2013. 基于 FY-2C 卫星数据的藏北高原降水估算研究. 长江流域资源与环境, 22 (6): 786~792

谢文君, 陈君. 2001. 海洋遥感的应用与展望. 海洋地质与第四纪地质, 21 (3): 123~128

徐福祥. 1997. 风云一号 B 卫星姿态控制系统. 中国空间科学技术, (3): 4~11, 74

徐建平. 2000. 国内外气象卫星发展. 空间科学学报, 20 (增刊): 104~115

徐凌, 杨武年, 濮国梁. 2004. 利用 DEM 进行多山地区星载 SAR 影像的正射校正. 物探化探计算技术, 26 (2): 145~148

徐庆玲. 2008. TM 影像地形辐射校正的应用研究. 南京: 南京林业大学硕士学位论文

徐文. 2012. 世界陆地观测卫星发展现状及趋势. 国防科技工业, (8): 29~31

徐向阳. 2006. 水灾害. 北京: 中国水利水电出版社

严泰来, 王朋新, 万雪梅, 等. 2008. 遥感技术与农业应用. 北京: 中国农业大学出版社

阎广建, 吴均, 王锦地, 等. 2002. 光谱先验知识在植被结构遥感反演中的应用. 遥感学报, 6 (1): 1~6

晏植. 2008. 多源遥感图像融合技术研究. 武汉: 武汉理工大学硕士学位论文

阳春. 1995. 全球气象卫星概况. 国外空间动态, 3: 14~16

杨俊基, 俞联平, 李昀, 等. 2009. 3S 技术与地面调查相结合的凉州区草地资源现状及生产力评价. 草原与饲料, 30 (2): 46~49

杨猛. 2007. 多源遥感图像融合关键技术研究. 长沙: 国防科学技术大学硕士学位论文

杨胜天, 刘昌明, 杨志峰, 等. 2002. 南水北调西线调水工程区的自然生态环境评价. 地理学报, 57 (1): 11~18

杨晓明, 周应祺, 陈新军, 等. 2006. 基于海洋遥感的西北印度洋鸢乌贼渔场形成机制的初步分析. 水产学报, 30 (5): 669~675

杨一鹏. 2005. 内陆水体叶绿素 a 浓度定了遥感反演研究. 南京: 南京师范大学博士学位论文

尹占娥, 张安定, 林文鹏, 等. 2008. 现代遥感导论. 北京: 科学出版社

应顺东, 金晓俊. 2001. 卫星遥感技术在湿地资源调查研究中的应用. 浙江林业科技, 21 (3): 83~88

俞德育. 2005. 卫星地面接收站的站址选择和日常维护. 有线电视技术, 3: 47~48

袁丽华, 蒋卫国, 申文明, 等. 2013. 2000~2010年黄河流域植被覆盖的时空变化. 生态学报, 33 (24): 7798~7806

曾德贤, 李睿. 2010. 世界各国航天发射场现状与发展前景. 军民两用技术与产品, 2: 42~44

曾银东. 2006. SeaWiFS遥感数据应用于福建近海赤潮监测的适用性初步评估. 福建水产, 3: 12~16

张更新. 2009. 现代小卫星及其应用. 北京: 人民邮电出版社

张俊娜. 2009. 浅析遥感技术在地震灾害监测中的应用——以5·12汶川地震为例. 科技信息, (8): 78~79

张继权, 李宁. 2007. 主要气象灾害风险评价与管理的数量化方法及其应用. 北京: 北京师范大学出版社

张继贤, 邓喀中, 程春泉等. 2010. 月球遥感影像高精度定位研究. 遥感学报, 14 (3): 430~436

张建国. 2010. 陆地观测卫星地面系统喀什站的建设. 中国航天, 6: 12~16

张丽, 张东旭. 2009. "3S"技术在现代数字农业中的应用. 河北农业科学, 13 (10): 149~151

张乃通, 张中兆, 李英涛, 等. 2000. 卫星移动通信系统. 北京: 电子工业出版社

张祥根. 2009. 气象卫星在天气预报中的作用. 生命与灾害, 10: 26~27

张永宁, 丁倩, 李栖筠. 1999. 海上溢油污染遥感监测的研究. 大连海事大学学报, 25 (3): 1~5

张勇, 余涛, 顾行发, 等. 2006. CBERS-02 IRMSS热红外数据地表温度反演及其在城市热岛效应定量化分析中的应用. 遥感学报, 10 (5): 789~797

章仁为. 1998. 卫星轨道姿态动力学与控制. 北京: 北京航空航天大学出版社

赵春霞, 钱乐祥. 2004. 遥感影像监督分类与非监督分类的比较. 河南大学学报 (自然科学版), 34 (3): 90~93

赵冬至. 2003. AVHRR遥感数据在海表赤潮细胞数探测中的应用. 海洋环境科学, 22 (1): 10~19

赵英时, 陈冬梅, 杨立明, 等. 2003. 遥感应用分析原理与方法. 北京: 科学出版社

郑伟, 曾志远. 2004. 遥感图像大气校正方法综述. 遥感信息, (4): 66~70

钟陪武. 2002. 海洋地形卫星及其应用. 国际太空, 7: 18~20

周成虎, 骆剑承等. 2009. 高分辨率卫星遥感影像地学计算. 北京: 科学出版社

周冠华. 2007. 内陆水体光学特性模拟与水质遥感反演. 北京: 中国科学院研究生院博士学位论文

周冠华, 刘志刚, 柳钦火, 等. 2008. 水色遥感中偏振信息的研究进展. 遥感学报, 12 (2): 322~330

周纪, 李京, 张立新. 2009. 针对MODIS数据的地表温度反演算法检验——以黑河流域上游为例. 冰川冻土, 31 (2): 239~246

朱怀松, 刘晓锰, 裴欢, 等. 2007. 热红外遥感反演地表温度研究现状. 干旱气象, 20 (2): 17~21

朱立东, 吴延勇, 卓永宁. 2009. 卫星通信导论. 北京: 电子工业出版社

Albert A, Mobley C D. 2005. An analytical model from subsurface irradiance and remote sensing reflectance in deep and shallow case-waters. Optics Express, 11 (22): 2873~2879

Gauldie R W, Sharma S K, Helsley C E. 1996. Lidar Application to Fisheries Monitoring Problem. Canadian Journal of Fisheries and Aquatic Sciences, 53: 1459~1468

Huete A R. 1988. A soil-adjusted vegetation index (SAVI). Remote Sensing Environment, 25: 295~309

Jackson R D. 1983. Spectral indices in n-space. Remote Sensing of Environment, 13: 409~42

Jimenez-Munoz J C, Sobrino J A. 2003. A Generalized Single-Channel Method for Retrieving Land Surface Temperature from Remote Sensing Data. Journal of Geophysical Research, 108: 1523~1530

Kaufman Y J. 1992. Atmospherically resistant vegetation index (ARVI) for EOS-MODIS. IEEE Transactions on Geoscience and Remote Sensing, 30 (2): 261~270

Lillesand T M, Kiefer R W, Chipman J W. 1994. Remote Sensing and Image Interpretation (3rd Ed). Chichester: John Wiley & Sons, Inc

Ma R, Tang J, Dai J. 2006. Bio-optical model with optimal parameter suitable for Taihu Lake in water colour remote sensing. International Journal of Remote Sensing, 27 (19): 4305~4328

Milich L. 2000. GAC NDVI inter annual coefficient of variation (CoV) images: ground truth sampling of the Sahel along north-south transects. International Journal of Remote Sensing, 21 (2): 235~260

Norman J, Becher F. 1995. Terminology in thermal infrared remote sensing of natural surface. Agriculture and Forest Meteorology, 77: 153~176

Pearson R L, Miller L D. 1972. Remote mapping of standing crop biomass for estimation of the productivity of the short-grass Prairie, Pawnee National Grasslands, Colorado. In: Proc. of the 8th International Symposium on Remote Sensing of Environment, ERIM, Ann Arbor, MI, 1357~1381

Polovina J J, Kleiber P, Kobayashid R. 1999. Application of TOPEX-POSEIDON Satellite Altimetry to Simulate Transport Dynamics of Larvae of Spiny Lobster, Panulirus Marginatus, in the North Western Hawaiian Islands, 1993~1996. Fish Bull, 97: 132~143

Price J C. 1984. Land Surface Temperature Measurements from the Split Window Channels of the NOAA-7 AVHRR. Journal of Geophysical Research, 89: 7231~7237

Purevdorj T S, Tateishi R, Ishiyama T, et al. 1998. Relationships between Percent Vegetation Cover and Vegetation Indices. International Journal of Remote Sensing, 19 (18): 3519~3535

Rao P K. 1994. Weather Satellites: Systems, Data and Environment Applications. Beijing: China Meteorological Press

Richardson A J, Wiegand C L. 1977. Distinguishing vegetation from soil background information. Photogrammetric Engineering and Remote Sensing, 43: 1541~1552

Ruddick K G, Gons H J, Rijkeboer M, et al. 2001. Optical Remote Sensing of Chlorophyll a in Case 2 Waters by Use of an Adaptive Two-band Algorithm with Optical Error Properties. Applied Optics, 40: 3575~3585

Tucker C J, Newcomb W W, Los S O, Prince S D. Mean and inter-year variation of growing-season normalized difference vegetation index for the Sahel 1981~1989. International Journal of Remote Sensing, 2001, 12 (6): 1133~1135

Vapnik V. 1995. The Nature of Statistical Learning Theory. New York: Spring Verlag

Vapnik V, Golowich S, Smola A. 1997. Support vector method for function approximation, regression estimation, and signal processing. In: Mozer M, Jordan M, Petsche T (eds). Neural Information Processing Systems. Cambridge: MIT Press, 9

Zhang T L. 2003. Retrieval of Oceanic Constituents with Artificial Neural Network Based on Radiative Transfer Simulation Techniques, zur Erlangung des akademischen Grades des Doktors der Naturwissenschaften am Fachbereich Geowissenschaften der Freien Universität Berlin. PhD. Dissertation

附　录

附录1

中国在轨遥感卫星清单

名称	发射时间	设计运行时间/年	发射场	类型	备注
风云一号D（Fengyun 1D）	2002-5-15	3	西昌发射基地	气象卫星	中国
资源二号B（Ziyuan-2B）	2002-10-27		太原发射场	陆地资源卫星	中国
试验一号（Shiyan 1）	2004-4-18		西昌发射基地	陆地资源卫星	中国
福卫二号（Formosat-2）	2004-5-21	5	范登堡发射场	陆地资源卫星	中国台湾
风云二号C（Fengyun 2C）	2004-10-19	3	西昌发射基地	气象卫星	中国
试验二号（Shiyan 2）	2004-11-18		西昌发射基地	陆地资源卫星	中国
北京一号（Beijing-1）	2005-10-27	5	普列谢茨克发射场	陆地资源卫星	中国
福卫三号A（Formosat-3A）	2006-4-15	2	范登堡发射基地	陆地资源卫星	中国台湾
福卫三号B（Formosat-3B）	2006-4-15	2	范登堡发射基地	陆地资源卫星	中国台湾
福卫三号C（Formosat-3C）	2006-4-15	2	范登堡发射基地	陆地资源卫星	中国台湾
福卫三号D（Formosat-3D）	2006-4-15	2	范登堡发射基地	陆地资源卫星	中国台湾
福卫三号E（Formosat-3E）	2006-4-15	2	范登堡发射基地	陆地资源卫星	中国台湾
福卫三号F（Formosat-3F）	2006-4-15	2	范登堡发射基地	陆地资源卫星	中国台湾
遥感一号（Yaogan 1）	2006-4-27		太原发射场	陆地资源卫星	中国
风云二号D（Fengyun 2D）	2006-12-8	3	西昌发射基地	气象卫星	中国
海洋一号B（Haiyang 1B）	2007-4-11	3	太原发射场	海洋卫星	中国
遥感二号（Yaogan 2）	2007-5-25		酒泉发射场	陆地资源卫星	中国
中巴资源二号B（CBERS-2B）	2007-9-19	5	太原发射场	陆地资源卫星	中国
遥感三号（Yaogan 3）	2007-11-12		太原发射场	陆地资源卫星	中国
风云三号A（Fengyun 3A）	2008-5-27		太原发射场	气象卫星	中国
环境减灾一号A（HJ-1A）	2008-9-6	3	太原发射场	陆地资源卫星	中国
环境减灾一号B（HJ-1B）	2008-9-6	3	太原发射场	陆地资源卫星	中国
试验三号（Shiyan 3）	2008-11-5		酒泉发射基地	陆地资源卫星	中国
遥感四号（Yaogan 4）	2008-12-1		酒泉发射场	陆地资源卫星	中国
资源二号（Ziyuan 2）	2008-12-15		太原发射场	陆地资源卫星	中国
遥感五号（Yaogan 5）	2008-12-15		太原发射场	陆地资源卫星	中国
风云二号E（Fengyun 2E）	2008-12-23		西昌发射基地	气象卫星	中国
遥感六号（Yaogan 6）	2009-4-22		太原发射场	陆地资源卫星	中国
中巴资源二号（CBERS-2）	2009-9-17	3	太原发射场	陆地资源卫星	中国
遥感七号（Yaogan 7）	2009-12-9		酒泉发射场	陆地资源卫星	中国

续表

名称	发射时间	设计运行时间/年	发射场	类型	备注
遥感八号（Yaogan 8）	2009-12-5		太原发射场	陆地资源卫星	中国
遥感九 A 号（Yaogan 9A）	2010-3-5		酒泉发射场	陆地资源卫星	中国
遥感九 B 号（Yaogan 9B）	2010-3-5		酒泉发射场	陆地资源卫星	中国
遥感九 C 号（Yaogan 9C）	2010-3-5		酒泉发射场	陆地资源卫星	中国
遥感十号（Yaogan 10）	2010-8-9		太原发射场	陆地资源卫星	中国
遥感十一号（Yaogan 11）	2010-9-22		酒泉发射场	陆地资源卫星	中国
遥感十二号（Yaogan 12）	2011-11-9		太原发射场	陆地资源卫星	中国
遥感十三号（Yaogan 13）	2011-11-29		太原发射场	陆地资源卫星	中国
遥感十四号（Yaogan 14）	2012-5-10		太原发射场	陆地资源卫星	中国
遥感十五号（Yaogan 15）	2012-5-29		太原发射场	陆地资源卫星	中国
遥感十六号（Yaogan 16）	2012-11-25		酒泉发射场	陆地资源卫星	中国
遥感十七号（Yaogan 17）	2013-9-2		酒泉发射场	陆地资源卫星	中国
遥感十八号（Yaogan 18）	2013-10-29		太原发射场	陆地资源卫星	中国
遥感十九号（Yaogan 19）	2013-11-20		太原发射场	陆地资源卫星	中国
遥感二十号（Yaogan 20）	2014-8-9		酒泉发射场	陆地资源卫星	中国
遥感二十一号（Yaogan 21）	2014-9-8		太原发射场	陆地资源卫星	中国

附录 2

国外发射的海洋遥感卫星、传感器及其任务（石汉青和王毅，2009）

卫星	发射年份	星载传感器	探测任务
GEOS-3	1975 年	ALT	卫星距海面高度
Seasat-A	1978 年	SASS，SAR，ALT，SMMR	风向量、表面波、海冰边界线、表面摄影、有效波高、海表面温度、风速
Nimbus-7	1978 年	SMMR，CZCS	覆盖部分冰龄、叶绿素浓度、海水漫衰减系数
TIROS-N	1978 年	AVHRR，TOVZ	洋面温度、大气温度、湿度廓线
Geosat	1985 年	高度计	海洋地形
GFO-1	1998 年	高度计	海流、海面地形、海冰分布
Okean-01～Okean-04	1988～1994 年	X 波段侧视雷达，MSU-S，MSU-M，微波辐射计	海面风速、大气水汽、海洋水色、海表面温度、海冰等
Okean-O	1997 年	可见光/红外扫描仪，微波辐射计，SAR	海面风速、大气水汽、海洋水色、海表面温度、海冰、地形、环境监测等
GOES-I～GOES-M	1994～2001 年	可见光/红外成像仪，红外垂直探测器，空间环境监测器，搜索和营救系统	大气探测、空间探测、环境监测、搜索救援等

续表

卫星	发射年份	星载传感器	探测任务
DMSP~DMSP-14	1999 年	OLS，SSM/I	降水、海冰、海面风速、灾害监测等
ERS-1	1991 年	RA，C-SAR，ATSR，IIS	监测海洋、海面的风速矢量及其变化、大洋环境等
MOS-1A	1987 年	MESSR，VTIR，MSR	大气中的水蒸气、洋流、海面温度、浮冰分布和叶绿素含量
MOS-1B	1990 年		
JERS-21	1992 年	L-SAR，OPS	地表、地形、环境监测
Topex	1992 年	Poseidon-1	海洋循环
ERS-2	1995 年	RA，C-SAR，IIS，ATSR，GOME	臭氧层制图与监测
Radarsat-1	1995 年	C-SAR	地表测量
ADEOS-1	1996 年	OCTS，TOMS，IMG，LAS，AV-NIR，RIS，NSCAT，POLDER	全面观测地球环境和气象变化
OrbView-2	1997 年	SeaWiFS	观测海色、监测海面沉降和海洋生物量
ROCSAT-1	1999 年	SAR	灾情监测、环境监测
IRS-P4	1999 年	OCM，微波辐射计	海表面温度、海洋水色、海面风速
QuikScat	1999 年	SeaWinds	全球海洋洋面风速与风向
Terra	1999 年	MISR，MOPITT，MODIS，CERES，ASTER	云雾辐射平衡、地表特征、碳循环
DMSP-14~DMSP-17	1999~2006 年	OLS，SSM/T-2，SSM/T，SSM/ISSJ/4，SSB/X2，SSI/ES/SSM	降水、液态水、冰覆盖和海面风速；云层或陆地的反射和发射特性；大气温湿廓线；空间探测
EO-1	2000 年	AL1，Hyperion，Atmospheric，Corrector	大气、水汽、气溶胶及陆地成像试验
Jason-1	2001 年	Poseidon 2，JMR，GPS，DORIS	海洋循环、海平面特征
ENVISAT	2002 年	ASAR，MERIS	监测气候变化、测量海洋水色、监测大气、气溶胶变化、测量太阳辐射
ADEOS-2	2002 年	SeaWinds，AMSR，GLI，JLAS22，POLDER	臭氧、汽溶胶、大气温度、风、水蒸发、SST、能量平衡、云、冰雪、海洋颜色与海洋生物
GOES-O	2008 年	可见光/红外成像仪，红外垂直探测器，空间环境监测器，搜索和营救系统，资料收集/天气传真系统	大气探测、空间探测、环境监测、搜索救援等
Aqua	2002 年	AIRS，AMSU-A，CERES，MODIS，HSB，AMSR-E	大气温度和湿度、云、降水、和辐射平衡、陆地积雪和海冰、海表温度和海洋产品
ICESat	2003 年	GLAS	冰盖质量平衡、云高度测量
Aura	2004 年	MLS，TES，HIRDLS，OMI	大气化学成分、空气质量、大气各层的化学和动力过程、监测气候的长期变化

续表

卫星	发射年份	星载传感器	探测任务
CALIPSO	2005 年	LIDAR，ABS，WFC，IIR	云和汽溶胶的垂直分布
CloudSat	2005 年	PABSI，CPR	进一步了解厚云在地球辐射平衡中的作用
METOP-1	2007 年	AVHRR-3，IASI，IRS-4，AMSU-A，MHS，ASCAT，GOME，AR-GOS，SEM，S&R	大气温、湿度，海面风速风向、大气臭氧廓线
Jason-2	2008 年	Poseidon 3，AMR，GPS，DORIS，LRA	海洋循环、海平面特征
GOES-O（14）	2009 年	可见光/红外成像仪，红外垂直探测器，空间环境监测器，搜索和营救系统，资料收集/天气传真系统	天气监测和预测模型，海洋温度和水分的地方，气候研究，冰冻圈（冰、积雪、冰川）检测和程度，温度条件和作物的土地，和危害因素检测
GOCE	2009 年	高精度和高空间分辨率	洋流、海平面、南北极冰盖变化，以及火山和地震活动情况
ROCSAT-2	2009 年	彩色监视器、电子散射仪和海洋测深器	渔场、观察印度洋地区的气候变化、海域的风向和风速
GOES-P（15）	2010 年	可见光/红外成像仪，红外垂直探测器，空间环境监测器，搜索和营救系统，资料收集/天气传真系统	天气的监测和预测模型，海洋温度和水分的位置，气候研究、冰冻圈（冰、雪、冰川）检测，土地的温度和作物的条件，以及灾害检测

附录 3

目前海洋观测卫星所搭载的传感器及其用途（石汉青和王毅，2009）

类别	星载传感器	海洋卫星	主要用途	卫星要求
水色仪	CZCS	Nimbus-7	探测叶绿素、悬浮泥沙、可溶有机物、海表温度（可选）、污染、海冰、海流	①太阳同步轨道；②降交点地方时为中午；③全球覆盖周期 2～3 天；④前后倾角可调；⑤姿控测轨精度较高
水色仪	OCTS	ADEOS-1、ADEOS-2		
水色仪	OCM	IRS-P4		
水色仪	SeaWiFS	OrbView-2		
水色仪	COCTS	HY-1		
CCD 相关	4 波段 CCD 相机	HY-1		
CCD 相关	5 波段 CCD 相机	CBERS-01、CBERS-02		
可见-红外扫描辐射计	VTIR	MOS-1A、MOS-1B		
可见-红外扫描辐射计	MSU-S、MSU-M	Okean-O		
可见-红外扫描辐射计	AVNIR	ADEOS-1/2		
可见-红外扫描辐射计	AVNIR	ALOS		
可见-红外扫描辐射计	ATSR	ERS-1、ERS-2		
可见-红外扫描辐射计	AVHRR	NOAA、GOES、METOP		
可见-红外扫描辐射计	MVISR	FY-1A		

续表

类别	星载传感器	海洋卫星	主要用途	卫星要求
中分辨率成像光谱仪	VHRSR	FY-1B		
	MODIS	Terra、Aqua		
	MERIS	ENVISAT-1		
	FY-3	CMODIS		
雷达高度计	RA	Geosat、GFO-1		
	ALT	ERS-1、ERS-2		
		NPOSS		
	Poseidon-1	Topex		
	RA-2	ENVISAT-1		
	GLAS	ICESat		
微波辐射计	SMMR	Okean-O	探测海面高度、有效波高、海面风速、海洋重力场、冰面拓扑大地水准面、潮汐洋流、大气水汽	①太阳同步轨道；②精密轨道测定；③姿控精度高；④全球覆盖周期1~2天
		GOES		
		NOAA		
	MSR	MOS-1A、MOS-1B		
	SSM/I	DMSP		
	MMR	ENVISAT-1		
	AMSR	ADEOS-1、ADEOS-2		
	AMSR-E	AQUA		
	TMR	Topex		
	JMR	Jason-1		
	AMR	Jason-2		
合成孔径雷达	SAR	Okean-O	探测海洋风速、风向、海面高度、冰面拓扑、波高、波向及波谱、海洋重力场、大地水准面、洋流海表温度、海流潮汐、内波、岸带水下地形、污染	①太阳同步轨道；②全球覆盖周期1~2天；③精密轨道测定；④姿控精度高
		ROCSAT-1		
		Radarsat-1、Radarsat-2		
微波散射计	AMI-SAR	ERS-1、ERS-2		
	L-SAR	JERS-1		
	ASAR	ENVISAT-1		
	ALSAR	ALOS		
	AMI-Wind	ERS-1、ERS-2		
	NSCAT	ADEOS-I		
		QuikSCAT		
	SeaWinds	ADEOS-2		

附录4

国外主要气象卫星参数表（常庆瑞等，2004）

卫星名称	国家、地区或组织	发射年份	传感器	波段	分辨率
EOS-AM	美国	1998年	MODIS-N	35	250m，500m，1000m

续表

卫星名称	国家、地区或者组织	发射年份	传感器	波段	分辨率
EOS-AM	美国	1998 年	ASTER MISR CERES MOPITT	14 4 3 3	15m，30m，90m 240m，1.92m 25km 22km，66km，120km
EOS-PM	美国	2000 年	MODIS-N CERES AIRS AMSU-A MHS MIMR	35 3 7 15 5 8	250m，500m，1000m 25km 12km 40km 13km 2～10km
NOAA-6～ NOAA-14	美国	1979～1993 年	AVHRR/3 TOVS-SSU TOVS-HIRS/2 TOVS-MSU SBUV	5 3 10 4 12	1.1km 147km 20km 110km 169.3km
NOAA-15， NOAA-16	美国	1998 年， 2000 年	AVHRR/3 TOVS-HIRS/ 2 AMSU-A AMSU-B SBUV/2	1（PAN），5 10 15 5 12	0.5km 20km 40km 15km 169.3km
NOAA-17， NOAA-18， NOAA-19	美国	2002 年， 2005 年， 2009 年	AVHRR/3 AMSU-A HIRS/3 或 HIRS/4 SBUV/1 或 2 SEM/1 或 2 MHS	5 15 10	1.1km 45km 20.4/18.9km
METOP	欧空局	2003 年	AVHRR/3 HIRS/3 AMSU-A MHS	1（PAN），5 10 15	0.5km 20km 40km
SMOS	欧空局	2009 年	MIRAS		50km 200km
Mereor-1～ Mereor-3	苏联/俄罗斯	1969～1998 年	MRTVK MSU-SA MSU-VS Fragment	2（VIS，NIR） 4（VIS，NIR） 3（VIS，NIR） 8（VIS，NIR）	240m 170m 30m 80m

续表

卫星名称	国家、地区或者组织	发射年份	传感器	波段	分辨率
INSAT	印度	1982年	VHRR CCD3	1 (VIS) 1 (TIR) 3 (VIS, NIR)	2km, 8km 1km
MOS-1, MOS-1B	日本	1987年, 1990年	MIESSR VTIR MSR	4 (VIS, NIR) 1 (VIS) 3 (TIR) 1 (Km-band) 1 (O-band)	50m 0.9km 2.7km 31km 23km

附录 5

MODIS 通道参数（李登科和张树誉，2003）

基本用途	通道	带宽/nm	光谱灵敏度/$[W/(m^2 \cdot m \cdot sr)]$	信噪比/db
陆地/云 /汽溶胶边界	1	620~670	21.8	128
	2	841~876	24.7	201
陆地/云 /汽溶胶特性	3	459~479	35.3	243
	4	545~565	29.0	228
	5	1230~1250	5.4	74
	6	1628~1652	7.3	275
	7	2105~2155	1.0	110
海洋水色/浮游植物 /生物地球化学	8	405~420	44.9	880
	9	438~448	41.9	838
	10	483~493	32.1	802
	11	526~536	27.9	754
	12	546~556	21.0	750
	13	662~672	9.5	910
	14	673~683	8.7	1087
	15	743~753	10.2	586
	16	862~877	6.2	516
大气水汽	17	890~920	10.0	167
	18	931~941	3.6	57
	19	915~965	15.0	250
地面/云温度	20	3.660~3.840	0.45 (300 K)	0.05
	21	3.929~3.989	2.38 (335 K)	2.00
	22	3.929~3.989	0.67 (300 K)	0.07
	23	4.020~4.080	0.79 (300 K)	0.07

续表

基本用途	通道	带宽/nm	光谱灵敏度/[W/(m² · m · sr)]	信噪比/db
大气温度	24	4.433~4.498	0.17 (250 K)	0.25
	25	4.482~4.549	0.59 (275 K)	0.25
卷云水汽	26	1.360~1.390	6.00	150
	27	6.535~6.895	1.16 (240 K)	0.25
	28	7.175~7.475	2.18 (250 K)	0.25
云特性	29	8.400~8.700	9.58 (300 K)	0.05
臭氧	30	9.580~9.880	3.69 (250 K)	0.25
地面/云温度	31	10.780~11.280	9.55 (300 K)	0.05
	32	11.770~12.270	8.94 (300 K)	0.05
云顶高度	33	13.185~13.485	4.52 (260 K)	0.25
	34	13.485~13.785	3.76 (250 K)	0.25
	35	13.785~14.085	3.11 (240 K)	0.25
	36	14.085~14.385	2.08 (220 K)	0.35